农药减施增效实用技术问答

NONGYAO JIANSHI ZENGXIAO
SHIYONG JISHU WENDA

袁会珠　赵　清　陈　昶　主编

中国农业出版社
北　京

图书在版编目（CIP）数据

农药减施增效实用技术问答 / 袁会珠，赵清，陈昶主编 . —北京：中国农业出版社，2023.11
ISBN 978-7-109-31231-9

Ⅰ. ①农… Ⅱ. ①袁… ②赵… ③陈… Ⅲ. ①农药学—问题解答 Ⅳ. ①S48-44

中国国家版本馆 CIP 数据核字（2023）第 195729 号

中国农业出版社出版

地址：北京市朝阳区麦子店街 18 号楼
邮编：100125
责任编辑：丁瑞华 阎莎莎
版式设计：王 晨 责任校对：张雯婷
印刷：中农印务有限公司
版次：2023 年 11 月第 1 版
印次：2023 年 11 月北京第 1 次印刷
发行：新华书店北京发行所
开本：880mm×1230mm 1/32
印张：8.5 插页：8
字数：236 千字
定价：45.00 元

基金项目： 国家重点研发计划"农药减施增效技术效果监测与评估研究"（2016YFD0201305）资助

致谢： 化肥农药双减重点研发计划水稻项目组、玉米项目组、苹果项目组、茶叶项目组、蔬菜项目组，中国农业科学院植物保护研究所王振营研究员、何康来研究员、刘太国研究员、陈巨莲研究员、赵廷昌研究员等专家为本书编写提供了最新研究资料。在此一并表示感谢！

前言

FOREWORD

　　农药是重要的农业生产资料，对防病治虫、促进粮食和农业稳产高产至关重要。但由于农药使用量较大，加之施药方法不够科学，带来生产成本增加、资源浪费、环境污染、农产品残留超标、作物药害等问题。据统计，2012—2014 年农作物病虫害防治中农药年均使用量 31.1 万吨（折百，下同），比 2009—2011 年年均使用量增长 9.2%。为推进农业发展方式转变，有效控制农药使用量，保障农业生产安全、农产品质量安全和生态环境安全，促进农业可持续发展，农业部于 2015 年 2 月制定印发了《到 2020 年农药使用量零增长行动方案》，明确了农药减量的总体思路、基本原则、目标任务、技术路径、重点任务、保障措施。

　　农药减量的总体思路是：坚持"预防为主、综合防治"的方针，树立"科学植保、公共植保、绿色植保"的理念，依靠科技进步，依托新型农业经营主体、病虫害防治专业化服务组织，集中连片整体推进，大力推广新型农药，提升装备水平，加快转变病虫害防控方式，大力推进绿色防控、统防统治，构建资源节约型、环境友好型病虫害可持续治理技术体系，实现农药减量控害，保障农业生产安全、农产品质量安全和生态环境安全。

　　农药减量需要坚持四个基本原则：一是坚持减量与保产并举。在减少农药使用量的同时，提高病虫害综合防治水平，做到病虫害防治效果不降低，促进粮食和重要农产品生产稳定发展，保障有效供给。二是坚持数量与质量并重。在保障农业生产安全的同时，更加注重农产品质量的提升，推进绿色防控和科学用药，保障农产品质量安全。三是坚持生产与生态统筹。在保障粮食和农业生产稳定发展的同时，统筹考虑生态环境安全，减少农药面源污染，保护生物多样性，促进生态文明建设。四是坚持节本与增效兼顾。在减少农药使用量的同时，大力推广新药剂、新药械、新技术，做到保产增效、提质增效，促进农业增产、农民增收。

农药减量技术路径有四个方面，根据病虫害发生危害的特点和预防控制的实际，坚持综合治理、标本兼治，重点在"控、替、精、统"四个字上下功夫。一是"控"，即控制病虫发生危害。应用农业防治、生物防治、物理防治等绿色防控技术，创建有利于作物生长、天敌保护而不利于病虫害发生的环境条件，预防控制病虫发生，从而达到少用药的目的。二是"替"，即高效低毒低残留农药替代高毒高残留农药、大中型高效药械替代小型低效药械。大力推广应用生物农药、高效低毒低残留农药，替代高毒高残留农药。开发应用现代植保机械，替代"跑冒滴漏"落后机械，减少农药流失和浪费。三是"精"，即推行精准科学施药。重点是对症适时适量施药。在准确诊断病虫害并明确其抗药性水平的基础上，配方选药，对症用药，避免乱用药。根据病虫监测预报，坚持达标防治，适期用药。按照农药使用说明要求的剂量和次数施药，避免盲目加大施用剂量、增加使用次数。四是"统"，即推行病虫害统防统治。扶持病虫防治专业化服务组织、新型农业经营主体，大规模开展专业化统防统治，推行植保机械与农艺配套，提高防治效率、效果和效益，解决一家一户"打药难""乱打药"等问题。

"十三五"期间，国家重点研发计划"化学肥料和农药减施增效综合技术研发"试点专项启动，对农药减施增效的基础研究、关键技术研发、集成示范应用三个层次的项目予以资助，通过组织相关科研单位、推广部门、企业开展协同攻关，为实现农药减施增效目标提供科学依据。其中关键技术研发类项目10个，为农药减施增效示范应用提供重大技术、产品及装备。经过近5年的研究攻关，研发集成了一批农药减施增效技术，并在实际生产中得到了推广应用。

在国家重点研发计划"化学肥料和农药减施增效综合技术研发"试点专项中，专门设置了"农药减施增效技术效果监测与评估研究"（2016YFD0201305）课题，由中国农业科学院植物保护研究所、全国农业技术推广服务中心、中国农业大学、贵州大学、北京市农林科学院、安徽省农业科学院植物保护与农产品质量安全中心、湖北省农业科学院植保土肥研究所等单位承担。课题组在全国主要大田作物和经济作物种植区设立监测网络，研究建立监测方法，对农药减施增效技术的经济效益、社会效益等综合效益开展监测评估；并与化学农药协同增效关键技术及产品研发、地面与航空高工效施药技术及智能化装备、种子种苗与土壤处理技术及配套装备研发等关键技术研发项目，以及长江中下游水稻化肥农药减施增效技术集成研究与示范、茶园化肥农药减施增效技术集成研究与示范、设施蔬菜化肥农药减施增效技术集成研究与示范、苹果化肥农药减施增效技术集成研究与示范等集成示范应用项目对接，实地监测评估农药减施增效技术。

本书针对我国农药减量行动和实施方案，基于我国农药管理有关法规和农作物病虫害统防统治的发展趋势，依据"十三五"国家重点研发计划研究成果，聚焦主要农作物病虫草害防治过程中的技术需求，立足我国"预防为主、综合防治"的植保方针，按照农药减施增效的"控、替、精、统"四个技术途径整理出223个问题，采用问答方式编写而成。内容共分为十二个部分，前五部分综合介绍农药基础知识、农药减施增效的技术措施、植保机械与施药技术等共性问题，后七部分按照主要农作物分别对有关农药减施增效技术进行介绍。书稿撰写追求科学性、公益性、科普性,文字力求简练,既介绍农药减施增效技术的科学原理,也要介绍技术的操作流程和实施效果,使用户能够根据本书讲解,快速掌握农药减施增效技术,为农药减施增效技术推广提供帮助,为种植大户、农场、专业化合作组织提供农作物病虫草害防治的绿色防控技术。

农药减施增效研究涉及面广,某些基础理论和技术研发、技术集成等仍在进行中,很多单位承担了农药减施增效的研究开发工作,并且取得了显著效果。限于编著者理论知识水平和实践经验欠缺,书中错误和疏漏之处在所难免,希望读者不吝批评指正。

本书由国家重点研发计划"农药减施增效技术效果监测与评估研究"(2016YFD0201305)课题组和有关专家合作完成。

袁会珠

中国农业科学院植物保护研究所

2022 年 9 月 22 日

目录

CONTENTS

一、 农药基础知识

1. 什么是农药?

农药是当今社会的一大热点词,但农药的含义和范围因为时代不同而有所不同,在不同国家亦有所差异。古代农药主要是指一些天然的植物性、动物性和矿物性物质;近代农药主要是指一些人工合成的化学物质和生物制品。美国最早将这些物质称为"经济毒剂",后来又将农药和化学肥料一起合称为"农业化学品";德国称之为"植物保护剂";法国称之为"植物消毒剂";日本将天敌生物纳入其中,称为"农药"。

我国对现代农药的定义与国际上基本一致,根据《农药管理条例》,将农药定义为用于预防、控制危害农业、林业的病、虫、草、鼠和其他有害生物以及有目的地调节植物、昆虫生长的化学合成或者来源于生物、其他天然物质的一种物质或者几种物质的混合物及其制剂。

农药广泛用于农业、林业生产的产前产后,而且其应用范围已经远远超出了农业、林业的范围。如有些品种是工业品防腐、防蛀的重要物资;有些品种是卫生防疫上的常用药剂;甚至人们日常生活中用到的洗衣粉也具有杀虫活性,有文献报道,用洗衣粉稀释液喷施叶背及嫩枝,能有效防治蚜虫、粉虱、红蜘蛛、菜青虫和刺蛾等害虫,其原理是洗衣粉中的烷基苯磺酸钠具有致毒作用,进入害虫呼吸道可以使害虫中毒死亡,此外洗衣粉溶液可以在害虫身体表面形成一层不透气的薄膜使害虫窒息死亡,另外烷基苯磺酸钠是一种表面活性剂,与农药混用能增加农药的润湿性和展布性，提高药效，从这方面说它又是一种增效剂，洗衣粉还可以和尿素、柴油、机油混用，都具有良好的杀虫作用。

随着人们对环境问题的重视，对农药的要求也越来越严格，这也促进了农药行业的快速发展。农药从过去追求高效转向环境友好方向发展，农药领域积极吸收现代生物化学和分子生物学的最新成果，用有机化合物影响、控制和调节有害生物的生长、发育和繁殖过程，在保证人类健康和环境平衡的前提下，将有害生物控制在经济允许水平之下，促进现代农业的可持续发展。在这一过程中常用的、种类繁多的化学品均可以称为"农药"。

2. 农药是从哪里来的？

农药是人类在长期的农业生产劳动过程中所发现或研究出来的可以防治病虫草鼠害的化学物质。1 600 多年前东晋陶渊明在《归园田居》中写到"种豆南山下，草盛豆苗稀"，对于农田有害生物的防治，当时的方式只能是"晨兴理荒秽，戴月荷锄归"。在与有害生物的斗争过程中，人们逐渐发现可以通过应用药物防治病虫草鼠害，明代出版的《天工开物》（1637 年）明确地告诉农户可以应用砒霜"蘸秧根则丰收也"。随着人类科学技术的进步，农药应用越来越普遍，技术水平越来越高。

1995 年，国外专家布朗博士出版了《谁来养活中国人》一书，引起世界对中国农业问题的关注。让我们自豪的是，新中国粮食单产由 1949 年的 1 035 千克/公顷增长到 2019 年的 5 720 千克/公顷，粮食单产在短短的 70 年内增幅高达 4.5 倍，满足了全国人口消费和工业需求，为国民经济发展奠定了基础。

为什么我国粮食产量能有如此大的飞跃呢？不得不说这与我国的农药应用关系密切。新中国成立后，我国农药从无到有、快速发展，挽回了粮食损失的 30%，挽回了棉花损失的 30%。农药应用已经成为目前农业生产中高产稳产非常重要的环节。英国科平博士研究表明，假如全球停止农药的应用，则全世界将损失果品 78％、蔬菜 54％、粮食 32％。此种局面的出现，必然导致全球的混乱。农药应用已成为目前农业生产中有害生物防治的重要手段，虽然转基因作物种植面积在扩大，但在可预见的历史时期内，农药的应用仍将是农作物病虫草鼠害防治中最为有效的技术措施之一。

 3. **防治病虫害可以不使用农药吗**？

"虫口夺粮"是人类农业生产中不可能绕过的话题。农作物不仅为人类提供食物来源，也是其他多种生物繁殖生活的场所，是害虫、病原菌赖以生存的"家园"。人类为了食物需要，就想尽各种办法"虫口夺粮"。2 000 多年前，我们的先人就知道采用"扑打"的方式，与害虫"徒手格斗"。《吕氏春秋》记载"蝗螟，农夫得而杀之"，东汉《论衡》记载"驱蝗入沟，聚而歼之"的开沟灭蝗法。但是这种"格斗"的方式只能解决少量害虫防治问题。面对铺天盖地的蝗虫灾害，1 000 多年前的宋代皇帝只能带头向苍天磕头祈祷，祈祷神灵保佑。在虫口夺粮的长期斗争中，人类发现硫黄、草木灰、硫酸铜、石灰、砒霜等物质可以防治农作物病虫害，这些无机化合物开始逐渐被人类用于防治农作物病虫害，可以称之为最原始的"农药"，提升了人类虫口夺粮的战斗力。

随着现代科学技术的快速发展，科学家们通过化学分析、仿生合成、结构鉴定、生物测定、剂型加工等技术，研发了一系列高效低毒农药，彻底改变了人类在虫口夺粮战争中的被动局面，不论是对真菌病害、细菌病害、病毒病害、线虫病害等农作物病害，还是对鳞翅目害虫、半翅目害虫、鞘翅目害虫、直翅目害虫等害虫，还是对稗草、马唐、野慈姑、葎草等杂草，科学家们研究开发出化学结构新颖、生物活性高、靶标特异性强、环境安全的绿色化学农药，为农业绿色健康发展提供了保障。

世界农业发展历史说明，如果没有农药，人类在虫口夺粮大战中就会战败，严重影响粮食供应，引起"天下大乱"。

 4. 为什么说农药是一把"双刃剑"?

农药对于农业生产至关重要，但要把农药用好则不是一个简单的剂量问题，而需要农药使用者掌握大量的专业知识。农药是一把"双刃剑"，用好可以有效防治病虫草害，应用不当则会造成人员中毒、作物药害、环境污染、食品安全等问题。

农药"天使"的一面表现为：

①防除农田有害生物，在长期的农业生产过程中，人们不断地与有害生物进行斗争，从人工防治、物理防治到化学防治是人类防治有害生物的进步。化学防治是在当今的社会、经济和生产力条件下最快捷、最方便、最为经济有效的手段。科学、合理、安全地使用农药能快速防治有害生物，保障农产品的产量和质量，满足全世界众多人口的需求。

②防除卫生害虫，我们的日常生活中离不开农药，使用农药能有效防除蟑螂、苍蝇、蚊子等卫生害虫，这不仅会提高人们的生活质量，还能有效减少由蚊子等病媒昆虫传播的疾病。

③果蔬的保鲜防腐及防治仓储害虫，农产品收获后的储存期间有大量有害生物威胁到其储存，使用农药能有效控制这类有害生物，使人们能够获得反季食物，提高生活质量。

④调节植物及昆虫的生长，可以使用一些植物生长调节剂和昆虫生长调节剂调节植物和昆虫的发育进程，使其在人们需要的时候出现，不需要的时候也不造成损害。

⑤预防、消灭或控制威胁河流堤坝、建筑桥梁等场所的有害生物，主要是指防治机场、铁路等场所的杂草，以及危害堤坝、建筑和文物、图书的白蚁和蛀虫等。

农药也确实存在一些负面作用，包括高毒、高残留以及"三致效应"等，如有机氯杀虫剂 DDT、六六六等。DDT 是瑞士科学家米勒于 1939 年发明的,在当时的技术条件下没有任何一个农药的杀虫效果可以与其比肩,由于 DDT 对病媒昆虫的超高活性,使千百万人从恶性传染病的致命灾难中得以脱身,并在二战中发挥了重要作用,被英国首相称之为"神奇的 DDT",所以米勒被授予诺贝尔医学奖,DDT 也成为唯一一个获得诺贝尔奖的农药。可是随着技术的发展,人们发现 DDT 不易降解,在环境中残留时间长,最终通过食物链富集对人体造成危害,所以世界各国相继禁用了这一高毒高残留的农药。实际生产中因农药应用不当造成药害、中毒事故、残留超标的案例比比皆是。笔者经常碰到农业生产中错用、误用农药的事例,例如有农户把灭生性除草剂草甘膦喷洒到小麦田造成药害,有农户在温室大棚点燃硫黄熏蒸防治草莓病害却导致严重药害,有农户在高温季节喷洒高毒杀虫剂不当导致中毒事故等。

农药学科是一门综合性的交叉学科,其涉及化学、化工、农学、昆虫、微生物、植物、气象等多门学科,农药的应用更是涉及农作物品种、病虫害发生种类和危害程度、施药器械种类和性能、农药选择、药液配制、施药技术等多种因素,科学合理的农药应用,将有效地控制病虫草等有害生物,相反,农药误用、滥用等,都将是事倍功半,甚至造成严重的后果。

随着科学技术的发展,一大批绿色化学农药将研发问世,高毒、高残留农药品种正在被高效低风险农药替代。在可预见的将来,农药将更加绿色,其对环境、农产品安全等的影响风险越来越小,在保护农作物健康,保证农产品有效供给和质量安全,进而保护人类健康等方面将发挥更大的作用。

5. 农药怎么分类?

农药品种繁多,为了便于认识、研究和使用常根据其成分、防治对象、用途和作用方式及机理等进行分类。

（1）按原料来源及成分分类

①无机农药。主要由天然的矿物原料加工配制而成，所以又称为矿物性农药，如石灰、硫黄、磷化铝、硫酸铜等。

②有机农药。主要由碳、氢元素构成的一类农药，多数可以用有机合成的方法获得，是目前使用最广泛的农药，根据其性质又可以分为植物源农药（除虫菊素、烟碱、印楝素等）、矿物油农药（石油乳剂等）、微生物农药（苏云金杆菌、农用抗生素等）和人工合成的有机农药。

（2）按防治对象分类

①杀虫剂。直接杀死昆虫机体，以及通过其他途径控制其种群形成或减轻、消除其危害程度的药剂。

②杀螨剂。防除植食性有害螨类的药剂。

③杀菌剂。能够杀死病原菌，或抑制、中和其有毒代谢产物的药剂。

④杀线虫剂。防治农作物病原线虫的药剂。

⑤除草剂。防除杂草的药剂。

⑥杀鼠剂。用来毒杀多种场所中有害鼠类的药剂。

⑦植物生长调节剂。促进、控制或调节植物生长的药剂。

（3）按用途或作用方式分类

①杀虫剂根据作用方式可以分为胃毒剂、触杀剂、熏蒸剂、内吸剂、拒食剂、驱避剂、引诱剂、不育剂和昆虫生长调节剂等。

②杀菌剂根据作用方式可以分为保护性杀菌剂、治疗性杀菌剂和铲除性杀菌剂。

③除草剂根据用途可以分为灭生性除草剂和选择性除草剂，根据作用方式可以分为触杀性除草剂和内吸性除草剂。

④杀鼠剂一般都是胃毒剂，根据毒发快慢可以分为急性杀鼠剂和慢性杀鼠剂。

⑤植物生长调节剂不同的用法用量可以产生不同的结果，通常根据用途不同可以分为增产剂、控旺剂、脱叶剂、催熟剂、催芽剂、抑芽剂和保鲜剂等。

⑥农药助剂一般本身没有生物活性，但它能改善农药制剂的理化性状，提高药效；按照用途可以分为填料、溶剂、乳化剂、润湿剂、分散剂、稳定剂和增效剂等。

除以上几种分类方法外，还可以根据农药的化学结构、制剂形态等进行分类。

6. 什么叫杀虫剂？

杀虫剂是指对昆虫机体有直接毒杀作用，以及通过其他途径可以控制害虫种群形成或减轻、消除害虫危害程度的药剂。许多杀虫剂兼有杀螨活性，这类药剂就称为杀虫杀螨剂；只能杀螨而无杀虫活性的药剂单独称为杀螨剂或特异性杀螨剂。在日常生产中不会特意区分杀虫剂和杀螨剂，一般将杀螨剂列在杀虫剂的范围内或二者并列出现。

杀虫剂按照不同来源可以分为以下几类：

（1）植物源杀虫剂　是指以野生或栽培植物为原料，经加工而制成的杀虫剂。使用最久的三种杀虫植物就是除虫菊、烟草和鱼藤。目前依靠种植杀虫植物或从杀虫植物中提取杀虫物质的方法已经很少用了，一是这些杀虫植物中有效成分含量很低；二是不能长途运输进行大规模加工，只能就地取材、就近使用。

（2）微生物杀虫剂　是指利用能使害虫致病的微生物制成的杀虫剂，包括各种真菌、细菌和病毒等。常见的有苏云金杆菌、白僵菌、绿僵菌等。

（3）无机杀虫剂（矿物性杀虫剂）　是指有效成分为无机化合物或利用天然矿物中的无机成分制成的杀虫剂。如硫酸铜、砷酸铅、砷酸钙等。

（4）有机杀虫剂　是指杀虫活性成分是有机化合物，又可以分为天然有机杀虫剂和有机合成杀虫剂。

①天然有机杀虫剂是指利用有机的天然产物，如矿物油乳剂、植物油乳剂、松脂合剂等防治害虫。

②有机合成杀虫剂是指由人工研制合成的、具有杀虫活性的有机化合物制成的杀虫剂。包括有机磷杀虫杀螨剂、拟除虫菊酯类杀虫杀螨剂、氨基甲酸酯类杀虫杀螨剂、甲脒类杀虫杀螨剂、苯甲酰苯脲类和嗪类杀虫杀螨剂、阿维菌素类杀虫杀螨剂、吡咯（吡唑）类杀虫杀螨剂、氯化烟酰类杀虫剂、沙蚕毒素类杀虫剂、吡啶类杀虫剂、保幼激素与蜕皮激素类杀虫剂以及专性杀螨剂等。为了研究和应用方便，还可以按照作用方式进行分类：

（a）胃毒剂。是指药剂经害虫的口器及消化道进入体内使害虫中毒死亡。胃毒类杀虫剂适用于杀灭取食量大的咀嚼式口器的害虫。

（b）触杀剂。是指药剂通过接触害虫体壁渗入体内使害虫中毒死亡。目前，使用较广的有机磷或氨基甲酸酯类杀虫剂都是以触杀作用为主并兼有胃毒作用。触杀性杀虫剂用于杀灭各种口器的害虫，但对于体表有较厚蜡质层的害虫，如介壳虫等，效果不佳。

（c）熏蒸剂。是指药剂在常温常压下能气化或分解成有毒气体，通过害虫的呼吸系统进入其体内使其中毒死亡。熏蒸剂应该在密闭环境或生长郁闭的森林及作物上使用较好。

（d）内吸性杀虫剂。是指药剂通过植物的根、茎、叶或种子被吸收进入植物体内，并在植物体内传导，害虫取食植物时中毒死亡，然后在一段时间后分解成无毒产物，不会对人畜造成危害。一般来说内吸性杀虫剂对刺吸式口器害虫效果最好。

（e）特异性杀虫剂。这类药剂不会直接杀死害虫，而是通过其特殊性能干扰或破坏害虫的正常生理活动和行为而达到杀死害虫、影响其繁殖后代等目的。如拒食剂（使害虫拒绝取食饥饿而死）、引诱剂（引诱害虫集中消灭）、不育剂（破坏害虫生殖功能，使其不能正常繁殖后代）、驱避剂（不具杀虫活性，但能使害虫忌避，在卫生防疫上应用较多，如驱蚊油）和昆虫生长调节剂（保幼激素、蜕皮激素、几丁质合成抑制剂）等。

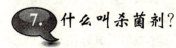

7. 什么叫杀菌剂？

　　杀菌剂主要是用来防治植物病害的药剂。根据植物病原菌的不同，杀菌剂按照防治对象可以分为杀真菌剂（主要防治真菌病害）和杀细菌剂（主要防治细菌病害）；根据作用方式的不同可以分为保护性杀菌剂、治疗性杀菌剂和铲除性杀菌剂：

　　（1）保护性杀菌剂　是指在病原微生物侵入寄主植物之前将药剂喷洒在植物表面，形成一层药膜阻碍病原菌的侵染，从而使植物免受其危害的药剂，如波尔多液、代森锰锌等。

　　（2）治疗性杀菌剂　是指当病原菌已经侵入植物体内，处于潜伏期尚未大面积发病时喷洒内吸输导型杀菌剂，使药剂在植物体内起治疗作用，以抑制病菌在植物体内的扩展或消灭其危害，如丙环唑、氟硅唑等。

　　（3）铲除性杀菌剂　是指对病原菌有直接强烈杀伤作用的药剂。这类药剂容易对植物产生药害，多用于土壤处理。

　　杀菌剂根据其化学组成和来源可以分为：

　　①无机杀菌剂。是指用无机物或天然矿物制成的杀菌剂。常用的有硫制剂（石硫合剂、硫悬浮剂等）和铜制剂（波尔多液、硫酸铜等）。

　　②有机合成杀菌剂。是指人工合成的具有杀菌活性的有机化合物。根据其化合物类型又可以细分为有机硫杀菌剂、苯并咪唑类杀菌剂、硫脲基甲酸酯类杀菌剂、丁烯酰胺衍生物杀菌剂、多唑类杀菌剂、嘧啶类和吡啶类杀菌剂、麦角甾醇生物合成抑制剂、苯基酰胺类内吸杀菌剂和其他杂环类内吸杀菌剂等。由于杀菌剂品种类型繁多，为了方便起见，可以将其简单分为两类，即取代苯类杀菌剂和杂环类杀菌剂。取代苯类杀菌剂包括所有含有苯环及其衍生物的杀菌剂，如甲基硫菌灵、敌克松等；杂环类杀菌剂包括所有含杂环的化合物，近几年发展较快的内吸性杀菌剂多属于杂环类杀菌剂。

③农用抗生素。是指由微生物产生的次级代谢物，这类物质在低浓度时就能有效抑制植物病原菌的生长和繁殖，如春雷霉素、井冈霉素、多氧霉素等。农用抗生素经过多年发展，其作用对象早已不仅仅局限于植物病菌，还能用于杀虫、除草，以及植物生长调节。

④植物杀菌素和植物防御素。植物杀菌素是指各种高等和低等植物产生的能杀真菌、细菌和原生动物的物质，这个概念将抗生素也包含在内，但因为抗生素的概念已经明确为微生物产生的次级代谢产物，所以这里的植物杀菌素是指由高等植物产生的、只能抑菌或杀菌的活性物质，如大蒜素。植物防御素也称为植物保护素，是指当病原菌侵染寄主植物时，寄主植物体内产生的抗菌物质。植物杀菌素与植物防御素的区别就是：植物杀菌素是植物体内固有的物质，而植物防御素只有在植物被侵染或受到物理化学损伤时才产生。

最后，杀线虫剂在登记的时候也可以登记为杀菌剂，因为寄生性线虫比真菌、细菌和病毒等病原物更能主动趋近和利用口针刺入寄主并自行转移危害，所以将线虫也看作是植物侵染性病害的病原之一，故而杀线虫剂也可以看作是杀菌剂。

8. 什么叫除草剂？

除草剂是指可以使杂草彻底地或选择性地枯死的药剂，可用来抑制或消灭植物的生长。除草剂在农田使用时要尽可能多的杀死杂草而不伤害作物，所以除草剂必须有很好的选择性，但只有少部分除草剂在一定的剂量下才具有选择性，大多数除草剂选择性不强，只能通过改善使用方法提高其选择性（彩图1，彩图2）。除草剂的选择性原理大致可以分为以下几种：

（1）形态选择 是指植物叶片的形状、直立程度、表面结构和生长点位置等不同形态直接影响除草剂的附着量和吸收量，从而影响除草剂对植物的伤害程度，因此形成除草剂的形态选择性。如触杀性除草剂更容易杀死叶片面积大、角质层薄的双子叶植物。

（2）生理选择性　是指由于植物茎叶或根系对除草剂吸收和传导不同而产生的选择性。如双子叶植物对 2，4-滴的吸收和传导速度均高于单子叶植物，所以 2，4-滴是一种高选择性杀双子叶植物除草剂。

（3）生化选择性　是指除草剂在植物体内发生的生化反应不同，有些植物能活化除草剂而提高除草活性，有些植物能降解除草剂使其失去除草活性，由此造成除草剂对不同植物表现出明显的选择性，即生化选择性。如 2 甲 4 氯丁酸本身对植物没有毒害作用，但在荨麻、藜和蓟等杂草体内经 β-氧化反应生成 2 甲 4 氯而产生的除草活性，所以可以用在 β-氧化酶活性低的大豆、芹菜田防除藜、蓟等杂草。又如敌稗能有效杀死水稻田里的稗草就是因为水稻体内的酰胺水解酶能迅速水解钝化敌稗使其失去活性，而稗草体内酰胺水解酶活性很低，不能钝化敌稗而受到伤害。

（4）人为选择性　是指根据除草剂的性质、土壤环境、作物和杂草的生物学特点，选择适当的药剂和使用方法而获得的选择性，包括位差选择性和时差选择性。位差选择性是指利用作物和杂草种子、根系在土壤中的位置差异以及作物和杂草在地面上的分布差异，使除草剂与杂草种子、根系或植株分布在同一位层，使其接触较多的除草剂，而作物分布层次不同，很少接触除草剂，由此获得了选择性，如在作物播种后出苗前用不易淋溶的除草剂做土壤处理，使表层的杂草种子不能萌发或杀死在萌芽阶段；在深根作物的生育期也可以用淋溶性差的药剂杀死浅根系的杂草；还可以采取定向喷雾法或者加装保护罩使作物不接触药剂而防除行间杂草。时差选择性是指利用作物和杂草出苗时间不同或施药时间和作物出苗时间不同而形成的选择性。如作物播后苗期喷施除草剂杀死已经出土的杂草，又如在作物播种前用灭生性除草剂进行土壤处理等都是利用时差选择性。

除草剂不同于其他药剂，对后茬作物、土壤微生物和水生生物的影响不可忽视，一定要按照说明书的使用剂量安全使用。

9. 什么叫植物生长调节剂?

植物体内有一类含量很少,但对其生长发育影响很大的物质,这就是植物激素。植物激素影响植物发芽、生根、生长、发育、开花、结果、成熟和休眠等一系列生命活动,如果植物缺少某一种激素,就不能正常生长发育甚至会死亡。为了调控植物的生长,人们对植物激素进行了研究,并根据植物激素的分子结构进行合成,筛选出了一些具有天然植物激素类似活性的人工合成化合物。这些人工合成的、能够调控植物生长的化合物统称为植物生长调节剂。

植物生长调节剂种类多、化学结构各异、生理效应和用途又各不相同,有多种分类方法,按照生理效应可以分为以下几类:

(1)生长素类 生长素类植物生长调节剂的主要作用是促进植物细胞伸长生长和加速细胞分裂,广泛应用于促进插条生根、促进果实膨大、减少落花落果以及诱导开花等。常见的品种有萘乙酸、吲哚丁酸、2,4-滴钠盐(高浓度使用时为除草剂)、复硝酚钠和防落素等。

(2)赤霉素类 赤霉素类植物生长调节剂的主要作用是打破休眠促进萌发、刺激茎叶生长、促进侧枝生长、改变某些植物雌雄花比例、诱导单性结实等。常见的品种有赤霉酸。

(3)细胞分裂素类 细胞分裂素类植物生长调节剂的主要作用是促进细胞分裂、诱导离体组织的分化、诱导花芽分化、抑制或延缓叶片和组织衰老,促进侧芽萌发。常见的品种有苄氨基嘌呤、异戊烯基腺嘌呤、噻苯隆、植物细胞分裂素和激动素等。

(4)乙烯类 乙烯类植物生长调节剂都是乙烯释放剂,主要作用是促进果实成熟、抑制细胞的伸长生长、促进器官脱落、雄性不育以及促进橡胶树增产等。乙烯是一种气体,在田间使用不便,制剂产品乙烯利则克服了这一缺点,乙烯利经水解释放出乙烯发挥作用。

(5)脱落酸类 脱落酸类植物生长调节剂的主要作用是促进离

层的形成，导致器官脱落，也可以促进植物气孔关闭，提高抗逆性。常见的品种有 S-诱抗素和噻苯隆。

（6）生长抑制剂类　生长抑制剂类植物生长调节剂种类很多，大致可以分为两种。一种是植物生长抑制剂，对植物的顶芽和分生组织都有破坏作用，并且破坏作用是长期的，不能被赤霉素逆转。另一种是植物生长延缓剂，对亚顶端分生组织有抑制作用，使节间缩短，对节数、叶片数和顶端优势无影响，其作用可以被赤霉素逆转。抑制剂类的常见品种有矮壮素、多效唑、甲哌鎓、抑芽敏和抑芽丹等。

（7）甾醇类　1979 年，科学家从一种芥菜型油菜花粉粒中提取并纯化出一种甾醇类化合物——油菜素内酯，又叫作芸薹素内酯，它具有生长素、赤霉素和细胞分裂素的部分生理作用，但与已知的植物激素有很大不同，是目前已知的植物激素中生理活性最强的一种。目前已经有多种仿生合成制剂，常见的有丙酰芸薹素内酯、表芸薹素内酯和表高芸薹素内酯等。

植物生长调节剂的使用时间不是很长，但发展迅速，已经被广泛应用于大田作物、经济作物、果树、林木、蔬菜和花卉等多个领域。需要注意的是植物生长调节剂一般在浓度很低时就能发挥作用，使用浓度过高可能会出现截然相反的结果，所以在使用时一定要选择正确的浓度和使用时期。

10. 什么是化学农药？

人们知道明确结构并能够进行人工合成的农药就是化学农药。化学农药在农业生产中扮演着非常重要的角色，从防治效果上看，合理使用化学农药给农业生产挽回的损失不可估量；从生产效率上看，使用化学农药极大地解放了生产力，使生产效率大幅提升。这么重要的生产资料，人们却是提之而色变，之所以会出现这种现象主要有以下几个原因：一是农药使用者不能科学使用农药而导致了相关的农产品农药残留超标事件时有发生；二是人们对化学物质认识不足，再受到农产品安全事件的影响，人们难免会认为化学合成农药就是毒性极高的剧毒物；三是农药在生产和使用环节中的监管力度还不够，造成市场上的农药良莠不齐，使用后的效果也各不相同。

目前，需要加快农药研发的速度和效率，将提升农药质量作为最终目标，实现农药产业的长远发展。

首先要将创新作为农药研发的重点，创制我国拥有自主产权的新农药，包括农药结构的创新和作用机理的创新，这对我国农药行业具有战略性意义，将会使农药行业得到全方位的发展。

其次是农药研发者要突破固有思维，用化学的视角完善农药的发展方向。国家的科研机构及高校要注重化学人才的培养，有意识地将化学农药的自主研发放在首位，转变产品结构，开发新型农药，注重化学农药的毒性及残留水平，促进农药的可持续发展。

再次就是重视化学农药助剂的研发，好的助剂有利于农药剂型的更新，环境友好型的水乳剂、悬浮剂、水分散粒剂等剂型能够代替乳油和粉剂等落后剂型就得益于农药助剂的发展。

最后一点，也是最重要的一点，就是在今后的农药研发中要着重注意农药的选择性和非杀伤性，创制高效、低毒、环保的新型农药，助力农药行业的长远发展。

化学农药在农业发展中发挥的作用不可取代，随着技术的发展，会逐步寻找化学农药替代品，当前阶段我们要理智看待化学农药，不能因为某一个缺点就全盘否认它的作用。

11. 什么是生物源农药？

生物源农药是指以植物、动物、微生物本身及其产生的某种物质为原料加工而成的农药。主要包括以下几种：

（1）植物源农药 是指利用植物资源开发的农药，包括植物本身、从植物中提取的活性成分以及按照活性成分的结构合成的化合物。其主要类别有植物源杀虫剂和植物源杀菌剂。植物源杀虫剂除了能直接杀死害虫外，对害虫还有一些特异性作用，如拒食作用、抑制蜕皮作用、不育作用和抑制羽化作用等，研究较多的植物源杀虫剂有印楝素、苦参碱、除虫菊素等，其中印楝素是世界公认的活性最强的植物源杀虫剂，能有效防治半翅目、膜翅目和鳞翅目的多种害虫。植物源杀菌剂具有高效、低毒、不产生抗药性以及在环境中易降解的优点，主要有大蒜素、蛇床子素和香芹酚等。

（2）微生物源农药　是指由细菌、真菌、放线菌和病毒等微生物及其代谢产物加工制成的农药，包括活体微生物农药和农用抗生素两类。活体微生物农药是利用有害生物的病原微生物活体经工业方法使其大量繁殖并加工成制剂的农药。常用的细菌有苏云金杆菌（Bt）、球形芽孢杆菌、枯草芽孢杆菌和荧光假单胞菌，真菌有白僵菌和绿僵菌，病毒有核型多角体病毒、质型多角体病毒和颗粒体病毒等。农用抗生素是微生物在代谢过程中产生的具有农药功能的次生代谢物质。用于杀菌的有井冈霉素、春雷霉素、多抗霉素和有效霉素等；用于杀虫杀螨的有阿维菌素、多杀菌素、浏阳霉素、华光霉素和虫螨霉素等；用于除草的有双丙氨膦等。

（3）天敌生物　是指自然界中存在的能抑制害虫繁殖的生物，它们在害虫的不同虫态发挥作用，是生态系统中的一种自然调控因子，包括捕食性天敌和寄生性天敌。研究使用较多的捕食性天敌有瓢虫（澳洲瓢虫、七星瓢虫、龟纹瓢虫、异色瓢虫等）、草蛉、捕食螨、螳螂、蚂蚁（黄琼蚁、红蚂蚁）、蓟马、花蝽、盲蝽、猎蝽、步甲、虎甲、食蚜蝇、瘿蚊、胡蜂和蠡斯等多种食肉性昆虫。寄生性天敌又可以分为卵寄生、幼虫寄生、蛹寄生和成虫寄生，如赤眼蜂科、缘腹卵蜂科（黑卵蜂）、平腹蜂科、缨小蜂科的大多数种类为卵寄生；小蜂总科、姬蜂总科的许多种类，以及寄蝇、麻蝇的许多种类都是幼虫寄生；但也有一些种类是蛹寄生和成虫寄生。

（4）生物化学农药　是指同时满足下列两个条件的农药，一是对防治对象没有直接毒性，而只有调节生长、干扰交配等特殊作用；二是天然化合物，如果是人工合成的，其结构应与天然化合物相同（允许异构体比例的差异）。截至 2021 年 10 月 31 日，我国登记的生物化学农药有效成分 38 种，包括二化螟性诱剂、梨小食心虫迷向剂等化学信息物质，氨苄基嘌呤、赤霉酸等天然植物生长调节剂，S-烯虫酯、诱虫烯等天然昆虫生长调节剂，以及氨基寡糖素、超敏蛋白、香菇多糖等天然植物诱抗剂等四类。

生物源农药来源于生物，在自然环境中容易降解，在环境和农副产品中残留少，但也存在持效期短的缺点，我们应该着力于生物源农药的开发与改良，以求将来生物源农药能逐渐增加防治有害生物的比重。

12. 植物中的天然毒素比农药更加可怕，这是真的吗？

植物在生长过程中可能会产生一些对人体有害的物质，当人们误食之后可能会导致中毒，下面我们就来就看看哪些植物中的天然毒素比农药更加可怕。

植物中的毒素主要取决于其含有的有毒化学成分，与人们健康密切相关的有毒物质主要有以下几种：

（1）有毒蛋白类　包括血凝素和蛋白抑制剂两种。血凝素是某些豆科和大戟科等蔬菜中的有毒蛋白，如蓖麻毒素、巴豆毒素、相思子毒素、大豆凝集素和菜豆毒素等，这些毒素经有效的热处理可以被破坏，但若是加工不熟则毒性更大，常见的豆角食物中毒就是因为加工不当而造成的。蛋白抑制剂主要有胰蛋白酶抑制剂和淀粉酶抑制剂，它们能引起水解不良和过敏反应，食用黄豆中就含有胰蛋白酶抑制剂，所以豆浆等豆制品食用前的彻底热处理非常重要。

（2）有毒氨基酸　主要指非蛋白氨基酸，它们"伪装"成神经递质，取代正常的氨基酸产生神经毒性。这些有毒氨基酸多存在于毒蘑菇和豆科植物中，如刀豆氨酸、香豌豆氨酸等。

（3）生物碱类　主要存在于毛茛科、芸香科和豆科等许多植物的根、果中，其成分复杂，引起的中毒症状也各不相同，常见的有毒生物碱有烟碱、茄碱（龙葵碱）、颠茄碱等。未成熟的绿色马铃薯和发芽马铃薯中就含有茄碱，应避免食用。

（4）蕈毒素 野生蘑菇中的毒素称为蕈毒素，主要有鹅膏菌素、鹿花菌素、蕈毒啶、鹅膏蕈氨酸和蝇蕈醇等，其中鹅膏菌素的中毒死亡率为50%～90%，并且没有特效解毒药品，所以一定不要食用不认识的野生蘑菇，以防中毒。

（5）毒苷和酚类衍生物 主要的毒苷化合物是氰苷，如苦杏仁苷、芥子油苷和多萜苷等，它们多存在于植物的种子、茎、叶和果仁中，在摄入者体内经酶的作用水解成剧毒氰和硫氰化合物等物质造成中毒事件。食物原料中往往都含有一些酚类物质，其中简单酚类物质毒性很小，但有些复杂酚类，如香豆素、鬼臼毒素、大麻酚和棉酚等毒性很大，对人类的伤害也很大，如粗制棉籽油、大麻油和菜籽油等很容易造成食用者中毒。

（6）其他有毒物质 一般来说蔬菜可以从土壤中吸收硝酸盐，在一定的条件下还能把硝酸盐还原成亚硝酸盐，当亚硝酸盐积累到一定浓度时就会引起中毒。此外，过多食用富含草酸的植物会使草酸与体内的钙结合形成不溶性的草酸钙，草酸钙沉积在肾脏中可造成中毒。

植物中的天然有毒物质很多，有一些农药就是根据其结构进行改造后人工合成的，所以说有些天然毒素比农药更加可怕。但是我们只要做到食物加工彻底，不食用不认识的植物就能避免大部分中毒事件。

13. 听到农药就使人想起毒性强的毒物及剧毒物，有没有毒性低的农药呢？

农药的毒性是指农药对高等动物的毒害作用，一般用大白鼠进行测试。农药可以通过消化道、呼吸系统和皮肤进入高等动物体内而引起中毒反应，其对人、畜的毒害大致可以分为以下几种形式：

（1）急性中毒 是指一些毒性较大的农药经误食、皮肤接触或经呼吸道进入人体，在短期内即出现不同程度的中毒症状，如恶心、呕吐、呼吸困难等，若不及时抢救即有生命危险。衡量或表示农药急性毒性的程度常用大白鼠急性经口致死中量（LD_{50}）作为指标。参考国际上的做法，我国的农药毒性分级也是以世界卫生组织（WHO）推荐的农药危害分级标准为模板，并考虑以往毒性分级的有关规定，结合我国农药生产、使用和管理的实际情况制定的（表1）。

表1　我国农药毒性分级标准

毒性分级	级别	经口半数致死量（毫克/千克）	经皮半数致死量（毫克/千克）	吸入半数致死浓度（毫克/米^3）
I_a级	剧毒	≤5	≤20	≤20
I_b级	高毒	>5~50	>20~200	>20~200
II级	中等毒	>50~500	>200~2 000	>200~2 000
III级	低毒	>500~5 000	>2 000~5 000	>2 000~5 000
IV级	微毒	>5 000	>5 000	>5 000

对农药生产者和使用者来说，口服急性毒性不是唯一标准，事实上经皮毒性标准更为重要。

（2）亚急性中毒　是指中毒者长期连续接触一定剂量的农药，中毒症状的表现往往需要一定时间，最终中毒症状与急性中毒相似，有时也能引起局部的病理变化。测定亚急性毒性一般要以微量农药长期饲喂试验动物（至少3个月以上），然后检测农药对动物所引起的各种形态、行为和生理生化的变化。

（3）慢性中毒　是指有些农药虽然毒性不高，但性质稳定，不易分解，使用后长期残留在土壤、水源及食物中，人、畜少量长期摄食后在体内积累而引起内脏机能受损，阻碍正常的生理代谢。测定慢性毒性是以微量农药长期饲喂试验动物（至少6个月以上，甚至2~4个世代），对致畸、致癌、致突变等作出判断。

一种好的农药应该有良好的选择性，即对防治对象的毒力高而对高等动物及其他非靶标生物的毒性低，随着技术的发展和国家对农药行业的严管政策，现在已经做到农药制剂对防治对象表现出很高的毒力和药效，但对高等动物的毒性很小。

 农药为什么必须要有剂型及制剂？

化学农药，特别是有机合成农药由于本身的物理化学性质和生物活性的原因，只有极少数是可以直接使用的，大多数都必须加工成某种形态的剂型才真正具有应用价值。农药剂型加工是农药工业体系的重要环节，在加工过程中形成一定的制剂，才能够进行应用。农药制剂担负着对农药化合物赋形和协助农药化合物以一定的剂量向靶标传递的任务。其作用主要体现在以下几方面：

①高纯度的农药原药经过稀释能够避免对作物的药害和对环境的危害。

②农药原药制成某种制剂可以提高其在田间或作物表面分散的均匀度，使其生物活性得以优化。

③制剂中的表面活性剂可以提高农药在作物和害虫表面的透过率和展着能力。

④制剂中添加的助剂及增效剂可以提高农药原药的药效和扩大适用范围。

⑤农药原药制备成制剂可以保护原药在储存和使用中不被分解，从而提高其化学稳定性，延长质量保证期。

⑥不同原药的混合制剂能够扩大农药的适用范围。

⑦制剂中添加的显色剂起到警戒和指示作用，能防止误食、误饲和指示农药分散度等。

⑧制剂中添加的成膜剂、防冻剂、增稠剂以及惰性填料等都具有重要的作用。

⑨隐蔽施药技术、集中施用技术、缓释技术和水基制剂技术等提高了用药效率，大大降低了农药使用量，减少了农药对环境的压力。

虽然有些农药原药可以溶于水或在水中具有一定溶解度，可以直接分散到水中使用，但在实践中多数水溶性农药仍需要添加助剂来提高药效或减少对作物的药害。所以说制剂是农药研制和生产中不可缺少的，农药制剂技术的进步对农药的可持续发展具有深远的环境和经济意义。

 固态农药剂型主要有哪几种？各有何特性和用途？

（1）粉剂　是将原药、大量的填料（载体）及适当的稳定剂一起混合粉碎得到的一种粉状剂型。它的性能要求主要有细度、均匀度、稳定性和吐粉性。传统粉剂平均粒径为 10 微米左右，这种粉尘的飘移是最严重的，后来有研究人员推出了平均粒径为 20～30 微米的无飘移粉剂。粉剂主要用于喷粉、撒粉、拌土等，不能加水喷雾。

（2）可溶性粉剂　是由一定水溶性或可以转变为可溶性盐的农药原药和助剂混合粉碎而成的水溶性粉剂，在使用浓度下可以溶于水。细度为 98％通过 320 目筛，使用时加水稀释成水溶液喷雾使用。如 80％敌百虫可溶性粉剂、50％杀虫环可溶性粉剂、75％敌克松可溶性粉剂、64％野燕枯可溶性粉剂、井冈霉素可溶性粉剂等。

（3）可湿性粉剂　含有原药、填料或载体、润湿剂、分散剂以及其他辅助剂，经混合、粉碎工艺达到一定细度的粉状剂型。可湿性粉剂加水稀释后可形成稳定、分散性良好的悬浮液，供喷雾使用。其有效成分含量通常在 10％～50％，也可以达到 80％以上。可湿性粉剂在农药剂型中占有较重要的地位，与乳油相比，它不使用有机溶剂，又具有粉剂的某些优点，如包装、运输的费用低，有效成分含量较一般粉剂高，耐储存。尤其是除草剂、杀菌剂多为固态原药，其中许多既难溶于水，又难溶于常用有机溶剂，不适合加工成乳油，而适合加工成可湿性粉剂。可湿性粉剂的缺点是使用时计量不方便。

（4）颗粒剂　由农药原药、载体和助剂混合加工而成。载体对原药起附着和稀释作用，是形成颗粒的基础，因此要求载体不分解农药、具有适宜的硬度、密度、吸附性和遇水解体等性质。常用作载体的物质有白炭黑、硅藻土、陶土、紫砂岩粉、石煤渣、黏土、红砖、锯末等。常见的助剂有黏结剂、吸附剂、湿润剂、染色剂等。颗粒剂用于撒施，具有使用方便、操作安全、应用范围广及药效长等优点。高毒农药颗粒剂一般做土壤处理或拌种沟施。

（5）烟剂　是由农药原药、燃料（如木屑粉）、助燃剂（氧化剂，如硝酸钾）、消燃剂（如陶土）等制成。烟剂点燃后可以燃烧，但没有火焰，农药有效成分因受热而气化，在空气中受冷又凝聚成固体微粒，沉积在植物上，达到防治病害或虫害的目的。在空气中的烟粒也可通过昆虫呼吸系统进入虫体产生毒效。烟剂主要用于防治森林、仓库、温室病虫害及卫生害虫等。

（6）水分散粒剂　又称干悬浮剂或粒型可湿性粉剂，指一旦放入水中，能较快地崩解、分散，形成高悬浮的固液分散体系的粒状制剂。这种剂型兼具可湿性粉剂和悬浮剂悬浮性、分散性、稳定性好的优点，且克服了二者的缺点：与可湿性粉剂相比，它具有流动性好，易于从容器中倒出而无粉尘飞扬等优点；与悬浮剂相比，它可克服贮藏期间沉积结块、低温时结冻和运费高的缺点。一般为对水稀释喷雾使用。

（7）拌种剂　由原药、填料、分散剂等组成，生产上可用于拌种、杀虫、灭菌、壮苗。

（8）片剂　由农药有效成分、吸附剂、黏结剂、润滑剂、崩解剂、香料、色素等组成，在水田应用较为广泛。

16. 液态农药剂型主要有哪几种？各有何特性和用途？

（1）乳油　主要是由农药原药、溶剂和乳化剂组成，在有些乳油中还加入少量的助溶剂和稳定剂等。溶剂的用途主要是溶解和稀释农药原药，帮助乳化分散、增加乳油流动性等。常用的有二甲苯、苯、甲苯等。农药乳油要求外观清晰透明、无颗粒、无絮状物，在正常条件下贮藏不分层、不沉淀，并保持原有的乳化性能和药效。原油加到水中后应有较好的分散性，乳液呈淡蓝色透明或半透明状，并有足够的稳定性，即在一定时间内不产生沉淀，不析出油状物。

（2）悬浮剂　又称胶悬剂，是一种可流动液体状的制剂，由不溶于水的农药固体原药和润湿剂、分散剂、增稠剂、稳定剂、消泡剂等助剂混合粉碎加工而成。该剂型典型的特征就是固体颗粒经湿法粉碎后可以均匀地分散在液体中，是具有一定黏度的流体剂型。悬浮剂使用时对水喷雾，如40％多菌灵悬浮剂、20％除虫脲悬浮剂等。

（3）水乳剂　水包油型不透明浓乳状液体农药剂型，由水不溶性液体农药原油、乳化剂、分散剂、稳定剂、防冻剂及水等经均匀化工艺制成的。水乳剂典型的特点有不使用或仅使用少量的有机溶剂；以水为连续相，农药原油为分散相，可抑制农药蒸气的挥发；成本低于乳油，无燃烧、爆炸危险，贮藏较为安全；避免或减少了乳油制剂所用有机溶剂对人畜的毒性和刺激性，减少了对农作物的药害危险；制剂的经皮及口服急性毒性降低，使用较为安全；水乳剂原液可直接喷施，可用于飞机或地面微量喷雾。

（4）微乳剂　是水不溶性的液体或固体农药原药以超细液滴（0.01～0.1微米）分散于水中形成的透明或半透明分散体系。对环境友好、生物活性高、安全、加工工艺简单、稳定性好，是替代乳油的环保性剂型之一。可用于喷雾。

（5）微胶囊悬浮剂　是指利用天然或者合成高分子材料形成核-壳结构的微小容器，将农药有效成分与溶剂包覆其中，并悬浮在连续相中的农药剂型。其特点有持效期长，可用于地下害虫防治（一季使用一次）；减少用药，省工省时；避免药害，提高产品安全性；无异味。可以对水喷雾使用。

17. 气态农药剂型主要有哪几种？各有何特性和用途？

（1）气雾剂　又名气溶胶、烟雾剂等。根据联合国《全球化学品统一分类和标签制度》的规定，气雾剂是指依靠包装容器内的压力，将农药有效成分分散雾化出去的一种罐装剂型。罐体一般用金属、玻璃或塑料制成，内装压缩、液化或加压溶解的气体，包含或不包含液体、膏剂或粉末，配有释放装置，可使内装物喷射出去，形成在空气中悬浮的固态或液体微粒，或形成泡沫、膏剂或粉末，或处于液态或气态。

（2）熏蒸剂　是利用挥发时所产生的蒸气毒杀有害生物的一类农药，这类剂型的农药以气态分子进入有害生物体内而起到毒杀作用，一般在较为密闭的环境中使用。使用浓度根据熏蒸时间、熏蒸场所密闭程度、被熏蒸物的量和对熏蒸剂蒸气的吸附能力等确定。宜在仓库、帐幕、房屋、车厢、船舱等能密闭或近于密闭的条件下施用，在被熏蒸物体大量集中的情况下，可以有效地消灭隐蔽的害虫或病菌。

 18. 选择农药剂型需注意些什么？

农药剂型与制剂的选择主要是由施用器械、作物和防治对象决定的。对于目前田间农药施用来说，大多数是采用对水喷雾的使用方式。一般需要经过以下两个步骤：第一，将农药制剂加入水中，稀释成药液；第二，将药液用喷雾器械喷施到作物表面。

在这个过程中，下面几个方面的因素会不同程度地影响防治效果。一是农药制剂加入水中后，制剂入水是否能够自发分散，或者经搅拌后能否很好分散；二是稀释成的药液在喷施过程中是否稳定，或者说药液中分散的农药颗粒会不会很快向下沉淀；三是喷雾器喷出的雾滴能否沉积到待喷施作物或防治对象表面，并牢固地附着。而这些因素都和使用农药的剂型种类与制剂特性有关系。

目前，农药有许多剂型，其中有些剂型名称虽然不同但其用途是一样的，有些剂型虽然用途一样但使用方法不同。农药用户要根据作物和防治对象、施药机具和使用条件来决定选择哪一种剂型和制剂比较合适。

选用农药的目的主要是防治病虫害，因此在选择的时候也要考虑最佳防治效果。一般情况下，杀虫剂的乳油效力要高于悬浮剂和可湿性粉剂，同一种农药有效成分以选用乳油为好。叶面喷雾用的杀菌剂，一般以油为介质的剂型对杀菌剂作用的发挥并无好处，因为杀菌剂对病原菌细胞壁和细胞膜的渗透是溶解在叶面水膜中的杀菌剂分子，并不需要油质有机溶剂的协助，甚至反而会妨碍药剂分子的扩散渗透和内吸作用，所以宜选择悬浮剂或可湿性粉剂。叶面喷洒用的除草剂，因杂草叶片表面有一层蜡质层，含有机溶剂的乳油、浓乳剂、悬乳剂等剂型都可以选用，具有良好润湿和渗透作用的可湿性粉剂、悬浮剂等剂型也可选用；施用于水田、田泥或土壤中的除草剂，以颗粒剂和其他能配制毒土的剂型为首选，因为悬浮剂的颗粒要比可湿性粉剂细得多，悬浮剂中含有的多种助剂有利于药剂颗粒黏附在生物体表面，从而能提高药效。

 什么是纳米农药？

目前，国际上对于纳米农药暂时没有统一的定义。一般来说，纳米农药是指农药有效成分和助剂形成的微粒尺寸处于纳米量级的农药制剂或者本身具有农药活性的一些无机纳米颗粒。狭义上来讲，纳米农药的尺寸在1～100纳米，广义上的尺寸在1～1 000纳米。纳米农药主要包括以下常见的存在形式：微乳剂、纳米乳剂、纳米微囊、纳米微球、纳米分散剂、纳米胶束、纳米凝胶和静电纺丝纳米纤维等。纳米农药有利于改善难溶性农药的分散性、稳定性与生物活性，促进农药对生物靶标表面的黏附性与渗透性；保护环境敏感型农药，减少流失与分解；控制药物释放速率，延长持效期，降低其在非靶标区域和环境中的投放量与残留污染。纳米农药可通过小尺寸和大比表面积效应、界面亲和效应、药物缓控释效应和高效传递效应提高其生物活性。

根据用途，纳米农药主要分为以下三类：一是提高农药表观溶解度的纳米农药。这类纳米农药制剂的目的是为了提高低水溶性有效成分的表观溶解度。当分散在水的农药微粒尺寸小于可见光波长（400～760纳米）1/4时，不产生严重的折射和反射，表现出表观水溶、外观透明的性能。通过农药纳米化，提高了其在水中的表观溶解度。这类纳米农药的种类包括：纳米乳剂、微乳剂、纳米胶束等。二是对农药实施保护并赋予缓释或控释性能的纳米农药。大多数的农药有效成分在喷施后，受环境因素（紫外光、氧气、热）的影响，会发生降解或分解，影响药效发挥。为了提高农药的稳定性和实现农药的缓释或控释，使用纳米载体进行农药负载。这类纳米农药的种类包括：纳米微球、纳米凝胶和静电纺丝纳米纤维等。三是纳米金属或纳米金属氧化物农药制剂。纳米金属如银（Ag）和纳米氧化物如氧化铜（CuO）都具有一定的杀菌活性，可以单独作为农药使用。农药在水中分散的聚集状态形成的微粒大小，直接影响对靶标的分散和接触程度，也影响药效的发挥。因此，纳米农药也可以定义为对水稀释后的微粒尺寸仍以纳米量级存在的农药制剂。

 什么是绿色化学农药？

在当前社会飞速发展的过程中，化学农药也逐步向绿色化学农药的方向发展，环境的现状和绿色化学的实施对化学农药提出了挑战，同时也为绿色化学农药的发展提供了机遇。应用绿色环保的工艺减少生产过程中的污染，利用绿色原料和生物技术控制生产过程中的废物、废水和废气的排放。目前，绿色化学农药还没有一个完全成熟的定义，但是广大农药研究者都开始强化绿色意识，将绿色化学新技术应用到农药研制的每一个环节，使传统的化学农药发展为绿色化学农药。

绿色化学农药应具备如下特性：①高活性，在田间对靶标昆虫具有超高活性，并且用量低。②选择性好，对有益物种或天敌的毒性低或无毒性。③低风险，不影响正在生长的农作物。④无残留，农产品或环境中无残留，易降解为无毒物质。⑤清洁生产，使用无毒的起始原料，在生产过程中不产生废物。

目前，人类正面临有史以来最严重的环境危机，由于人口急剧增加，资源消耗日益增加，人均耕地、淡水、矿产等资源占有量逐渐减少，人口与资源的矛盾越来越尖锐；此外，人类物质生活随着工业发展不断改善的同时，大量排放生活垃圾和工农业污染物使人类的生存环境迅速恶化。因此，要加快实现绿色化学农药的开发与实施，将研制绿色化学农药的原理、方法和技术合理应用，生物技术、组合化学、高通量筛选、计算机辅助设计、原子经济化学、生物信息学等现代高新技术的介入为绿色化学农药的实现提供了极大的可能性，并且能为人类社会持续发展和人类健康做出贡献。

 21. 什么是生物除草剂？

生物除草剂是指利用自然界中的生物（包括微生物、植物和动物）或其组织、代谢物工业化生产的用于除草的生物制剂。根据美国环保署对生物农药的定义，生物除草剂可以分为两大类：一类是直接利用完整生物体或者部分活体组织开发的制剂，称为生物除草剂，由于这些产品多数是利用微生物特别是真菌制成的，亦称微生物除草剂或真菌除草剂；另一类是利用生物的次生代谢产物开发的制剂，称为生物源除草剂或者生物化学除草剂。

作为生物除草剂的菌种必须具备对目标杂草专一性强、毒性大、但对作物安全的特点。自然界中植物致病微生物（真菌、细菌、病毒）是开发生物除草剂的重要来源，其中利用最多的是植物病原真菌。目前，全球已经有 20 多个生物除草剂产品登记，其中大多是利用真菌孢子研制的生物除草剂，真菌孢子可以主动侵染杂草，导致杂草染病甚至死亡。

22. 什么是植物免疫诱导剂？

植物免疫诱导剂是指没有直接的杀菌或抗病毒活性，但能够诱导植物免疫系统使植物获得或提高对病原的抗性及抗逆性的药物或其代谢产物。植物免疫诱导剂是一类新型生物农药，具有显著防病、防冻、增产、改善品质的效果。对人畜无害、不污染环境，是继人用疫苗、动物疫苗工程技术出现后的新领域，也是国际上生物农药创制较为热门的研究方向。

植物免疫诱导剂一般分为两类：植物免疫诱导子（蛋白、寡糖、生物代谢产物或有机活性小分子）和植物免疫诱导菌（木霉菌、芽孢杆菌）。

植物免疫诱导子是指一类可以诱导寄主植物产生免疫抗性反应的活性分子，这种免疫抗性反应涉及植物生理生化、形态反应、植保素积累以及抗病基因表达等方面。诱导子从来源上可分为生物源和非生物源活性分子。生物源诱导子是指微生物、动物、植物活体及其代谢产物，或寄主植物与病原菌互作产生的活性小分子，根据化学性质生物源诱导子可分为寡糖类诱导子、糖蛋白或糖肽类诱导子、蛋白类或多肽类诱导子以及脂类诱导子。这些诱导子通过与植物细胞表面的受体结合，激发植物的防御反应，使植物产生系统抗性。非生物源诱导子是指所有不是细胞中天然成分但又能触发植物产生抗性的物质，主要包括水杨酸及其类似物、β-氨基丁酸、噻菌灵及相关化合物、无机盐类等。

植物在生长过程中，会受到各种生物的和非生物的胁迫。为了生存和繁殖，植物必须对这些胁迫做出及时的反应。在植物受到病菌侵害时，超敏反应（hypersensitive response，HR）将被激活，造成病菌感染处的细胞死亡，从而能够限制病菌的扩散和营养的流失。同时，植物还通过系统获得抗性（SAR）的机制来保护自身。植物免疫所产生的信号传导途径主要包括有水杨酸（SA）途径、茉莉酸（JA）途径、乙烯（ET）途径和脱落酸（ABA）途径，调控植物抗病相关基因（resistance gene，R-gene）的表达，能够有效地防御大部分病原菌。由于植物免疫代谢过程是由一个网络系统进行调控的，在这个网络调控中，植物抗性和植物生长的代谢也有交互影响，由此可见，在植物免疫诱导的过程中，除了抗性反应外，植物还会根据胁迫的种类和程度，主动调节自身的生理进程，包括发育和开花等。

在植物各时期使用免疫诱抗剂进行处理，可以提高发芽率、促进根系生长、增加叶绿素含量、促进细胞分裂、提高坐果率、延长采摘时间并维持系统免疫抗性，提高肥料利用率，减少或减轻病害的发生，这样可以从根本上减少肥料和农药的使用量，从源头上减少肥料和农药对环境和农产品的污染。

23. 什么是蛋白质植物免疫诱导剂？

当植物受到病原菌侵染时，可以通过免疫识别系统来识别病原菌而开启植物免疫系统，植物这种自身免疫可直接有效地抵御病原菌的侵染，形成自然健康的抗病反应。微生物产生的效应蛋白/激发子是植物与病原菌互作的桥梁，不仅在病原菌侵染植物过程中发挥作用，也是激发植物多重免疫防御反应的重要物质。在诱导植物多重防御反应中，植物超敏反应（HR）和氧爆发（ROS）是常见的早期快速防御反应。以激发植物防御反应为筛选指标分离免疫诱导蛋白，是开发植物免疫诱导剂的重要基础，该筛选技术体系不同于针对靶标的传统农药筛选模式，利用该模式筛选获得的植物免疫诱导蛋白不直接作用于靶标有害生物，而是通过激活植物免疫系统，增强植物基础抗性，从而减轻有害生物发生、减少农药使用。

蛋白质植物免疫诱抗剂不直接杀死靶标病原菌，而是通过激活植物免疫系统并调节植物新陈代谢，从而增强植物抗病和抗逆能力。这种抗性具有广谱、稳定、持久等优点。蛋白质植物免疫诱导剂不会产生病原菌耐药性问题，而且对环境安全，符合农业生态可持续发展的战略要求，是保障农产品质量安全、实现农药施用零增长战略目标的重要途径。

由于缺乏植物免疫诱导蛋白定向筛选和科学评价技术，以及产业化存在蛋白产量低、成本高、产品货架期短等关键技术问题，蛋白质植物免疫诱导剂发展缓慢。我国已通过对微生物源蛋白诱导子的筛选、分离纯化、基因克隆与表达、蛋白质结构与功能研究，创建了"蛋白-基因-蛋白"的植物免疫诱导蛋白发掘技术平台；已分别从极细链格孢激活蛋白、稻瘟病菌、大丽轮枝菌、灰葡萄孢菌、侧孢短芽孢杆菌、解淀粉芽孢杆菌等病原真菌和生防细菌中分离获得了 10 个有自主知识产权的免疫诱抗蛋白及基因克隆。2017 年，我国首次登记了植物免疫诱导蛋白制剂 6％寡糖·链蛋白可湿性粉剂（阿泰灵），用于防治番茄、水稻、烟草病毒病，白菜软腐病和西瓜枯萎病，取得了显著经济效益。

24. 如何选购农药？

（1）要依据国家的有关规定选择农药　农药使用不当会带来严重的负面影响，给农业生产和社会造成危害，因此，国际国内都非常重视对农药使用的管理工作，我国农药管理和使用相关部门制定了一系列的法规来规范农药的使用，在选择农药品种时，必须遵守这些法规和《农药登记公告》。法规具体内容和《农药登记公告》可登录中国农药信息网查询。

（2）要根据防治对象选择农药　农药的品种很多，各种药剂的理化性质、生物活性、防治对象等各不相同，某种农药只对某些甚至某种防治对象有效。因此，施药前应调查病、虫、草和其他有害生物发生情况，对不能识别和不能确定的，应查阅相关资料或咨询有关专家，明确防治对象并获得指导性防治意见后，根据防治对象选择合适的农药品种。病、虫、草和其他有害生物单一发生时，应选择对防治对象专一性强的农药品种；混合发生时，应选择对防治对象有效的农药。在一个防治季节应选择不同作用机理的农药品种交替使用。

（3）要根据农作物和生态环境安全要求选择农药　应选择对处理作物、周边作物和后茬作物安全的农药品种，选择对天敌和其他有益生物安全的农药品种，选择对生态环境安全的农药品种。

25. 农药标签都包含哪些信息？

根据农业部 2017 年印发的《农药标签和说明书管理办法》，农药标签和说明书由农业部核准，标签和说明书的内容应当真实、规范、准确，其文字、符号、图形应当易于辨认和阅读，不得擅自以粘贴、剪切、涂改等方式进行修改或者补充（彩图 3，彩图 4）。农药标签应当标注下列 11 项内容：

（1）农药名称、剂型、有效成分及其含量

①农药名称应当与农药登记证的农药名称一致，农药名称应当显著、突出，字体、字号、颜色应当一致，并符合以下要求：一是对于横版标签，应当在标签上部三分之一范围内中间位置显著标出；对于竖版标签，应当在标签右部三分之一范围内中间位置显著标出；二是不得使用草书、篆书等不易识别的字体，不得使用斜体、中空、阴影等形式对字体进行修饰；三是字体颜色应当与背景颜色形成强烈反差；四是除因包装尺寸的限制无法同行书写外，不得分行书写。除"限制使用"字样外，标签其他文字内容的字号不得超过农药名称的字号。

②有效成分及其含量和剂型应当醒目标注在农药名称的正下方（横版标签）或者正左方（竖版标签）相邻位置（直接使用的卫生用农药可以不再标注剂型名称），字体高度不得小于农药名称的二分之一。混配制剂应当标注总有效成分含量以及各有效成分的中文通用名称和含量。各有效成分的中文通用名称及含量应当醒目标注在农药名称的正下方（横版标签）或者正左方（竖版标签），字体、字号、颜色应当一致，字体高度不得小于农药名称的二分之一。

③农药标签和说明书不得使用未经注册的商标。标签使用注册商标的，应当标注在标签的四角，所占面积不得超过标签面积的九分之一，其文字部分的字号不得大于农药名称的字号。

（2）农药登记证号、产品标准号以及农药生产许可证号　标签上注明该产品在我国取得的农药登记证号、有效的农药生产许可证号或农药生产批准文件号，以及产品标准号。

（3）农药类别及其颜色标志带、产品性能、毒性及其标识

①农药类别应当采用相应的文字和特征颜色标志带表示。不同

类别的农药采用在标签底部加一条与底边平行的、不褪色的特征颜色标志带表示：

除草剂用"除草剂"字样和绿色带表示；杀虫（螨、软体动物）剂用"杀虫剂""杀螨剂"或者"杀软体动物剂"字样和红色带表示；杀菌（线虫）剂用"杀菌剂"或者"杀线虫剂"字样和黑色带表示；植物生长调节剂用"植物生长调节剂"字样和深黄色带表示；杀鼠剂用"杀鼠剂"字样和蓝色带表示；杀虫/杀菌剂用"杀虫/杀菌剂"字样、红色和黑色带表示。农药类别的描述文字应当镶嵌在标志带上，颜色与其形成明显反差。其他农药可以不标注特征颜色标志带。

②产品性能主要包括产品的基本性质、主要功能、作用特点等。对农药产品性能的描述应当与农药登记批准的使用范围、使用方法相符。

③毒性分为剧毒、高毒、中等毒、低毒、微毒五个级别，分别用"标识"和"剧毒"字样、"标识"和"高毒"字样、"标识"和"中等毒"字样、"标识"和"微毒"字样标注。标识应当为黑色，描述文字应当为红色。由剧毒、高毒农药原药加工的制剂产品，其毒性级别与原药的最高毒性级别不一致时，应当同时以括号标明其所使用的原药的最高毒性级别。毒性及其标识应当标注在有效成分含量和剂型的正下方（横版标签）或者正左方（竖版标签），并与背景颜色形成强烈反差。

（4）使用范围、使用方法、剂量、使用技术要求和注意事项

①使用范围主要包括适用作物或者场所、防治对象。

②使用方法是指施用方式。

③使用剂量以每亩*使用该产品的制剂量或者稀释倍数表示。种子处理剂的使用剂量采用每100千克种子使用该产品的制剂量表示。特殊用途的农药，使用剂量的表述应当与农药登记批准的内容一致。

---

* 亩为非法定计量单位，15亩＝1公顷。——编者注

④使用技术要求主要包括施用条件、施药时期、次数、最多使用次数，对当茬作物、后茬作物的影响及预防措施，以及后茬仅能种植的作物或者后茬不能种植的作物、间隔时间等。限制使用农药，应当在标签上注明施药后设立警示标志，并明确人畜允许进入的间隔时间。安全间隔期及农作物每个生产周期的最多使用次数的标注应当符合农业生产、农药使用实际。

⑤注意事项应当标注以下内容：一是对农作物容易产生药害，或者对病虫容易产生抗性的，应当标明主要原因和预防方法；二是对人畜、周边作物或者植物、有益生物（如蜜蜂、鸟、蚕、蚯蚓、天敌及鱼、水蚤等水生生物）和环境容易产生不利影响的，应当明确说明，并标注使用时的预防措施、施用器械的清洗要求；三是已知与其他农药等物质不能混合使用的，应当标明；四是开启包装物时容易出现药剂撒漏或者人身伤害的，应当标明正确的开启方法；五是施用时应当采取的安全防护措施；六是国家规定禁止的使用范围或者使用方法等。

（5）中毒急救措施　中毒急救措施应当包括中毒症状及误食、吸入、眼睛溅入、皮肤沾附农药后的急救和治疗措施等内容。有专用解毒剂的，应当标明，并标注医疗建议。剧毒、高毒农药应当标明中毒急救咨询电话。

（6）储存和运输方法　储存和运输方法应当包括储存时的光照、温度、湿度、通风等环境条件要求及装卸、运输时的注意事项，并标明"置于儿童接触不到的地方""不能与食品、饮料、粮食、饲料等混合储存"等警示内容。

（7）生产日期、产品批号、质量保证期、净含量

①生产日期应当按照年、月、日的顺序标注，年份用四位数字表示，月、日分别用两位数表示。产品批号包含生产日期的，可以与生产日期合并表示。

②质量保证期应当规定在正常条件下的质量保证期限，质量保证期也可以用有效日期或者失效日期表示。

③净含量应当使用国家法定计量单位表示。特殊农药产品，可

根据其特性以适当方式表示。

（8）农药登记证持有人名称及其联系方式　联系方式包括农药登记证持有人、企业或者机构的住所和生产地的地址、邮政编码、联系电话、传真等。

（9）可追溯电子信息码　可追溯电子信息码应当以二维码等形式标注，能够扫描识别农药名称、农药登记证持有人名称等信息。信息码不得含有违反本办法规定的文字、符号、图形。可追溯电子信息码格式及生成要求由农业农村部制定。

（10）像形图　像形图包括储存像形图、操作像形图、忠告像形图、警告像形图。像形图应当根据产品安全使用措施的需要选择，并按照产品实际使用的操作要求和顺序排列，但不得代替标签中必要的文字说明（图1）。

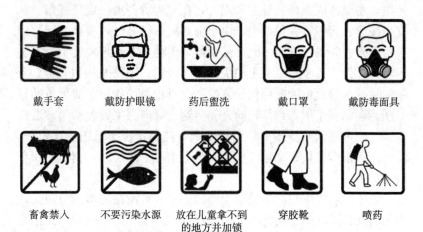

戴手套　　戴防护眼镜　　药后盥洗　　戴口罩　　戴防毒面具

畜禽禁入　不要污染水源　放在儿童拿不到　穿胶靴　　喷药
　　　　　　　　　　　　的地方并加锁

图1　像形图的种类和含义

（11）农业农村部要求标注的其他内容　农药标签和说明书不得标注任何带有宣传、广告色彩的文字、符号、图形，不得标注企业获奖和荣誉称号。法律、法规或者规章另有规定的，从其规定。

pending

 农药使用者如何应用农药标签维护权益？

农药标签中有大量的科学信息，其中农药的用量、用法、安全注意事项等都是经过大量科学实验得出的，因此，农药标签被认为是"世界上最昂贵的文献"。标签是农药安全使用的基础，广大农户一定要认真仔细阅读。为了规范农药标签和说明书管理，保证农药使用的安全，根据《农药管理条例》，农业部令 2017 年第 7 号公布了《农药标签和说明书管理办法》，自 2017 年 8 月 1 日起施行。

农药标签反映了包装内农药产品的基本属性。从一定意义上讲，使用者能不能安全、有效地使用农药，在很大程度上取决于其是否能看懂并完全理解标签上的内容，因此，为了用好农药，不出差错，避免造成意外的危害和损失，在使用农药前一定要仔细、认真地阅读农药标签和说明书。由于标签的内容是经过农药登记部门严格审查并获得批准后才允许使用的，因此，在一定程度上具有法律效力。使用者按照标签上的说明使用农药，不仅能达到安全、有效的目的，而且也能起到保护消费者自身权益的作用。如果按照标签用药，出现了中毒或作物药害等问题，可向有关管理部门或法院投诉，要求赔偿经济损失。生产厂家或经销单位应承担法律责任。反之，不按标签指南和建议使用农药，出现上述问题，则由使用者自己负责。

近年来，因不按标签说明用药出了事故，而在法律纠纷中又败诉的教训是不少的。由此可见，农药标签对于广大农民用户无论是在技术上，还是在维护自身利益方面都是十分重要的。

如何辨识假劣农药？

伪劣农药的危害十分严重，它往往使购买者浪费了资金、人力，更导致防治效果不好，农作物的病虫害得不到有效控制，严重时则导致作物药害，对生产造成严重破坏。因此，避免购进伪劣农药，是保证农业生产顺利进行的前提之一。假劣农药的辨识可从以下几个方面进行：

（1）外观　看包装标贴和内容物。①外包装，劣质农药外包装印刷质量不良或粘贴不好，包装物污渍严重。②内容物，乳油、超低量油剂和水剂、微乳剂等混浊不清，有分层和沉淀的杂质；水乳剂、悬浮剂等严重分层，轻摇后倒置，底部仍有大量的沉淀物或结块；粉剂和可湿性粉剂结块严重，手摸有硬块；片状熏蒸剂粉末化，烟剂受潮严重等。

（2）标签　仔细阅读标签，对照农药标签要求，检查各项内容是否全面；查阅《农药登记公告》，看标签上的登记证号与公告里的是否相同，厂家是否为同一个厂家，登记的使用作物和使用剂量是否和标签所标明的一样；仔细观察农药的生产厂家和地址，对照电话区号本，确认联系电话的区号是厂家地址的区号，按照标签所标明的电话打电话核实。

（3）试验　将少量农药取出，用量筒等玻璃器皿进行稀释试验，观察试验的结果。如果乳油出现浮油、分层等，则认为乳化结果不良；如果水剂、微乳剂等短时间内不能完全溶于水，则表明剂型不合格；如果可湿性粉剂、水分散粒剂、干悬浮剂、悬浮剂等出现过快的沉淀，则证明悬浮剂的悬浮率过低，产品不合格；气雾罐揿下时喷雾力小，证明气压不足；烟剂点燃后很快熄灭，证明发烟效果不良等。

（4）化验　根据农药检验的有关要求，对农药的有效成分进行化验。

28. 购买农药有哪些技巧？

①根据作物的病虫草害发生情况，确定农药的购买品种，对于自己不认识的病虫草，最好携带样本到农药零售店。

②仔细阅读标签，对照标签的 11 项基本要求进行辨别，最好查阅《农药登记公告》进行对照。

③选择可靠的销售商，一般农资系统、植保和技术推广系统以及厂家直销门市部的产品比较可靠，杀鼠剂和高毒农药的销售，在部分地区需要有专销许可证。

④选择熟悉的农药生产厂家的品种，新品种应该在当地通过试验，这样才可以证明其可行。

⑤对于大多数病虫害，不要总是购买同一种有效成分的药剂，应该轮换购买不同的品种。

⑥要求农药销售者提供农药的处方单，购买农药时应索要发票，使用时或使用后如发现为假劣农药，应该保留包装物；出现药害，应该保留现场或拍下照片，并及时向农业行政主管部门或具有法律、行政法规规定的有关部门反映，以便及时查处。

29. 怎样防止作物产生药害？

作物药害是指因农药使用不当，引起植物发生各种病态反应的现象（彩图5）。为了防止作物药害的产生，应注意如下几个方面：

（1）正确选用农药品种　不同作物或一种作物中的不同品种对农药的敏感性有差异，如果把某种农药施用在敏感的作物或品种上就会出现药害。如高粱对敌敌畏、敌百虫较敏感；乙草胺可广泛用于番茄、辣椒、茄子、大白菜、芹菜、萝卜、葱、姜、蒜等多种蔬菜，但在黄瓜、菠菜、韭菜上使用易发生药害。

（2）注意用药剂量和用药时间　五氯酚钠是一种除草、杀菌、杀虫兼具的农药，果农用五氯酚钠与石硫合剂的混合液进行葡萄园清园，可防治葡萄黑痘病、炭疽病、灰霉病等病害，但若盲目提高使用浓度，或在葡萄老蔓剥过枯皮后使用，极易产生药害。有些除草剂的使用量有严格的规定，只有在一定的剂量下才对作物安全，超过一定范围或施药不均匀，就容易发生药害。农作物和果树的开花期和幼果期，其组织幼嫩，抗逆能力弱，容易发生药害，因此，必须避开作物开花（扬花）期和果树幼果期进行施药。露水未干及雨后作物叶片上留有水珠时喷粉易造成药害。

（3）气候条件　风速较大的天气施药作业会造成农药飘移药害。施用除草剂后降雨量过大，也可能导致药害，如在玉米田施用乙草胺，施药后降雨量过大，有可能出现药害。除草剂以土壤处理方式施用后，如遇上低温天气，作物出苗慢，接触药剂的时间长，很容易发生药害。烈日下施药，植物代谢旺盛，叶片气孔张开，容易发生药害；同时易使药剂挥发，降低防治效果。

（4）防止雾滴飘移　使用除草剂时要特别注意防止雾滴飘移到邻近的敏感作物上。阔叶植物（棉花、大豆、马铃薯、油菜、瓜类及果树等）对 2，4-滴丁酯、2 甲 4 氯等敏感，因此，麦田使用 2，4-滴丁酯进行化学除草，一定要考虑毗邻是否有阔叶作物和注意施药时的风向。

（5）清洗药械、量杯、容器　盛装过除草剂的量杯、容器和喷雾器，需经水洗，热碱或热肥皂水洗 2~3 次，然后再用清水洗净，才能用来盛装其他农药喷施别的作物，否则，很容易造成药害。

（6）防止农药残留对后茬作物药害　有些除草剂如莠去津、甲磺隆、氯磺隆等生物活性高，在土壤中降解较慢，残留期长。在上季作物施用而残留在土壤中的这些除草剂有可能影响下茬敏感作物的正常出苗和生长。如在麦田施用甲磺隆和氯磺隆易造成下茬棉花、玉米、水稻的药害。为了防止这类除草剂的残留药害，一是按照说明书要求的使用剂量施药，不得随意加大剂量；二是施药期不得推迟；三是下茬不种植敏感作物。

30. 怎样才能做到科学用药？

（1）对症下药　各类农药的品种很多，特点不同，应针对要防治的对象，选择最适合的品种、防止误用，并尽可能选用对天敌杀伤作用小的品种。

（2）适时施药　现在各地已对许多重要病、虫、草、鼠害制订了防治标准，即常说的防治指标。根据调查结果，达到防治指标的田块应该施药防治，没达到指标的不必施药。施药时间一般根据有害生物的发育期、作物生长进度和农药品种而定，还应考虑田间天敌状况，尽可能躲开天敌对农药敏感期施用；既不能单纯强调"治早、治小"，也不能错过有利时期。特别是除草剂，施用时既要看草情还要看苗情，例如芽前除草剂，绝不能在出芽后用。

（3）适量施药 任何种类农药均须按照推荐用量使用，不能任意增减。为了做到准确，应将施用面积量准，药量和水量称准，不能草率估计，以防造成作物药害或影响防治效果。

（4）均匀施药 喷洒农药时必须使药剂均匀分布在作物或有害生物表面，以保证取得好的防治效果。现在使用的大多数内吸杀虫剂和杀菌剂，以向植株上部传导为主（称"向顶性传导作用"）很少向下传导的，因此要喷洒均匀。

（5）轮换用药 多年实践证明，在一个地区长期连续使用单一品种农药，容易使有害生物产生抗药性，特别是一些菊酯类杀虫剂和内吸性杀菌剂，连续使用数年，防治效果即大幅度降低。轮换使用作用机制不同的品种，是延缓有害生物产生抗药性的有效方法之一。

（6）合理混用 合理地混用农药可以提高防治效果，延缓有害生物产生抗药性或兼治不同种类的有害生物，节省人力。混用的主要原则是：混用必须增效，不能增加对人、畜的毒性，有效成分之间不能发生化学变化，例如遇碱分解的有机磷杀虫剂不能与碱性强的石硫合剂混用。要随用随配，不宜贮存。

为了达到提高施药效果的目的，将作用机制或防治对象不同的两种或两种以上的商品农药混合使用。

有些商品农药可以混合使用，有的在混合后要立即使用，有些则不可以混合使用或没有必要混合使用。在考虑混合使用时必须有具体目的，如为了提高药效，扩大杀虫、除草、防病或治病范围，同时防治虫害、病害或杂草，收到迅速消灭或抑制病、虫、草危害的效果，防治抗性病、虫和草，或用混合使用方法来解决农药不足的问题等。但不可盲目混用，因为有些种类的农药混合使用时不仅起不到好的作用反而会使药剂的质量变坏或使有效成分分解失效，即使有些农药混合使用时不会产生不良影响，但也增加了使用上的麻烦，甚至浪费了药剂。

（7）严格控制安全间隔期 各类农药在施用后分解速度不同，残留时间长的品种，不能在临近收获期使用。有关部门已经根据多种农药的残留试验结果，制定了《农药安全使用标准》和《农药安全使用准则》，其中规定了各种农药在不同作物上的"安全间隔期"，即在收获前多长时间停止使用某种农药。

（8）保护环境 施用农药须防止污染附近水源、土壤等，一旦造成污染，可能影响水产养殖或人、畜饮水等，而且难于治理。按照使用说明书正确施药，一般不会造成环境污染。

二、 农药减施增效和统防统治

31. 我国农药产量有多少？

　　我国农药工业是依靠自己的力量逐步建立和发展壮大起来的。1949 年以前，我国仅零星地生产少量矿物源农药和植物源农药，如硫黄粉、铅、砷酸钙、硫酸铜、王铜、除虫菊和鱼藤的提取物和蚊香等，1949 年我国农药产量只有 64 吨（制剂）。新中国成立以后，我国农药工业经历了创建时期（1949—1960 年）、巩固发展时期（1960—1983 年）和调整品种结构、蓬勃发展时期三个阶段，农药品种和产量成倍增长，生产技术与产品质量显著提高。1960 年为 1.62 万吨，1980 年为 19.3 万吨，1990 年为 22 万吨，1995 年为 34.9 万吨，2001 年增加到 69.64 万吨，2019 年我国农药原药（100%）产量为 225.4 万吨（国家统计局数据），我国成为世界第一大农药生产国。

　　我国生产的农药，不仅能够满足国内农业生产的需要，还有近 70% 的农药原药出口到国际市场；除了农业生产之外，还有一部分农药用于非农业用途（比如森林病虫害防治、卫生防疫、行道树防护等）。我国通过使用农药，每年可减少经济损失 300 亿元左右，鼠害的防治面积为 45 亿亩左右。因此，在尚未发现足以全面取代化学防治法的新技术之前，农药势必继续发展，以确保农作物产量的持续大幅度增长。农药也应在发展过程中逐渐完善自身，将其副作用减少到最低程度。

32. 我国农业生产中农药用量是多少？

　　农业生产中使用的农药制剂名称由"含量＋有效成分＋剂型"

三部分组成的，例如防治草地贪夜蛾采用 2% 甲氨基阿维菌素苯甲酸盐水乳剂每亩地 100 毫升对水喷雾，每亩玉米地制剂用量为 100克，但有效成分用量则只有 2 克。所以，农药用量统计中，国际上多用有效成分（折百）用量来统计。但国内不少机构习惯用制剂量（商品量）统计。

根据全国农业技术推广服务中心《全国植保专业统计资料》统计，从 2014 年到 2018 年我国农药用量（商品量）分别是：94.95万吨、92.56 万吨、91.17 万吨、85.34 万吨、83.06 万吨；农药用量（折百量）分别是：30.44 万吨、29.99 万吨、29.25 万吨、28.15 万吨、26.88 万吨。近年来，我国农药减量增效效果显著。

33. 我国的植保方针是什么？

1975 年在全国植保工作会议上，制定了以农业防治为基础的"预防为主，综合防治"植物保护工作方针。其含义是：从生态系统的整体观点出发，本着预防为主的指导思想和安全、有效、经济、简便的原则，因地因时制宜，合理运用农业的、生物的、化学的、物理的方法，以及其他有效的生态手段，把害虫控制在不足危害的水平，以达到保护人畜健康和增产的目的。

34. 植物保护工作的"三个理念"是什么？

2012 年农业部提出"绿色植保、公共植保和科学植保"三大理念。要实现绿色生产，我们必须以"绿色植保"为引领，抓好"公共植保"这个根本，坚持"科学植保"这个原则，切实担负起植保工作为农业绿色发展保驾护航的重任。

（1）"绿色植保"是绿色生产的关键一环　农业植保工作要坚定不移地贯彻新发展理念，按照绿色生产要求不断加强公共植保建设和科学植保建设。发展绿色植保，就是把植保工作作为人与自然界和谐系统的重要组成部分，突出其对高产、优质、高效、生态、安全农业的保障和支撑作用，重点抓好农业防治、生物防治、物理防治和科学用药等环境友好型的控制病虫危害措施应用。

（2）"公共植保"　就是把植保工作作为农业和农村公共事业的重要组成部分，突出其公益性、基础性、社会性地位，重点抓好病虫监测预警和重大流行性、暴发性、区域性、检疫性病虫害防控组织。

（3）"科学植保"　就是顺应病虫发生危害规律，把科学防控的理念贯穿于病虫害管理全过程、各环节，全面提高植保基础研究、技术集成、推广应用水平，重点抓好高效低风险农药、高效施药机械、精准施药技术和非化学防控措施协调使用。

 35. 为什么要实施农药减施增效？

农药是重要的化工产品和农业生产资料，施用农药是防治农作物病虫害、促进现代农业高产高质高效发展、保障国家粮食安全的重要手段。多年来，我国种植业生产以小农户为主，科学使用农药的意识淡薄，乱用、滥用农药的现象时有发生，农药使用总量呈上升趋势。农药的过量使用不仅增加生产成本，也会影响农产品质量安全，不利于农业的绿色可持续发展，因此必须实施农药减施增效行动。

（1）实现病虫害可持续治理需要农药减施增效　农药是防治病虫害的重要手段，近年来我国年均使用农药防治农作物病虫害73.0亿亩次，约占总防治面积的87.0%。但农药的开发创制投入高、难度大、周期长，现有有效成分数量和作用靶标位点有限，长期乱用、滥用农药会加速防治靶标产生抗药性，形成病虫害越防越难、农药越用越多的恶性循环。实施农药减施增效行动，要综合运用生物、物理、化学、抗性品种等多种手段，减少用药数量和频次，延缓抗药性产生，实现病虫害的可持续治理。

（2）提高农业生产效益需要农药减施增效　当前，我国农业生产向规模化、集约化、专业化快速发展，但与欧美等发达国家相比，生产效益仍然较低、国际竞争力不足。过量施用农药会增加农药、药械和人工等防治成本，降低生产效益。实施农药减施增效行动，要引导生产者正确选药、科学用药、精准施药，减少用药量，找到农药投入成本最小、防治策略最优和生产效益最大之间的平衡点，提高农业生产效益，促进农民节本增收。

（3）保障农产品质量安全需要农药减施增效　近年来，我国粮食生产实现产量与质量双提升，蔬菜、水果等主要农副产品的农药残留合格率在97％以上。但个别因过量施药而造成的农药残留超标的案例，时刻警醒我们要实施农药减施增效行动，促进生产者科学用药，严防过量和违规用药，严格遵守安全间隔期和限用农药使用范围，保障农产品质量安全。

（4）保障生态环境安全需要农药减施增效　我国水稻、小麦、玉米三大粮食作物农药利用率虽然已经从2015年的36.6％提高到2020年的40.6％，但施用的农药并不能真正百分百到达防治靶标并发挥药效，其余部分通过飘移、弹跳等方式流失。过量施用农药会超过环境承载力，杀死天敌昆虫等有益生物、污染土壤和水体、破坏生物多样性和生态环境。实施农药减施增效行动，要研发新药剂、新助剂、新药械等，优化防治技术、提高防治效果，最大限度降低农药对非靶标生物的影响，保障生态环境安全。

36. 农药减施增效与统防统治的关系是什么？

农药减施增效与农作物病虫害统防统治的关系是相互支撑、互为促进、协同发展。农药减施增效技术研究与实施，为统防统治的开展提供了技术和装备支撑，提升了统防统治的效果、效率和效益。统防统治工作的开展是实现农药减施增效的重要途径，也是我国农业现代化发展的必然要求。

（1）防控效果更好，有助于减施增效　实施统防统治的主体，配备有专业的植保设施设备和技术人员，面对不同的防治对象、防治时期和防治方法，施药人员能够选择最优防控方案，使用专业植保设备科学高效施药，做到适时防治、科学防治、统一防治，克服了传统施药器械"跑冒滴漏"的缺点，实现农药减施增效。实践表明，实施统防统治，农作物每生长季平均可减少用药1～2次，降低农药用量20％以上，防效比农民自防普遍提高10％以上。

（2）防控能力更强，有助于减施增效　统防统治的作业能力强、防治效率高，与农民自防相比防治效率可提高5倍以上，特别是面对草地贪夜蛾等重大突发性、重发性、迁飞性病虫害，依托大型植保机械和强大的调度能力，统防统治可做到规模化、专业化统一防治，及时做到治早治小、高效防控，有效阻击病虫害的扩散蔓延，实现农药减施增效。据统计，2020年全国共有专业化统防统治服务组织9.2万个，其中在农业农村部门备案的4.1万个，从业人员126.7万人，拥有大中型药械66.2万台，日作业能力约1.2亿亩。

（3）防治效益更高，有助于减施增效　统防统治在高效防控病虫害的同时，可实现节水节药节人工，减少农民对防控病虫害的投入成本。据统计，与农民自防相比，实施统防统治可实现一季稻减损增产50千克/亩，双季稻80千克/亩，农民节本增收200元/亩，有效增加了农民的收益，又反向促进了统防统治的发展和农药的减施增效。依托"农民种田我服务，农民打工我种田"的服务模式，统防统治组织通过全程防控、农田托管等方式承包农民的耕地，有效解决了"谁来种地"的现实问题，促进了我国农业发展的现代化。

37. 什么是综合防治、综合治理和绿色防控？

（1）综合防治　"综合防治"是1975年我国提出的"预防为主、综合防治"植保方针的重要组成部分，对这一方针中综合防治的解释，不同的专家表述不一，但核心思想一致。

马世骏先生的解释是：从生态系统的整体观点出发，本着预防为主的指导思想和安全、有效、经济、简便的原则，因地因时制宜，合理运用农业的、生物的、化学的、物理的方法以及其他有效的生态学手段，把害虫控制在不足危害的水平，以达到保护人畜健康和增产的目的。

邱式邦先生认为：综合防治是从农业生产的全局和农业生态系的总体观点出发，以预防为主，充分利用自然界抑制病虫的因素和创造不利于病虫发生危害的条件，有机地使用各种必要的防治措施，经济、安全、有效地控制病虫害，以达到高产稳产的目的。同时把可能产生的有害副作用减少到最低限度。

受国外 IPM（有害生物综合治理）思想的影响，1986 年研究人员对综合防治做了进一步解释，认为综合防治是对有害生物进行科学管理的体系。它从农业生态系统总体出发，根据有害生物和环境之间的相互关系，充分发挥自然控制因素的作用，因地制宜地协调应用必要的措施，将有害生物控制在经济损害水平以下，以获得最佳的经济、社会和生态效益。

（2）有害生物综合治理（Integrated Pest Management，IPM）

此概念是 1967 年联合国粮食及农业组织（FAO）在有害生物综合防治会上提出的，中文一般称为有害生物综合治理。综合治理是依据有害生物的种群动态与其环境间的关系的一种管理系统，尽可能协调运用适当的技术与方法，使有害生物种群保持在经济危害水平以下。IPM 最初仅指害虫，其后发展到病虫害，现代综合防治对象的范围扩大到一切危害植物的生物，称为有害生物综合治理。

IPM 概念提出以来，也经历了不断完善的过程。它是在害虫综合控制（Integrated Pest Control，IPC）的基础上发展起来的。美国环境质量委员会给 IPC 的定义是：应用各种技术的组合，来防治许多可以危害作物的有害生物的途径，是最大限度地利用天然种群的自然调节作用来抑制有害生物的组合。

1972 年联合国环境质量管理委员会（CEO）对 IPM 的定义是：IPM 是运用综合技术防治可能危害作物的各种潜在害虫的一种方法。它包括最大限度地依靠大自然对害虫群体的控制作用，辅以对防治有利的各种技术的综合，如耕作方法、害虫专化性疾病、抗虫作物品种、不育技术、诱虫技术、天敌释放等，化学农药则视需要而用。

综合治理经过不断的发展，其内涵和外延都有了很大拓展，主要有比较重要的有害生物生态治理（EPM）和有害生物可持续治理（SPM）。有害生物生态治理（EPM）是 1995 年提出的，是对综合治理的进一步发展。有害生物生态治理强调维持系统的长期稳定和提高系统的自我调控能力，在随时对系统进行监测、预测的基础上，以系统失去平衡时的种群密度为阈值，在有害生物暴发初期种群密度低时采取措施，以生物防治措施为主进行防治。有害生物可持续治理所寻求的是既能满足当前社会对有害生物控制的需求，又不对满足今后社会对有害生物控制需求能力构成危害，它是一种经济、社会、生态效益相互协调的有害生物控制策略；是以生态体系为基础的，通过对整个生态体系的维护与调控，增强体系的结构和功能的稳定性，发挥生态体系对有害生物的制衡作用。

此外，和综合治理相关的还有有害生物总体治理（TPM）、有害生物区域治理（APM）、有害生物合理治理（RPM）、强化生物因子的综合治理（BPM）和以生态学为基础的有害生物学治理（EBPM）等。但影响最大、接受最广的还是综合治理的概念。

（3）绿色防控 2006 年被提出，以绿色发展理念为主导的有害生物防治技术体系，是对综合防治和 IPM 的继承和发展。比较综合防治、综合治理和绿色防控三种概念，都包含生态学观点、经济学观点和社会学观点三个基本观点。

生态学观点从农业生态系统的整体出发，考虑有害生物与其生态因素间的相互关系和影响，通过加强或创造对有害生物的不利因素，避免或减少其有利因素，维护生态平衡并使其生态平衡向有利于人类的方向发展。

经济学观点认为有害生物防治是人类的一项经济管理活动，其目的不是要消灭有害生物，而是要控制其种群数量在经济允许水平之下。强调的是防治成本与防治收益之间的平衡，是以经济阈值或防治指标作为进行防治决策的标准，现在除了直接经济效益外，还要考虑生物多样性、天敌保护、对生态环境的污染等。

社会学观点把农业生态系统作为一个开放系统，它与社会有着广泛和密切的联系。有害生物防治技术管理体系的建立和完善，既受社会因素的制约又同时会产生对社会的反馈效应。

三种概念各有侧重。综合防治是我国植保方针的组成部分，强调在预防为主的基础上，通过综合应用各种措施，把害虫控制在不足危害的水平，以达到保护人畜健康和增产的目的。综合治理是国外提出的害虫综合管理体系，实质是对害虫实行动态监控，根据种群数量水平、发展趋势和影响因子，决定有无防治的必要。重点强调以最少的代价达到控制主要危害的目的。绿色防控是对综合防治和综合治理的继承和发展，重点强调多种防治技术的合理使用和限制化学农药的过度使用的可持续治理、绿色发展。以确保农业生产、农产品质量和生态环境安全为目标，以减少化学农药使用为目的。

 为什么生物农药"叫好不叫座"？

在国家农药化肥"双减"及"零增长"的背景下，生物农药掀起了"绿色风暴"，农业绿色发展已成为主旋律，发展生物农药是环境的需要，更是时代的需要。但是，现实农业生产中存在生物农药"叫好不叫座"现象。造成这样局面的原因有很多，而最重要的原因之一就是市场上还常常以化学农药的评判标准对生物农药进行评价，生物农药与化学农药的作用原理差异较大，因此其相应的评判标准也不应一概而论。

（1）化学农药作用原理　从 1761 年人们首次使用硫酸铜处理种子来防治小麦腥黑穗病开始，化学农药就大量在作物病虫害防治进程中使用。化学农药是通过使用农药对病虫害的某一个生长代谢位点进行破坏，导致病虫害的死亡，防治速度快，靶标单一。

（2）生物农药作用原理　生物农药对病虫害的防治多从作物保护的角度出发，通过提升作物自身对病虫害的免疫能力和多位点作用于病虫害的生长发育，导致病虫害失去危害能力。与化学农药的致死不同，其目的是保护作物，"击倒"病虫害。

（3）药效评价　化学农药对病虫害的防治迅速且效果明显，但是化学农药的大量使用又带来了抗药性增加、农药残留、环境污染等一系列问题。

大多数生物农药的活性成分都不是单一的，而是复杂的混合物，通过多位点共同作用防治病虫害，不易产生抗药性。与传统的化学农药比较，生物农药见效慢、持效期短普遍存在的短板，加之通常以预防见长，治理效果确有不及化学农药的地方。这就形成了一种表面认识——生物农药在治疗阶段防治病虫害，与化学农药对比，药效表现欠佳。

（4）如何破解生物农药面临的困境　"重在预防，变被动防治为主动防治"是生物农药使用技术的新概念，主张以"击倒率"为生物农药药效评价指标，完全不同于化学农药以"击死率"为药效指标，这样做既可以反映出生物农药的真实药效，又可以更好地维护生物多样性，保持生态环境绿色发展。

生物农药的作用目的是病虫害不再对作物造成损害，而不是杀灭所有的病虫害。因此，没有明确区分"击死率"和"击倒率"才造成目前市场上常常以化学农药评判标准来看待生物农药，导致生物农药"叫好不叫座"。

生物农药和化学农药在作物病虫害防治中，各有其优势和不足，但随着人们环保意识和消费能力的不断提高，对农产品的品质要求也会越来越高。使用生物农药种植的农产品更易受到人们的青睐。而生物农药的使用要以预防为主，在病虫害发生前初期就进行防控，在暴发期时则需要通过与低毒的化学农药混合施用，协同治理。随着市场消费的价值导向转变，生物农药及使用技术将迎来较好的发展趋势。

39. 什么是理化诱控技术？

理化诱控技术又称害虫理化诱控技术，指利用害虫的趋光、趋化性，通过科学合理地采用昆虫性诱剂、杀虫灯、诱虫板、气味剂等绿色防控技术，诱集害虫集中杀灭或破坏其种群的正常繁衍，从而降低害虫的田间种群密度，达到控制害虫，减轻对作物危害的目的。理化诱控技术已经成为绿色农产品生产的必配技术，在茶园、蔬菜基地、果园、稻田等都有广泛应用。理化诱控技术主要有如下几类：一是物理诱控技术，以杀虫灯诱杀、色板诱虫和防虫网控虫应用最为广泛；二是昆虫信息素诱控技术，应用广泛的是性信息素、报警信息素、空间分布信息素、产卵信息素、取食信息素（食诱剂）等，主要通过以上具有引诱、驱避或者干扰的各种昆虫信息素，实现对害虫的诱杀、驱避或者干扰种群发展；三是其他诱控技术，如利用害虫对糖醋液的趋性，制成糖醋液添加杀虫剂诱杀害虫，或者利用银灰色对蚜虫的驱避作用，在棚室风口悬挂银灰塑料条带或用银灰地膜覆盖，可减轻蚜虫的迁入或对蔬菜的危害。理化诱控技术中的诱杀技术兼具监测害虫发生的效果，可为化学防治起到提示指导作用。

40. 什么是生态调控技术？

生态调控技术也称生态调控管理，是指选择性种植一些诱集植物，或者通过田间温度、湿度和光照等气象条件调节控制管理，人为地造出不利于害虫、病原菌等有害生物而有利于益虫的生态环境，从而影响作物生长发育和病虫发生发展的技术。生态调控技术可以有效防控害虫，也可以有效防控病害。害虫生态调控作为害虫管理的一种"高级"策略，主要基于"预防为主，生态优先，整合治理，精准施策"的原则，通过调节和控制两个相辅相成的过程，将害虫控制在生态经济阈值水平之下。例如在水稻田边种植显花植物，为害虫天敌提供栖息生境，保护和利用天敌，从而减少害虫危害，降低农药用量。本书有关章节将介绍如何用生态调控技术防治作物害虫和病害。

41. 植物免疫诱导剂在农药减量中的优势是什么？

（1）植物免疫诱导剂的推广与应用符合国家战略需求　2017

年9月30日，中共中央办公厅、国务院办公厅《关于创新体制机制推进农业绿色发展的意见》指出："我国农业面源污染和生态退化的趋势尚未有效遏制，绿色优质农产品和生态产品供给还不能满足人民群众日益增长的需求。"植物免疫诱导剂诱导植物天然免疫，利用植物天然免疫系统防病控虫害和开发绿色农产品，减少农药使用，减少对环境和农产品的污染，更符合食品安全和农业绿色发展的要求。植物免疫诱导剂在减少农产品投入、农业污染、促进农田生态恢复，保障绿色农产品、生态农产品供给方面有着其他农药不可代替的作用。

（2）植物免疫诱导剂的应用和推广，符合国家农业绿色发展"坚持以空间优化、资源节约、环境友好、生态稳定为基本路径"的基本原则　植物免疫诱导剂本身不直接作用于靶标，通过诱导植株产生抗性而对病虫害起作用。使用植物免疫诱导剂有利于保护病虫害天敌，恢复田间生物群落和生态链，促进动物、植物、微生物"三物"循环，有利于农业生态稳定。

（3）植物免疫诱导剂的应用和推广，符合国家农业绿色发展"坚持以粮食安全、绿色供给、农民增收为基本任务"的基本原则　①植物免疫诱导剂能够显著提高植物抗逆性，减少因为气候因素引起的粮食减产，有利于保障国家粮食安全。②植物免疫诱导剂符合植物病虫害绿色防控的要求，同时使用植物免疫诱导剂，能够显著提升作物品质，有利于绿色优质农产品生产和有机农产品生产。③植物免疫诱导剂能够促进植株健康生长，提高农药及肥料利用率，提高作物品质作用明显，减少农民使用农业投入品同时丰产丰收，增加农民收入。

42. 一家一户防治农作物病虫害有哪些难处？

我国农作物生物灾害发生种类繁多、暴发频繁、危害严重、损失巨大。据统计，我国目前发生的农作物病虫草鼠害种类约1 650种，可造成严重危害的超过100种，重大有害生物年发生面积70

亿~80亿亩次，比20世纪90年代增加30％以上。根据联合国粮食及农业组织测算，在不采取防控措施的情况下，每年因农作物病虫害危害可造成我国粮食产量损失1.5亿吨以上，油料680万吨，棉花190多万吨，果品、蔬菜上亿吨，潜在经济损失5 000亿元以上。

近年来，随着消费者对农产品产量、品种和品质要求的提高，农作物种植结构和耕作制度的改革以及全球气候变暖等环境因素的改变，我国农作物病虫害的发生也产生了很大的变化，呈现出种类增加、面积扩大、危害加重、治理困难的趋势，病虫害发生形势严峻，防治任务艰巨，主要表现在：

（1）新发重大病虫害不断出现 我国农业结构调整和气候异常等因素，导致一些次要病虫害上升为主要病虫害，蔬菜、茶叶、果树等经济作物有害生物发生危害上升，如小麦胞囊线虫、小地老虎、玉米粗缩病、水稻条纹叶枯病等在部分地区为害加重；部分病虫抗药性增强，突发性重大农作物病虫害监控任务加重，防治难度加大；加上农产品贸易全球化和流通渠道多元化，引发检疫性有害生物的入侵频度和扩散速度加快，风险加大。例如，在水稻上，灰飞虱由次要害虫成为近年来江苏、浙江、辽宁等省需要重点防治的主要害虫，每年的防治次数达3次以上，个别严重的地方达6次；在棉花上，棉盲蝽、棉蓟马等由次要害虫成为主要害虫；在蔬菜上，烟粉虱日益成为重要的防治对象。一些检疫性有害生物，也呈扩散蔓延趋势，例如稻水象甲，已由东北、华北扩展到水稻主产的浙江、湖南等地；一些恶性杂草如毒麦、节节麦等，也随着农事操作工具的流动而加速扩散。2019年，首次传入我国的草地贪夜蛾就来势凶猛，席卷大半个中国。

（2）发生代次增加，面积扩大 水稻螟虫、稻纵卷叶螟、稻飞虱、小麦条锈病、小麦赤霉病、草地螟、农田害鼠等重大有害生物暴发频率增加、危害程度加重，如稻飞虱、稻纵卷叶螟暴发频率由20世纪90年代中期前的3~5年一次，上升到近期平均不到2年一次，草地螟在北方农牧区暴发危害，监测预警与防控任务十分艰巨，农民防治难度不断加重。

稻飞虱等迁飞性害虫，发生界限逐年北移，川北、鲁南、豫南等地已由过去的偶发区变成了现在的重发区，发生区域不断向北推移，发生的区域逐年扩大；又如在广大的南方水稻主产区，稻飞虱、稻纵卷叶螟等主要害虫近几年连续大发生，发生程度连创有记载以来的纪录，其危害性不断增加，而且褐飞虱的致倒伏能力不断增强；水稻二化螟以往在黑龙江稻区每年只能发生一代，但现在却可以发生两代。北方草地螟本是几年才大发生一次，但近年来却连续大发生。小麦锈病和赤霉病发生区域也不断向北推移，发生的区域逐年扩大。

（3）防治难度加大 一是新的病虫害不断发生，很多地方基层技术人员和农户难以及时掌握防治技术，造成防治失误。二是发生的时间拉长，由于种植结构的改变，以往作物种植时间整齐划一的情况少了，田间同时存在各个生育期的作物和各种适合的寄主，桥梁田增加，使得病虫发生时间拉长，代次重叠，很多害虫的发生期延长，例如水稻二化螟的产卵历期由一周延长到一个月，防治次数由原来抓住高峰的 1 次，增加到 3～4 次。三是发生量大，防治后残虫数高，需要连续防治，防治的时效性更强。四是随着农药使用历史增加，抗药性不断增强，农药效果下降，容易造成用药不对症，耽误防治时机。五是随着种植品种改变，一些作物的抗病虫能力下降，病虫等生理小种发生变化，致害力增强，防治压力加大，例如超级稻上二化螟的危害明显加重，但超级稻植株高大，施药更加困难。

（4）病虫害防治技术不易掌握 广大农民普遍存在病虫害认识不全，对虫害的发生历期，对病害的流行规律更是知之甚少，常常见虫、见病打药，错过适宜防治适期。再加上，面对多达 4 万多个已登记的农药品种，新农药、新剂型层出不穷，如何做出正确选择，就更加困难。由于使用的施药机械性能不佳，施药方法不当，常造成药液流失、飘失，加重环境污染，难以实现均匀施药，重喷漏喷现象严重。以上种种，必然导致一家一户农民虽然投入很大，但还是防治效果不好，防治效益不高，环境污染加重。

43. 一家一户防治病虫害容易出现哪些问题？

由于农作物病虫害种类多，发生情况各异；农药品种、制剂繁多，适宜的防治对象和防治时期千差万别，药效、毒性、安全间隔期都不尽相同，农民很难掌握，存在缺乏植保知识、安全意识薄弱、购药行为盲目、用药时间不当、用药剂量不当、配药方法粗放、施药方法不当、环保意识淡薄等问题。不当用药，乃至盲目用药、违禁用药、滥用农药的现象在一些地区时有发生，不仅防治效果不好、生产成本增加，还会影响农产品质量安全，在社会上也造成很大的负面影响。一些农民环保意识薄弱，农药包装废弃物随意丢弃，污染农业生产环境，破坏农村的居住条件，对人畜也存在着很大的安全隐患。

44. 什么是农作物病虫害专业化统防统治？

农作物病虫害专业化统防统治，是指具备一定植保专业技术条件的服务组织，采用先进、实用的设备和技术，为农民提供契约性的防治服务，开展社会化、规模化的农作物病虫害防控行动。

从农业生产过程来看，在耕种和收割基本实现机械化后，病虫防治是技术含量最高、用工最多、劳动强度最大、风险控制最难的环节。许多病虫害具有跨国界、跨区域迁飞和流行的特点，还有一些暴发性和新发生的疑难病虫也危害较重。我国农业生产特别是粮食生产上始终面临着重大的迁飞性、流行性病虫的威胁。一是具有暴发性，蔓延速度快，在大范围内同时发生、传播。二是防治时效性要求高，防治的最佳时间往往只有 3～5 天，一旦错过，防治效果就会大打折扣。三是防治技术要求高，对药剂和施药技术都有较高的要求。农民一家一户难以应对，常常出现"漏治一点，危害一片"的现象。加之农村大量青壮年劳力外出务工，务农劳动力结构性短缺，病虫害防治成为当前农业生产者遇到的最大难题，迫切需要发展专业化防治组织为广大农民提供防病治虫服务。农作物病虫害专业化统防统治，符合农村生产实际需求，适应病虫害防治规律，是全面提升植保工作水平的有效途径，是保障农业生产安全、农产品质量安全和农业生态安全的重要措施。

 实施农作物病虫害专业化统防统治有哪些好处？

专业化统防统治不是简单统一组织打农药，而是通过专业的组织，采用专业的设备，将绿色防控技术和科学安全用药真正落实到位的可持续防控，能够切实减轻灾害损失，提升重大病虫的防控能力。各地实践表明，实施专业化统防统治每季可减少用药防治1~2次，降低农药用量20%，提高作业效率5倍以上，防治效果比农民自防自治普遍提高了10%以上，每亩水稻、小麦减损增产分别达50千克和30千克以上。防治效率、防治效果、防治效益得到很大提高，防治成本、农药使用量、环境污染明显减少，很好地保障了农业生产安全、农产品质量安全和农业生态环境安全（彩图6）。

（1）破解防病治虫难题，减损保产效果显著　通过实施统防统治，提高防治效果，降低病虫危害损失。对于解决迁飞性害虫和流行性病害，农民分散防治容易出现的"漏治一点，危害一片"现象，以及农村大量青壮年外出务工，出现的无人或放弃防病治虫难题。防治效果和产量都显著高于农民自防。

（2）降低农药使用风险，质量生态效益显著　通过实施专业化统防统治，严格按照病虫害防治适期和合理剂量科学用药，严格执行农药使用安全间隔期，统一配药、统一按制定的专业化统防统治技术要求进行操作、统一进行药后防效检查，从而避免了农药经销商开大处方、乱开处方的行为、也避免了广大农民见虫就打药、施药不科学的行为，显著降低了化学农药使用量。专业化统防统治实行农药统购、统供、统配和统施，推广应用高效低毒低残留的环境友好型农药,从源头上控制和杜绝了假冒伪劣农药、禁限用高毒农药的使用。同时,实行统一从厂家购买大包装农药,大大减少了农药包装废弃物对环境的污染(彩图 7,彩图 8)。从根本上保证了农作物生产安全、农产品质量安全和农业生态环境安全。各地实践表明,专业化统防统治可提高防效 5~10 个百分点,每季可减少防治 1~2 次,降低化学农药使用量 20%以上。

(3)推动施药装备更新换代,防控能力增强显著 大力推进专业化统防统治,较好地拉动了高效、优质施药机械推广应用,提高防治效率,降低防治用工。各地在专业化防治中积极推广应用机动喷雾机,应用效果好,作业效率高,一般比传统的手动喷雾器施药效率提高 5~8 倍,一些地方还推广使用喷杆喷雾机,施药效率提高近百倍。

(4)促进防控方式转变,就业增收效果显著 专业化统防统治与种子统供、肥料统配、肥水统管、集中育秧以及机耕、机播、机收等专业化服务一起,已成为服务"三农"新型业态,孕育着农业生产过程全程专业化服务事业,这不仅有利于新品种、新技术推广应用和耕作制度变革创新,促进农业生产规模化、集约化发展,推动农业生产方式转变和农业产业转型升级,同时也成为年龄偏大、土地情结深厚的农民就地转移就业增收的重要途径。接受专业化服务组织服务的田块与农民自防田块相比,一季稻每亩减损增产稻谷 50 千克以上,双季稻减损增产 80 千克以上,每亩增收节支 200 元以上;防治组织从业人员每年可增加一定收益;广大农民可以从烦琐、费力的病虫害防治中解脱出来,从事农村加工业、养殖业或外出务工增加收入,切实做到了"农民种田我服务,农民打工我种田"的现代农业服务方式。湖南、河南、陕西、重庆等省份 20 多个专业化统防统治组织统计,从业人员年均作业时间 18~20 天,每天收入 150~300 元不等,年收入 4 000~5 000 元,高的达 7 000~8 000 元。

总之,大力推广专业化统防统治,实现了防治效率、防治效果、防治效益的"三个提高";做到了防治成本、农药使用量、环境污染的"三个减少";很好地促进了农业生产、农产品质量和农业生态环境的"三个安全";实现了农民、从业人员和防治组织的"三方满意"。

 如何选择好的防治服务组织？

（1）看内部管理　开展专业化统防统治服务是一项复杂的系统工程，除了要和情况千差万别的一家一户农民打交道，核实地块、面积；还要合理调配机手、设备，确保在防治适期内完成合同任务。对每一个机手分配任务，分发农药，既要保证施药的田块是合同田块，又要防止机手去干"私活"，还要对机手的防治效果进行监督考核，这些都和内部管理密不可分。没有严格的管理制度，必然会漏洞百出，难以为继。专业化防治组织只有通过提高自身管理水平，才能开展规范化服务，在提高服务水平的同时，增加收益，不断增强发展后劲。农民也只有选择管理规范的防治组织，签订服务跟踪卡，才能获得放心满意的服务。

（2）看服务规模　服务规模简单理解就是服务面积，但更深层次是看防治组织开展全程承包、统防统治服务的面积。专业化防治组织只有通过建好村级服务站，才能拓展服务区域，实现规模效益。村级服务站是防治组织与农民联系的纽带，也是服务组织在各村的下设机构，还是承担防治服务的主体，服务站建设的好坏直接关系到专业化统防统治的成败（彩图9）。选择那些服务规模较大的防治组织，其实力和认可度都是可以让人放心的。

（3）看技术水平　防治病虫害对技术要求很强。那些登记注册并在农业农村主管部门备案的防治组织，可以获得植保技术部门的技术指导，科学制定全程防控方案，及时获得植保站病虫情报，在植保站帮助下搞好机手技术培训，掌握科学施药方法，提高对靶性施药，提高农药利用率。除了看用药技术水平和施药技术水平外，还要看防治组织是否也有物理防治、生物防治相关设备，是否优化应用农业防治、物理防治、生态控制和安全用药等措施，真正将综合防控技术落到实处，能否在减少用药防治次数的同时，提高防控效果，更好地保护生态环境，实现病虫害的可持续性防控。

（4）看设备水平　先进高效的施药机械，是专业化防治组织提高防治效益、增强生命力的物质基础，不仅可以提高施药的均匀性、对靶性，减少农药流失，提高农药利用率和防治效果，还可以显著提高作业效率。专业化防治组织收的农民防治费，工钱都支付给机手了，药钱同样要支付，本身盈利空间十分有限，必须通过提高管理水平，统一购进大包装农药，并优先选用高效施药机械，才能在不增加农民投入的情况下，提升收益水平。如果防治组织使用的最主要机型仍然是背负式机动弥雾机和担架式液泵喷雾机，这些属于半机械化的药械，要靠人背负或手工辅助作业，机械本身的技术含量不高，对施药人员的施药技术要求高，作业质量更大程度上是受施药人员水平的影响。

防治组织实行一站式采购大包装农药，不仅是从源头上把好农药质量关，杜绝假冒伪劣坑农害农行为，确保防治效果，而且，大包装节省包装材料和杜绝包装废弃物对农田的污染，实现资源节约和环境友好的成功结合。

（5）看综合实力　病虫害防治季节性强，每种病虫害的防治适期只有 3～5 天，水稻一般防治 3～6 次，小麦一般防治 3 次左右，玉米防治 2 次左右。对防治组织来说，防治时任务重、时间紧，而其他时间就很空闲，仅靠提供病虫害防治服务难以稳定防治组织和机手，难以满足自身发展的需要。而那些综合实力强的服务组织，除了提供病虫害防治服务以外，还开展耕地、种植和收割等方面，甚至全产业链的服务。选择他们，农民就真正实现轻松种田。

 防治服务组织能"包治百病"吗？

①农作物病虫害专业化统防统治的服务主体是防治服务组织，

而正规的防治组织是经过工商部门登记或是在民政部门注册，并在当地农业行政主管部门所属的植物保护机构备案。农民在选择防治组织时，可以到当地县植保站咨询，了解在当地开展防治服务的服务组织情况。各种专业化防治组织都是符合当地特定情况和条件成立的，有其自身的特点，但农业农村主管部门会从项目、资金、技术等方面优先重点扶持"五有"（有法人资格、有固定场所、有专业人员、有专门设备、有管理制度）的专业化防治组织。因此，应该优先选择"五有"的专业化防治组织，以便获得规范可靠的服务。

②专业化统防统治是市场化运作的商业化服务行为，不是政府的补贴行为；是通过服务组织和农户之间充分协商、自愿签订服务承包合同，双方有对等的权利和义务。服务组织凭借自身的技术、设备和管理优势，通过服务来谋取自身利益，并实现社会效益。农民通过购买服务来解决自身防治病虫害的困难。双方通过履行合同来实现各自的目标。

③服务承包合同签订后，合同就赋予了双方的权利和义务，双方应积极配合开展一些相关的配套工作。防治病虫害不是简单的用药防治，需要双方积极配合，在农业生态调控上共同努力，减轻用药应急防治的压力。病虫防治效果的好坏与种植品种、水、肥管理措施等措施密切相关，选用抗性品种、科学管水、平衡施肥对减轻病虫发生与提高防治效果有至关重要的作用。

④专业化统防统治不是万能的"灵丹妙药"，不能包治"百病"。农作物病虫害的发生与防治受耕作制度、气候因素、品种等多种因素影响，在现有植保科技水平下，专业化统防统治可以有效控制大部分病虫害，但也有少数病虫害（如南方水稻黑条矮缩病、棉花枯萎病及黄萎病、柑橘黄龙病）的影响因子较多，以目前的植保技术还不能完全有把握防控好，在签订服务合同时服务组织一般会在承包合同内注明可能出现的问题，并要求农户积极配合，采取有效的预防措施，并进行药剂防治，但不承担赔偿责任。

农户参与统防统治为什么要签订服务合同？

专业化统防统治是防治服务组织为农民提供的一种有偿的病虫害防治服务方式。签订合同的目的是约束双方履行各自的职责，达到约定的目标，并保护合同双方的合法权益。防治服务组织和农民通过签订合同，就防治农作物病虫害的相关权利义务关系达成一致。依法签订的合同，对当事人具有法律约束力，不履行或不完全履行合同要承担法律责任。当事人应当按照约定履行自己的义务，不得擅自变更或者解除合同。依法签订的合同，受法律保护。

农作物病虫害专业化统防统治承包服务合同应包括如下内容：合同双方主体；服务的内容、收费标准、防治标准和赔偿标准；双方的权利和义务；违约责任；合同纠纷调处办法。服务合同首先应合法、合理、合情，同时用词要准确、语言无歧义、涉及的细节要尽量约定写明。

（1）服务项目和内容　包括作物、品种、实际面积、详细地点、服务期限和承包防治的主要病虫害种类。

（2）防治标准　一般来说专业化统防统治承包田的防治效果应高于农民自防区的防治效果，但病虫暴发年份应酌情考虑。如粮食作物整体病虫损失率不高于5%。棉花整体病虫损失率不高于8%。

（3）收费标准　收费标准应以县级植保部门制定收费标准作为参考依据，服务组织和农民充分协商，双方认可。标准的制定应考虑当地当季作物的用药成本、施药工资、管理费用、机械折旧等因素。

（4）赔偿标准　开展全程承包防治服务，应制定产量赔偿标准，服务组织因防治失误造成产量损失的应当赔偿。赔偿额可参考当年该区域当季平均单产，当服务田块的产量达不到当年该区域当季平均单产的，应赔偿差额部分。但最高赔偿标准早稻不超过400千克/亩，晚稻不超过450千克/亩，中稻不超过500千克/亩。

（5）损失及赔偿标准　相关细则由县级植保部门根据当地实际组织相关专家制定，县级农业行政主管部门审定发布实施。

49. 统防统治合同规定的双方权利和义务一般包含哪些？

防治服务组织的权利和义务：应根据当地植保部门提出的指导意见和实际情况，制定对承包田病虫防治的具体措施和方案，组织安排专业机手开展服务；有责任将技术方案、操作程序、作业档案公示告之服务的农户；有义务将自身的组织章程、管理制度、操作程序、实施技术、可追溯作业档案公开或上墙公示；有义务为被承包户培训服务对象田的培管技术；并按照合同规定的收费标准和收费时间收取防治费。

服务对象（农户）的权利和义务：对服务组织的资质、规模、水平、规章、制度、机手、服务措施和过程等有知情权；对服务全过程的监督权，特别是对防治效果的监督；对合同约定内容的执行情况有发言权；并有无偿开展配套的农业防治、科学管水、平衡施肥、分厢留沟等措施以及参加培训的义务；有如实报告服务面积和按时交清服务费的义务。

50. 统防统治中出现纠纷应该如何解决？

农作物病虫害专业化统防统治在露天下作业，不确定因素多，服务组织和服务对象之间难免出现纠纷。出现的纠纷主要表现在造成产量损失上。一旦出现产量损失双方均应在收获前或损失出现最容易判断期弄清原因，分清责任，按照合同条款双方协商解决。

如损失较大或纠纷难以协商可按以下程序解决：

（1）申请鉴定　可向当地县级或县级以上农业行政主管部门所属的植保事故鉴定委员会申请鉴定，县级或县级以上农业行政主管部门所属的植保事故鉴定委员会在接到申请后五个工作日内应组织专家鉴定小组到田间进行实地调查或勘察、分析原因、划分责任、出具鉴定意见。

（2）协调处理　由县级或县级以上农业行政执法大队组织双方根据专家鉴定小组意见进行调解、仲裁。

（3）上诉处理　县级或县级以上农业行政执法部门协调不成的，可向当地县级或县级以上人民法院提起上诉。

三、 农药施用方法

51. 农药施用方法有哪些？

把农药施用到目标物上所采用的各种技术措施，是科学使用农药的重要环节。农作物上防治病虫草所需用的有效药量很少，但要求分布均匀，农作物种类很多且形态和结构各异，农药在各种农田中的穿透和分布行为也不一样。因此必须根据农药的性质和农作物或其他靶标物的形态结构特征选用适当的施药方法，才能把少量的农药喷洒均匀。用同一种农药防治同一种有害生物，选用的施药方法不同则所产生的防治效果和所用的药量往往会有显著的差异。施药方法也会影响药剂对环境的污染程度和对有益生物的危害程度。

农药施用方法研究主要包括3个方面：①农药的使用形态和施用方式的选择。农药有固态、液态、气态等各种物态以及多种加工剂型，如粉剂、乳剂、水剂、粒剂、气雾剂等。施用时须根据农药的物态和剂型选用相应的方式方法，如喷粉、喷雾、熏蒸、浸渍、浇灌等。②农药施用后在靶标上的沉积和分布状况，与农药剂型、理化性质、药剂分散程度（雾滴细度、粉粒细度等）的关系及控制的方法，并研究施药质量的指标和定量方法。③施药的手段。即施药所用的器械和机具，各种物态和各种剂型须选用适当的器械或机具才能喷撒。农药的沉积分布状况也同所选用的器械的性能有关，因此施药器械的研究和发展也是这一技术体系的重要内容。20世纪50年代至今施药方法就是围绕这3个方面不断发展和完善的。发达国家的施药方法已发展到高度机械化和自动化，并充分运用了现代的遥感遥测技术和雷达追踪技术来搜索和检查病虫发生危害情况，作为施药方法的选择和决策依据，并可用于检查施药质量和防治效果。利用固定翼飞机和直升机撒施农药也发展极快，在美国、日本等许多工业发达国家已成为十分重要的施药方法。随着我国农村经济快速发展，植保无人飞机低容量喷雾技术日臻成熟，已经在水稻、玉米、小麦、果树等作物上得到了广泛应用，并引领了国际上植保飞防技术发展。为了提高农药在作物上的沉积效率，静电喷雾技术业已在 20 世纪 80 年代取得了突破性进展；各种形式的防止农药飘移的施药方法和机具也已陆续研究开发成功。进入 21 世纪，随着人工智能（AI）技术的应用，精准施药技术研究得到快速发展。

施药过程就是农药的分散沉积过程，针对农作物不同病虫害种类和发生特点，施药过程中的分散途径可分为以下几类：①农药在外力的作用下在空气中分散，最后沉积到靶标上，包括固态农药在空气中的分散（喷粉法）、液态农药在空气中的分散（喷雾法）以及气溶胶形态农药在空气中的分散（熏烟法、烟雾法、粉尘法）等。②农药有效成分以分子形态在空气中自行扩散（熏蒸法）。③农药直接与种子接触（种子处理）。④农药直接注入植物内部（树干注射）。⑤农药直接施入土壤（土壤消毒）。⑥农药分散在灌溉水中（化学灌溉法）。除了包衣法、注射法、土壤消毒、化学灌溉等方法以外，农药的施用过程最主要的途径就是药剂在空气中的分散过程，其特征是此过程利用喷撒器械的喷撒部件来完成（烟的分散则是由热力完成）。农药喷施后生成的粉粒或雾滴喷入空中，是药剂的微粒在空气中形成了"粉粒/空气"或者"雾滴/空气"的分散体系。这种分散体系的形成直接关系到农药的科学使用技术和使用效果以及农药对环境的影响。

按照施用的农药剂型可以把农药施用方法分为如下 8 类：①喷粉法：粉末状干制剂的施用方法。②喷雾法：各种液态制剂的施用方法。③施粒法：颗粒状农药制剂的撒施方法。④熏蒸法：气态农药的施药方法。⑤熏烟法：把农药变成烟的状态而施用的方法。

⑥烟雾法：把油状农药或其油溶液变成油雾状态而施用的方法。⑦毒饵法：把农药加工成为毒饵施用的方法。⑧滴施法：把农药加工成撒滴剂、展膜油剂施用的方法。

按照农药喷撒方式可以把农药施用方法分为如下 9 类：①局部施药法。②定向喷雾法。③针对性喷雾法。④飘移喷雾法。⑤循环喷雾法。⑥静电喷雾法。⑦泡沫喷雾法。⑧飞机施药法。⑨种苗处理法。

农药施用方法是随生产的需要而不断发展变化的。如喷雾方法就经历了水唧筒、背负手动喷雾、背负机动喷雾、自走式喷杆喷雾、航空喷雾等演变过程，实现了从传统大容量、大雾滴、粗放式喷雾方式向精准智能喷雾方式演变（彩图 10）。

52. 什么是喷雾法？

喷雾法是用喷雾机具将液态农药喷撒成雾状分散体系的施药方法，是防治农、林、牧有害生物的重要施药方法之一，也可用于卫生防虫和消毒等。

农药药液的雾化原理可根据雾化所需的力而分为 4 种：①液力雾化法。药液受压后通过特殊构造的喷头，雾化喷出的方法。由于液体内部的不稳定性与空气发生撞击后碎裂成细小雾滴。这是高容量和中等容量喷雾法所采用的雾化法。②气力雾化法。利用高速气流把药液击碎而实现雾化的方法。有常温雾化和热力雾化 2 种。高速气流首先把雾滴吹胀成无数小液泡，并使之在继续膨胀过程中最后破裂而产生大量细雾滴。这种雾化机制称为液泡碎裂，是液膜碎裂机制的一种特殊形式。雾化细度取决于气流的强度和流量及药液的表面张力和黏度等。③离心力雾化法。利用喷头高速旋转时所产生的离心力使药液分散成细雾滴的方法。在离心力作用下药液被抛出后首先形成液丝，液丝在运动延伸过程中受药液表面张力和空气摩擦力的作用而断裂成为液珠，称为液丝断裂。雾化细度取决于喷头转速和药液的表面张力和黏度。雾化细度与转速正相关而与药液表面张力负相关。④静电力雾化法。利用静电场力使药液雾化的方法。此外还有振动雾化法、超声波雾化法等。

（1）施药液量　施药液量的多少，取决于药剂在靶标生物上的沉积药量和覆盖密度是否能达到控制有害生物的目的。在单位靶面上要沉积相同量的农药有效成分，可采用较低浓度的高容量喷雾法或较高浓度的低容量或超低容量喷雾法。但是实际上高容量喷雾法往往伴随有大量药液的滚落或流失（或滴淌），而这种流失又同生物体表面构造和性质、药液的表面张力和湿润、展布能力以及环境条件等多种因子有关，很难获得比较稳定的沉积。所以，高容量喷雾法一般均以喷到植物上开始发生药液滴淌现象为准，但滴淌落地的药液均损失掉了。细喷雾法是在不发生药液滴淌的条件下选择适当的施液量，并选用适当的喷雾手段使少量的药液能均匀分布在作物上，且同等体积的药液，雾化程度越高、雾滴越细则单位面积内的沉积雾滴数越多（表2）。

表2　雾滴直径与雾滴数之间的关系

雾滴直径 （微米）	雾滴数 （粒/厘米^2）	雾滴直径 （微米）	雾滴数 （粒/厘米^2）
10	19 099	200	2.4
20	2 387	400	0.298
50	153	1 000	0.019
100	19		

注：雾滴细度不同时，每公顷施药液量为1升时的每平方厘米面积内的雾滴数。

（2）分类　喷雾法发展很快，具体方法很多，主要根据施液量分为5大类：①大容量喷雾法，是历史上习惯采用的喷雾法，所以文献中也把它称为常规喷雾法或传统喷雾法。每公顷施液量在600升以上（大田作物）或1 000升以上（树木或灌木林）。这种喷雾法雾滴很粗大，所以也称为粗喷雾法。②中容量喷雾法，施液量为200~600升/公顷或500~1 000升/公顷。③低容量喷雾法，施液量为 50～200 升/公顷或 200～500 升/公顷。④很低容量喷雾法，施液量为 5～50 升/公顷或 50～200 升/公顷。⑤超低容量喷雾法，施药液量为 5 升/公顷以下或 50 升/公顷以下。也有人提出了超超低容量喷雾法，是指喷雾量在 1.5 升/公顷以下的喷雾法，如静电喷雾法等，但很少被采用。实际上喷雾很难绝对划分清楚。低容量喷雾法以下的几种喷雾法，雾滴较细或很细，所以也称为细喷雾法。根据喷雾方式、方法或所用机具的不同，有飘移喷雾法、针对性喷雾法、泡沫喷雾法、循环喷雾法、静电喷雾法、飞机喷雾法等。

（3）方法选择　喷雾方法选择根据 3 方面的因素：①作物的种类和生长状态。生长茂密、株冠郁闭度高的作物，宜选用风送式细雾喷撒方法，或选用高压喷雾法，有利于雾滴穿透株冠。对于果园应采用大风量低风速风送式喷雾法，则有利于雾滴在株冠中均匀沉积。在大面积连片农田中飘移喷雾和飞机喷雾可获得很高的工效，但必须进行飘移监控。②农药种类。杀菌剂（尤其是保护性杀菌剂）要求药剂在作物上的沉积密度高，而杀虫剂则沉积密度可以较低。另外，速效性的药剂要求沉积密度高些，而残效性药剂可以较低。但是药剂的理化性质，如溶解性、气化性、扩散性等对此也有影响。③气象和环境条件（图 2，表 3）。这些条件影响到施用药剂在作物上的持留能力和扩散状况。在有露水的情况下，某些农药在作物株冠上会有显著的二次扩散现象，有利于药剂的均匀分布。在气温较高时，溶剂的蒸发和农药有效成分的挥发均不利于细喷雾法。雾滴在高温下容易蒸发而使雾滴萎缩变细，从而产生超细雾滴、发生飘移。因此不宜采用细雾喷施方法。

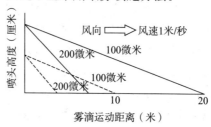

图 2　风速、雾滴直径及喷头高度同雾滴飘移距离的关系

表3 不同风速条件下对田间喷雾的影响

	风速（米/秒）	可见征象	喷雾作业
无风	<0.5	静、烟直上	不适合
软风	0.5~1.0	烟能表示风向	不适合
轻风	>1.0~2.0	人面感觉有风，树叶有微响	适合喷雾
微风	>2.0~4.0	树叶和小枝摇动不息	不适合除草剂，适合杀菌剂和杀虫剂
和风	>4.0	能吹起地面灰尘和纸张，树枝摇动	避免喷雾

53. 什么是大容量喷雾法？

　　每公顷施药液量在 600 升以上（大田作物）或 1 000 升以上（树木或灌木林）的喷雾方法即为大容量喷雾法。大容量喷雾法的雾滴粗大，所以也称粗喷雾法。大容量喷雾法是最传统的喷施使用方法，早在 20 世纪初期已经在欧洲使用，距今有一百多年的历史，现在在欧美等发达国家已经淘汰。在我国，大容量喷雾法是应用过最普遍的施药方法，常见的采用大容量喷雾方法的设备如背负式手动喷雾器（见手动喷雾器），此类喷洒设备往往比较落后。

　　大容量喷雾法所采用的喷洒设备多采取液力式雾化原理，使用液力式喷头，适应范围广，在杀虫剂、杀菌剂、除草剂等喷雾作业时均可采用。以手动背负式喷雾器为例，喷雾器喷片孔径一般为 1.3 毫米和 1.6 毫米，喷雾方式为摆动喷杆，带动喷头对靶喷雾。由于大容量喷雾技术对施药技术要求不高，便于掌握，因此这种方法至今仍是我国最重要的施药方法之一，然而近年来随着施药技术的发展，这种方法正在被低容量甚至超低容量施药法所取代，因为此种施药方法存在以下问题：①大容量喷雾法往往采用较粗的喷头，雾滴粒径较大，药液浓度低，在田间作业时，粗大的农药雾滴在作物靶标叶片上极易发生重复沉积、液滴聚集，引起药液流失。②大容量喷雾法喷洒效率较低，难以满足大面积、统防统治的要求，且大量的稀释用水，在水源较缺的地方会造成大量的水资源浪费。

 什么是中容量喷雾法？

每公顷喷液量200～600升（大田作物），或500～1 000升（树木或灌木林）的喷洒方法即为中容量喷雾法。中容量喷雾法和大容量喷雾法之间的区别并不严格，大部分采用大容量喷雾法的设备也可以进行中容量喷雾。

与大容量喷雾法类似，中容量喷洒往往采用液力雾化法，雾滴直径一般在150～400微米，覆盖密度大，同时雾滴流失也较严重。国外利用喷杆式喷雾机喷洒化学除草剂、土壤处理剂和利用喷射式机动喷雾机对水稻、小麦等大面积农田和果树林木及枝叶繁茂的作物作业时也多采用中容量喷雾法。

中容量喷雾法具有目标性强、穿透性好、农药覆盖度好、受环境因素影响小等优点，但同时单位面积上施药量多，用水量大，农药利用率低，环境污染较大。在使用常规喷雾时，一般有以下的一些使用特征：①一般在防治病虫害时，以药液不从叶面上流下来为宜；防治叶背面的病虫害，应把药液喷到叶背面；防治半钻蛀性或卷叶害虫，以喷湿透为宜。②在田间使用背负式喷雾器喷雾时，以退行喷雾为好；露地宜在早、晚叶面无露水、无风时喷雾，不可大风天、下雨天及晴天中午气温高时喷雾。在雨季施药，宜选用内吸性好或黏附性强的药剂，并注意天气预报，避免喷药后短时间内遇下雨。③在使用不同的喷洒设备及喷雾法进行施药喷雾时，不同的喷液量影响农药的稀释程度，而稀释浓度对杀虫、杀菌效果有直接的影响。如果兑水过多，药液浓度过低，会降低药效，会降低药效，达不到防病治虫的目的，如果兑水太少，药液浓度过高，容易产生药害和人畜中毒，还会产生一系列连锁反应造成环境污染，带来严重的恶性循环后果。

55. 什么是低容量喷雾法？

每公顷施药液量在 50～200 升（大田作物），或 200～500 升（树木或灌木林）的喷雾方法即为低容量喷雾法。药剂利用率高、药液用量小、药液浓度大、雾滴粒径小（80～150 微米）、药剂沉积在作物上的量大，因而污染小、药效高，不少国家已广泛应用。

低容量喷雾技术有比较严格的雾滴粒谱和雾滴分布，是以飘移性喷雾为主（例如风送式喷雾机），兼有针对性喷雾的一种喷雾法。它广泛应用于农林作物病虫草害的化学防治，也应用于人畜的卫生防疫。由于低容量喷雾时单位面积施药液量介于常规容量和超低容量之间，因此它具有后两者不具备的优越性（表 4）。

（1）优点　①它比高容量喷雾的施液量大大减少，在单位面积有效药剂用量不变的情况下，减少稀释的水分，减少加药次数，一般可以提高工效 8～10 倍，能做到适时防治，而且低容量喷洒时药剂浓度较高，使防治效果更佳。对于长效型农药，还能减少全年的防治次数，有利于降低防治费用。②喷雾量少的低容量，平均雾滴直径为 80～150 微米，雾量喷雾对环境的污染较少。③一般情况下，在作物上附着量占总量的 60%～70%，比高容量喷雾的附着量容量多 20%～30%。

（2）缺点　①低容量喷洒雾滴粒径较细，容易发生飘移风险，在喷洒时应当注意规避对敏感生物以及蜂、鸟、鱼、蚕的危害，同时应当注意风向和风速的变化，以便及时调整，保证喷洒质量。②由于低容量喷雾使用的都是小喷片或小号喷头，喷雾过程中容易出现喷头堵塞问题，因此，要做好药液配制，并加强过滤防止杂质堵塞喷头。

56. **什么是超低容量喷雾法?**

每公顷施药液量在 5 升以下(大田作物),或 50 升(树木或灌木林)以下的喷雾方法即为超低容量喷雾法。超低容量喷雾法(ULV)是单位面积施液量很少的一种施药方法。这种喷雾技术既可以在飞机喷雾也可以在地面喷雾中使用,主要用于大田虫害防治,也可用于防治蚊、蝇、虻等人畜卫生害虫。

常用的地面超低容量机具有机动风送转盘式雾化喷头超低容量喷雾机和电动手持转盘式雾化喷头超低容量喷雾器。超低容量喷雾法雾滴粒径小于 100 微米,属细雾喷撒法,其雾化原理是采取离心雾化法,或称转碟雾化法,雾滴粒径取决于圆盘(或圆杯等)的转速和药液流量,转速越快雾滴越细。超低容量喷雾法的施药液量极少,必须采取飘移喷雾法,雾滴不完全覆盖。机动风送喷雾机有效喷幅可达 10~20 米,手持电动喷雾没有风送装置亦可达 4~6 米。

(1)**优点** 超低容量喷雾直接使用油剂农药而不用兑水,一般有效成分含量高,挥发性小,黏度适当,闪点高不易燃,对人畜低毒,对作物安全。采用此种方法节省了大量运输水和喷洒稀释液的工时及繁重劳动,尤其适合干旱、缺水地区或山地使用。试验表明,机动背负超低量喷雾机与背负手动喷雾器的高容量喷雾对比,工效可提高 30 多倍,节省农药 10%~20%,比机动背负弥雾机也提高了几倍。为卫生上的突击消毒,防止病毒、病菌蔓延提供了高效喷雾器具。

(2)**缺点** 目前来看,超低容量喷雾技术只限于飘移性喷雾,受风力、风向和上升气流影响很大,如手持超低量喷雾无风不能用,风速大于 5 米/秒或中午上升气流大时任何地面超低量喷雾机都不能使用;其效率和效果往往取决于外界自然条件;药液的使用浓度高,容易发生中毒事故;需要特制的高效低毒油剂,不能用一般供应的乳剂、水剂;喷雾技术要求比较严格,施药地块的布置以及喷雾作业的行走路线、喷头高度和喷幅的重叠都必须严格设计，如有不慎，不仅影响药效还可能出现药害；从雾化装置的结构上看，还不尽完善，如轴承、电机容易被农药腐蚀，工作可靠性差、寿命短等。

表4　几种喷雾法的特点比较

分级	选用机具	指标					
		施药量（升/公顷）	雾滴数量中径（微米）	喷洒液浓度（%）	药液覆盖度	载体种类	喷雾方式
大容量	手动喷雾器，大田喷杆喷雾机	＞600	250	0.05～0.1	大部分	水质	针对性
中容量喷雾	手动喷雾器，大田喷杆喷雾机，果园风送喷雾机	＞200～600	＞150～400	＞0.1～0.3	一部分	水质	针对性
低容量	背负式气力式喷雾机，植保无人飞机	5～200	80～150	＞0.3～12	小部分	水质	针对性或飘移
超低容量	电动圆盘喷雾机，机动背负气力式喷雾机	＜5	＜50	10～15	微量部分	油质	飘移

57. 什么是"生物最佳粒径"？

从喷头喷出的农药雾滴有大有小，并不是所有的农药雾滴都能有效地发挥消灭病虫草害的作用，科学家研究发现，只有在某一粒径范围内的农药雾滴才能够取得最佳的防治效果，因此，就把这种能获得最佳防治效果的农药雾滴粒径或尺度称为"生物最佳粒径"，用生物最佳粒径来指导田间农药喷雾称为最佳粒径理论（表5）。"生物最佳粒径"就是最易被生物体捕获并能取得最佳防治效果的农药雾滴粒径或尺度（简称 BODS 理论），为农药的科学使用技术提供了重要的理论基础。

表5　生物最佳粒径

生物靶标	BODS（微米）
飞行昆虫	10～50
叶面上的昆虫	30～50
植物叶片	40～100

　　生物最佳粒径理论以生物体各部分捕获雾滴的能力为依据，根据生物体敏感部位的选择捕获能力，选用适宜的喷撒技术手段，产生最佳粒径的雾滴，使敏感部位能大批捕获雾滴，就可获得较好防治效果并显著提高农药利用率。因此，低容量和超低容量喷雾技术代替了过去的大容量喷雾技术，其靶标是生物体的敏感部分，而不是整个植株或整块农田，使农药喷撒技术发生了质的飞跃。

 58. 什么是农药雾滴的"杀伤半径"？

　　田间防治病虫害时，常常以大容量、淋洗式喷雾为主，然而这不仅仅造成了药液的流失、环境污染，还大大降低了药剂的作用效果。诸多的试验都已经证明单个雾滴所产生的影响远大于其本身的粒径范围，每个雾滴都有其控制范围，或称为杀伤面积/杀伤半径，尤其是对于触杀型药剂。所以在一定面积内，只要雾滴数达到一定值时，即可实现较好的防治效果。常用致死中浓度（LN_{50}）计算出单个雾滴的作用范围，即杀伤面积或是杀伤半径（图3）。

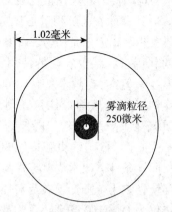

1.02毫米

雾滴粒径
250微米

图 3　百菌清的雾滴杀伤半径示意

　　不同药剂的雾滴杀伤半径有差异，杀伤面积数值本身也会随着幼虫的龄期、农药类别、沉积均匀性、雾滴粒径的变化而改变。

59. 什么是静电喷雾法？有什么优点？

　　农药静电喷雾技术是在超低容量喷雾技术和控制雾滴技术的理论和实践的基础上发展起来的，它是利用高压静电在喷头与靶标间建立一种静电场，农药液体流经喷头雾化后，通过不同的方式充上电荷，形成群体荷电雾滴，然后在静电场力和其他外力的联合作用下，雾滴做定向运动而吸附在靶标的各个部位，从而具有沉积效率高、雾滴飘移散失少等优良性能的一种喷雾技术。农药静电喷雾技术主要体现在静电喷雾器械和静电喷雾制剂两个方面。

　　使雾滴带上电荷是静电喷雾的关键，目前使雾滴带上电荷的方式主要有 3 种，分别是电晕式、接触式、感应式。静电喷雾作为一种新型的喷雾技术，较之常规喷雾，有以下几个方面的特点：

　　（1）静电喷雾具有包抄效应、尖端效应、穿透效应，对靶标植物覆盖均匀，沉积量高　在电场力的作用下，雾滴快速吸附到植物的正、反面，相比常规喷雾技术，提高了农药在靶标植物上的沉积量，改善了农药沉积的均匀性。农药在植物表面上的沉积量比常规喷雾提高 36% 以上，叶片背面农药沉积量是常规喷雾的几十倍，植物顶部、中部和底部农药沉积量分布均匀性都有显著提高。

（2）提高农药的利用率，减少农药的使用量　降低防治成本　静电喷雾雾滴体积中径一般在 45 微米左右，可有效地降低雾滴粒径，提高雾滴谱均匀性，符合生物最佳粒径理论，易于被靶标捕获。当静电电压为 20 千伏时，雾滴粒径降低约 10%，雾滴谱均匀性提高约 5%。显著增加了雾滴与病虫害接触的机会，成倍地提高了病虫害防治效果（同样条件下比常规喷雾提高 2 倍以上）。

（3）对水源、环境影响小，降低了农药对环境的污染　静电喷雾施药液量少，每亩仅为 60～150 毫升，仅为常规喷雾的几百分之一，且电场力的吸附作用减少了农药的飘移，使农药利用率高，避免了农药流失，降低了农药对环境的污染。

静电喷雾持效期长。带电雾滴在作物上吸附能力强，而且全面均匀，施药效率高，农药在叶片上黏附牢靠，耐雨水冲刷，药效长久。如野外露天场地上对自由飞翔的苍蝇进行静电喷雾和常规喷雾数小时后，静电喷雾的平均杀伤率为 66.6%，而常规喷雾仅为 36.2%；草原灭蝗发现，静电喷雾在 48 小时后药效高于常规喷雾 15%。

（4）工效高，防治及时　手持式静电超低量喷雾比常规喷雾提高工效 10～20 倍，东方红-18 型背负式机动静电喷雾机每小时可喷 1.5～2 公顷。

60. 什么是静电喷粉技术？

静电喷粉技术是通过喷头的高压静电使农药粉粒带上与其极性相同的电荷，又通过地面使作物的叶片及叶片上的害虫带上相反的异性电荷，靠这两种异性电荷的吸引力，使农药粉粒紧紧地吸附在叶片及害虫上，其附着的药量比常规喷粉要高 5～8 倍。粉粒越细小，越容易附着在叶片和害虫上。由于粉粒都带有极性相同的电荷，就有了同性相斥的力量，使粉粒之间分布十分均匀，再细小的粉粒之间也不会发生絮结。

静电喷粉技术的 3 个主要环节是粉剂荷电、荷电颗粒群输运和粉粒沉积分布。静电喷粉时，带电粉粒在喷头与靶标之间的电场力作用下大致沿电力线方向飞向靶标。电力线分布于靶标的各个方向，粉粒也就飞向靶标的各个方向，使植物叶片的正反面均能吸附上粉粒。尤其是叶片的尖端及边缘，由于感应电荷密度大，附近电场强度大，附着的粉粒较多。在单纯依靠静电场力的作用下，荷电粉粒的穿透性较差，粉粒过多地沉积在距离喷粉口较近的靶标上。

静电喷粉效果受粉粒上的荷电量与粉粒质量之比（即荷质比）和喷粉口与靶标之间的电场强度影响很大，其影响作用：①电场愈强，喷粉口与目标之间的距离愈近，则喷撒效果愈好。②粉粒与靶标之间距离愈近则相互吸引力愈大。③粉粒愈轻，带电荷量愈大则效果愈好。粉粒粒径影响着对静电喷粉的效果，粉粒越细，则粉粒的荷质比就越大，再加上细小粉粒受重力影响的作用减弱，细小带电粉粒飞向靶标的效应就会增大。实验结果说明，细度为 7 微米的粉粒的静电效应（指在模拟静电条件下，带电粉粒自动飞向靶标的百分率）可高达 98%，而细度为 30~74 微米的粉粒的静电效应只有 74.6%。因此，粉粒越细，静电效果越好。

静电喷粉时粉粒在作物叶片上沉积分布特性有如下特点：①静电增加了粉粒在叶片上的沉积密度。静电喷粉时，由于在粉粒和靶标之间形成了电场，带电粉粒能够按照电场电力线方向均匀地沉积在靶标的正反面，显著增加了粉粒在叶片上的沉积密度，特别是增加了粉粒在叶片背面的沉积密度。②静电喷粉粉粒沉积的"边缘效应"。带电导体在静电平衡时，电荷集中分布在导体的外表面上，实验证明，如果带电导体不受外电场的影响，那么在导体表面曲率愈大处，电荷面密度愈强，因此单位面积上发出（或集聚的）电力线数目愈多，周围电场也愈强，由此可知，在带电导体的尖端和尖端附近有特别强的电场。因此在静电喷撒时其叶片边沿和芽尖的电荷面密度愈大，吸引带异电荷的粉粒也愈多，这就是静电喷粉的

"边缘效应"。在病虫害防治中可以充分利用这种"边缘效应"，例如行军虫等在小麦上爬行时通常是沿叶边爬行，危害作物的叶片时也是从叶片边缘开始蚕食。静电喷粉，可以充分利用这种"边缘效应"，达到重点保护部位，充分发挥触杀、胃毒作用。③静电喷粉的"尖端效应"。静电的"尖端效应"早已被人们应用在避雷针上。实验研究证明，静电喷粉过程中，同样存在"尖端效应"，带电粉粒在害虫的触角和绒毛等尖端部位的沉积密度要远大于其他部位。这样在静电喷粉过程中，带电粉粒就像导弹一样能够跟踪虫体而命中目标。

 为什么要进行种子处理？

在现代农业生产中，种子处理技术的发展是随着农药学本身技术发展、农业生产格局的变化以及社会本身需求变化而发展的。随着现代农业的不断发展，种子包衣技术成为世界上许多国家实现种子加工现代化和种子质量标准化的重要措施。

种子处理法有如下优点：一是靶向性强，种子是植物生长发育的开始，是植物发育生长过程中最早遭受病虫害等有害生物危害的阶段，种子本身和土壤中往往带有病菌，在播种以后引起种子和幼苗发病。因此，为植物全程健康考虑，对种子进行药剂处理是非常好的一项农事措施。二是经济性好，相比较而言，1公顷土地上进行喷雾处理需要施药的面积在 10 000 米^2 以上，而 1 公顷土地播种种子的表面积平均大约是 60 米^2。而施药处理完成后，喷雾处理药剂在作物表面的沉积率仅约 30%，而按照要求，包衣后 90% 以上的药剂均包覆在种子表面。三是对操作者安全，种子包衣既适于工业化大生产，也适于家庭小规模生产。无论是工业化大规模生产还是家庭手工包衣，其操作环境都是可控的，可以避免天气影响，在操作过程中无药剂飘移，并可最大限度减少药剂与人体的直接接触，因而相对安全。四是对天敌安全，包衣种子播种后埋于地表下，属于隐蔽施药，昆虫天敌与包衣药剂接触的机会较少，因而大大减少了昆虫天敌的药剂暴露风险。此外，由于包衣药剂有成膜剂等的作用，药剂存在于种子表面和种子周围的土壤中，大大降低了药剂污染风险。五是对于早期侵染后期发病的系统性侵染病害必须采用种子包衣方式防治，以玉米丝黑穗病为典型，玉米从种子萌发到 5 叶期均可侵染发病，但最适宜的时期是种子萌发期，而在抽穗后才表现明显的黑穗症状。如果在出现黑穗症状以后再进行药剂防治则为时已晚，难以达到理想防治效果，而采用种子包衣则更加切实可行。六是高效省工，手工包衣时，1 亩地所需的种子在数分钟内即可完成包衣，而工厂大规模包衣时每小时处理的种子则数以吨计，因而在工作效率上大大高于喷雾施药等传统施药方式。

 62. 种子处理有哪些方法？

（1）干拌种法　将药粉与种子定量混合，使药剂均匀黏附在种子表面上的处理方法。拌种用的器具有转鼓式手摇拌种器和机械化拌种机两类。种子可在连续翻滚的状态下与药剂充分均匀接触。在螺旋推进式拌种机中，种子通过的时间只需 10 秒钟左右即可拌和均匀。

（2）浸种法　用兑水稀释的农药药液浸渍种子的处理方法。药液的浓度、温度和浸渍时间与处理效果之间呈正相关。药液浓度偏低时药效较差，但可通过适当提高药液温度或延长浸渍时间来提高效果。如要求缩短浸渍处理时间则可适当提高药液浓度或药液温度。但均需根据所用药剂的性质及种子的种类和耐药力来做具体抉择。药液浸种之前用清水进行预浸可以减少发生药害的风险，并可促使病原菌萌动，更容易被药液杀死。

（3）湿拌种法　种子先用少量水湿润或浸种，然后与药剂定量混合的处理方法。经过湿拌种的种子，当药液干燥后，药剂即在种子表面上残留一层药膜。播种后，在土壤中继续对种子和幼苗起保护作用。内吸性的药剂经过湿拌种后，药剂可被吸收进入种子。采用转碟式喷药法的湿法拌种机可获得良好效果，而且工效很高。被处理的种子，从锥形种子分布器上沿四周流下形成环幕状种子流，而转碟式雾化器在种子分布器的下部进行离心式喷雾，喷出的细雾滴同周围流下的种子相接触，即可在种子表面形成均匀药膜。

（4）包衣法　用种子包衣专用药剂（种衣剂）处理种子的方法（彩图11）。种衣剂的配方中含有黏结剂或成膜剂，可使药液干燥后在种子表面不易脱落。根据包衣处理后种子表面包覆层的形态特征分药膜包衣、药壳包衣和丸粒化包衣：①药膜包衣。除种衣剂外，在包衣过程中不再添加惰性固体填料来增加种子体积，包衣完成后种衣剂在种子表面形成薄的药膜。一般个体体积相对较大，外形相对规则的大田作物种子采用这种包衣方法，如玉米、小麦、大豆等。②药壳包衣法。此法适用于个体体积相对较大、但外形不规则种子。除种衣剂外，在包衣过程中需要添加惰性固体填料，包衣完成后种衣剂和惰性固体填料共同在种子表面形成薄壳状包衣层，包衣完成后包衣种子基本保持种子原有的基本外形。③丸粒化包衣。此法适用于个体体积较小的种子。除种衣剂外，在包衣过程中需要添加大量惰性固体填料，包衣完成后的种子为球形或接近球形，种子位于球体中央，外表不能看出原有种子的外形。药壳包衣和丸粒化包衣均可以提高种子的园艺性能，使之适应于精量播种或机械化播种。

63. 什么是药种同播技术？

药种同播技术是指将作物种子和农药颗粒同时播入土壤中，使种子分布在药粒周围土壤环境中的技术。药种同播技术可通过以下2种方式来实现：一是农药颗粒和作物种子掺混均匀后，放入同一播种斗里进行药种同播，适用于亩用种子粒数较多且种子需要连续不能间断的作物。此方式要求药粒与种子形状相似，比重相近，避免在播种过程中因播种机颠簸震动产生分层，种子在土壤中不能均匀分布在药粒周围，防效不均。二是农药颗粒和种子同时分别放入2个播种斗里，2个播种斗底部拨轮同轴确保转速相同，2个播种斗下方的两条下料（种）腿，在入土前合并成同一条下料（种）

腿，以达到土壤中每粒种子附近有 1 粒药的目的，适应于亩用种粒数小于 12 000 粒且间断等距播种的作物。该方式对药粒形状、比重无严格要求。

药种同播技术具有如下优点：

①减施、利用率高。药粒与种子同播技术实现了作物精准施药，达到了剂量集中和靶标防治需求，减少飘移和挥发，增加稳定性，提高利用率，进而能够降低农药施用剂量和施用次数。

②安全。药与种子在种子发芽前和发芽中接触面小，即便是遇阴雨低温天气也不影响种子出苗。

③增效。药种同播中的药粒释放所需时间可根据作物生长季长短设定，所以可预防作物整个生长期内病虫害。

④防治广谱。药效缓慢、持续在土壤中释放，有效防治地下病虫害的发生，随着作物蒸腾拉力作用，根系吸收有效成分后传输到植物地上部分，达到防治地上病虫害的目的。

⑤省工省力。不需加水，不需晾晒，药种同播在作物生育期内施药 1 次，省工省力。

⑥环保。直接将药粒施入土壤，有效成分释放空间、时间可控，减少了与水、空气等接触，避免了对空气及地下水等环境的污染。

64. 为什么要进行秧苗处理？

育苗完成后，幼苗移栽、扦插前用农药处理作物秧苗的方法称为秧苗处理。秧苗处理的主要特点是经济、省药、省工，操作比较安全，用少量药剂处理秧苗表面即可防止幼苗受病虫危害。除可用于防治病虫外，秧苗处理过程中还可以选用适当的植物生长调节剂促进秧苗根系生长。

育苗完成的幼苗移栽或扦插前，药剂集中施用于幼苗表面，对表面的病原菌和害虫直接产生触杀或经害虫取食后产生胃毒作用；对于潜伏在幼苗组织内部的病原菌，施用内吸性药剂，通过内吸传导进入组织内部对病原菌产生灭杀作用。

随着植保技术的发展，幼苗移栽前集中进行药剂处理，使幼苗带药下田的方法很受农户欢迎。该法采用高剂量农药处理幼苗，不但对幼苗现有的病虫害产生杀灭作用，移栽后幼苗携带的药剂随着移栽进入移栽田，对移栽后发生的病虫害产生持续控制作用。

 65. 秧苗处理有哪些方法？

秧苗处理方法包括喷雾法、蘸根法、浸苗法、颗粒撒施法等。随着社会和技术的发展，其中喷雾法和颗粒撒施法是现在常用的处理方法。

（1）喷雾法　早期的喷雾法处理秧苗是用常规剂量的药剂喷雾处理秧苗，从而对秧苗上已经出现的病虫草害进行喷雾，避免苗床上发生的病虫草害随着移栽进入移栽田。现在发展为通过喷雾实现"送嫁药"。典型的例子是水稻，在秧苗移栽前 2～3 天，用大剂量药剂喷雾处理秧苗，然后带药下田，以达到避免或推迟病虫在大田发生为害。

（2）颗粒撒施法　该法也在水稻上发展起来。水稻秧苗在育秧盘上育秧完成后，在插秧的当天或水稻秧苗移栽前 1～2 天将杀虫剂和杀菌剂施用到秧盘上，插秧机在插秧过程中水稻秧苗带药下田，防治移栽后的水稻病虫害。该施药方法通常适用于水稻机插秧，具有省时省工的优点。颗粒撒施法要求所用的杀虫剂和杀菌剂具有一定内吸性能。常规的农药制剂如乳油、可湿性粉剂、悬浮剂、水分散粒剂等均可用于水稻秧盘施药，但针对水稻秧盘施药的秧盘缓释颗粒剂也得到大力推广，使用缓释颗粒剂处理秧盘相对常规药剂可以有效提高药剂对水稻秧苗的安全性和进一步延长药剂在移栽后对病虫害的持效期。

66. 什么是水面漂浮施药法？

水面漂浮施药法是利用农药漂浮粒剂、展膜油剂等能够在水中自动分散，并漂浮在水面上的特性施用农药的方法，主要应用在水稻田，起到杀虫、除草和杀菌作用，是一种省力的施药方式。

（1）展膜油剂及使用方法　根据水稻田有水的独特环境特点，把憎水性农药原药溶解在有机溶剂内制成独特的"油剂"（展膜油剂），使用时只需"点状施药"，药剂滴在水面后即自行呈波浪状迅速扩散，日本称此种农药剂型为"冲浪"，我国命名为"展膜油剂"或者"水面扩散剂"（图 4）。

图 4　水稻田使用展膜油剂（冯超　摄）

（2）漂浮粒剂及使用方法　水面漂浮颗粒剂是以膨胀珍珠岩为载体，加工成水面漂浮剂，其颗粒大小为 60～100 筛目。水面漂浮剂对防治水稻螟虫的危害有较强的针对性，药效显著，且药效期较长。在日本，水面漂浮颗粒剂的使用自 1961 年起得以普及。这是由于使用颗粒剂不需要特殊的器械，只要用手撒施，十分简单；并且也不会像粉剂和液剂那样在喷洒时四处飞散，故对周围影响很小。同时由于其药效好、持效长等优点而得以迅速推广。

在使用展膜油剂时，需要水稻田的水不溢出田埂。展膜油剂在使用时，影响其药效发挥最为重要的因素是铺展速度和铺展面积。

67. 什么是擦抹施药法？

擦抹施药法是用擦抹器将药液擦抹在植株某一部位的施药方法，也称涂抹施药法。擦抹用的药剂为内吸剂或触杀剂，按擦抹部位划分为擦茎法、擦干法和擦花器法 3 种。为使药剂牢固地黏附在植株表面，通常需要加入黏着剂。擦抹法施药农药有效利用率高，没有雾滴飘移，费用低。擦抹法适用于果树和树木以及大田除草剂的使用（图 5）。

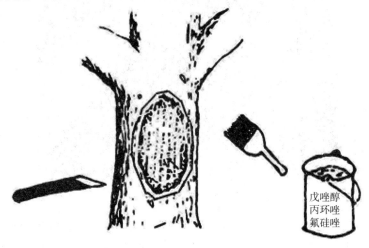

戊唑醇
丙环唑
氟硅唑

图 5　果树枝干的擦抹施药

（1）擦抹施药防除杂草　在杂草防除的擦抹技术应用过程中，防治敏感作物的行间杂草，可以利用内吸传导性强的除草剂和除草剂的位差选择原理，通过一种特制的擦抹装置，将高浓度的除草剂药液擦抹在杂草植株上，通过杂草茎叶吸收和传导，使药剂进入杂草体内，甚至到达根部，达到除草的目的。

擦抹施药法防治杂草的施药器械简单，不需要液泵和喷头等设备，只利用特制的绳索和海绵塑料携带药液即可，操作时不会飘移，且对施药人员十分安全。当前除草剂的擦抹器械已有很多种，如供小面积草坪、果园、橡胶园使用的手持式擦抹器，供池塘、湖泊、河渠、沟旁使用的机械吊挂式擦抹器，供牧场或大面积农田使用的拖拉机带动的悬挂式擦抹器。擦抹施用 10%草甘膦药液，防除一年生幼龄杂草用量为 7.5 升/公顷（每亩 0.5 升），防除多年生杂草用量为 22.5 升/公顷（每亩 1.5 升），擦抹施药液量为 110 升/公顷（每亩 7.3 升）。对于生长高于作物 30 厘米以上杂草或其他场合的杂草，均匀擦抹 1 次，就可以获得好的防治效果。如在药液中加入适当助剂，或与其他除草剂混用，便有增效作用或扩大杀草谱。擦抹法施药液量较低，低于 110 升/公顷（每亩 7.3 升），因此，操作要求快，否则擦抹不均匀。擦抹施药前，要经过简短培训，做到均匀涂抹。在气温高、湿度大的晴天擦抹施药时，有利于杂草对除草剂的吸收传导。

（2）擦抹施药防治作物害虫　在棉花害虫防治中使用擦茎技术时，利用杀虫剂的内吸作用，在药液中加入黏着剂、缓释剂（如聚乙烯醇、淀粉等），把配制好的药液用毛笔或端部绑有棉絮海绵的竹筷，蘸取药液，涂抹在棉花幼苗的茎部红绿交界处，能够防治棉花红蜘蛛和一代棉铃虫。

（3）擦抹施药防治果树病虫害　擦抹法多用以防治害螨、蚜虫、介壳虫、粉虱等刺吸式口器的害虫和缺锌花叶病，对调控植物的营养生长和生殖生长等也有良好的效果。树干擦抹法防治病害，多为擦抹刮治后的病疤，防止复发或蔓延。例如，使用 0.15%丁香菌酯悬浮剂在春季 3—4 月防治苹果腐烂病。腐烂病病斑刮治方法：用锋利的刀彻底刮除病斑，深达木质部，并刮除病斑边缘 0.5～1 厘米的健康树皮，病斑呈菱形最佳，对于扩展快的病斑则应刮掉病斑外 2 厘米以内的所有皮层，伤口平整，然后用刷子直接均匀涂抹药剂在病疤处。剪锯口涂抹预防腐烂病方法：剪锯口尽量修剪小一些，切面平整，然后用刷子（或者戴指套用手）直接均匀涂抹药剂在剪锯口处。果树流胶病防治方法：在刮去流胶后，擦抹石灰硫黄合剂。将配制好的药液用毛笔、排刷、棉球等将药液擦抹在幼树表皮或刮去粗皮的大树枝干上，或发病初期的 2～3 年生枝上，然后用有色塑料薄膜包裹树干、主枝的擦抹部位（避免阳光直射，防止影响药效）；或用脱脂棉、草纸蘸药液，贴敷在刮去粗皮的枝干上，再用塑料薄膜包扎。擦抹的浓度、面积、用量，视树冠的体积和擦抹的时间，以及施用的目的和防治对象而异。

影响擦抹法药效的主要有施药当天的温度和湿度、药液的浓度、擦抹部位以及药剂的选择等方面。

68. 什么是颗粒撒施法？有哪些类型？

抛掷或撒施颗粒状农药的施药方法即为颗粒撒施法，也称施粒法。施粒法的主要优点是施药过程受气流影响相对较小，药剂飘移少，水田和旱地作物均可以使用。颗粒使用到田间后农药有效成分的释放方式有 3 种：①快速释放。这类颗粒在田间的持效期相对较短，农药活性成分从颗粒中很快溶出后对病虫草发挥作用。②缓慢释放。使用到田间的颗粒通过不同控制释放机制使农药活性成分逐步释放出来，药剂的持效期相对较长，如秧盘处理用缓释颗粒剂的持效期可达 2～3 个月。③颗粒分散后释放。这类颗粒往往应用于水田，以水田除草用大粒剂为典型代表，颗粒剂封装于水溶性包装袋中，抛掷于水田后水溶性包装袋立即发生溶解，颗粒在水面或水体中迅速崩解扩散，扩散完成后农药有效成分均匀分布于整个水体。

施粒法根据使用方式或器械不同有多种类型：①人工徒手抛撒或撒施。对人体安全的颗粒或颗粒包装可以直接人工抛撒。②手动颗粒撒施装置撒施。手动颗粒撒施装置有不同类型，如牛角型撒粒器、撒粒管、手提撒粒箱等。有些撒粒器上有控制撒粒量的装置。③机动撒粒机抛撒。有机动背负式撒粒机、拖拉机牵引的悬挂式颗粒撒布机以及手推式颗粒车等多种形式。少数情况下要求在植物的株冠部位使用较小的颗粒，如棉花、柑橘及其他作物，但要选用较小的颗粒，如微粒剂以及粉粒剂等。④土壤施粒机施药。拖拉机牵引的播种机或经过改装的播种装置可用于向土壤中施用颗粒，在此情况下可以单独撒颗粒或实现药种同播。⑤无人飞机撒施颗粒。无人飞机撒施颗粒随着无人飞机喷雾技术的发展而逐步发展起来，同无人飞机喷雾有其配套装置一样，无人飞机颗粒撒施也有其配套装置，可以实现颗粒定量撒施。

69. 什么是农药喷粉法？有哪些类型？

喷粉法是利用鼓风机械所产生的气流把农药粉剂吹散后沉积到作物上的施药方法。其主要特点是不需用水、工效高、在作物上的沉积分布性能好、着药比较均匀、使用方便。在干旱、缺水地区喷粉法更具有实际应用价值。虽然由于粉粒的飘移问题使喷粉法的使用范围缩小，但在特殊的农田环境中如温室、大棚、森林以及水稻田，喷粉法仍然是很好的施药方法。

按照施药手段农药喷粉法可分为3类：①手动喷粉法。用人力操作的简单器械进行喷粉的方法。如手摇喷粉器，以手柄摇转一组齿轮使最后输出的转速达到1 600转/分钟以上，并以此转速驱动一风扇叶轮，即可产生很高的风速，足以把粉剂吹散。由于手摇喷粉器一次装载药粉不多，因此只适宜小块农田、果园以及温室大棚采用。手动喷粉法的喷撒质量往往受手柄摇转速度的影响，达不到规定的转速时，风速不足，就会影响到粉剂的分散和分布。②机动喷粉法。用发动机驱动的风机产生强大的气流进行喷粉的方法。这种风机能产生所需的稳定风速和风量，喷粉的质量能得到保证；机引或车载式的机动喷粉设备，一次能装载大量粉剂，适于大面积农田中采用，特别适用于大型果园和森林。③飞机喷粉法。利用飞机螺旋桨产生的强大气流把粉剂吹散，进行空中喷粉的方法。机舱内的药粉通过节制闸排入机身外侧的空气冲压式分布器或电动转碟式分布器（用于直升机喷粉），即被螺旋桨所产生的高速气流吹散。使用直升机时，主螺旋桨产生的下行气流特别有助于把药粉吹入农田作物或森林、果园的株丛或树冠中，是一种高效的喷粉方法。对于大面积的水生植物如芦苇等，利用直升机喷粉也是一种有效方法。

 什么情况下可以使用烟雾法？

烟雾法是把液状农药分散成为烟雾状态的施药方法。油性农药制剂和水基性农药制剂均可以使用烟雾法。烟雾一般是指 $0.1\sim10$ 微米的微粒在空气中的分散体系。当悬浮微粒是固体时称为烟，是液体时称为雾。烟的微粒尺度可小到 0.001 微米，而雾的尺度可大到 20 微米左右。在许多情况下固体和液体的微粒常同时存在，因而通常用烟雾一词。在胶体分散系中，把物质的微粒在气体中的分散体系通称为气溶胶。由于粒度很小、在空气中悬浮的时间较长，所以烟雾态农药的沉积分布很均匀，对病虫的杀伤力和控制效果都显著高于一般喷雾法和喷粉法。

烟雾法产生的雾滴因尺寸较小，具有较好的穿透性和弥漫性，通常在相对比较密闭的环境条件下进行，如温室大棚，但在某些条件下，玉米田和果树、林业、卫生防治上也采用烟雾法施药。根据烟雾机产生烟雾的条件分为热烟雾法和冷烟雾法。热烟雾法用热烟雾机产生烟雾，其利用汽油或柴油燃烧产生的瞬时高压将药剂雾化。常温烟雾机雾化时不需加热，利用压缩空气使药液在常温下雾化分散。

 什么是控制释放施药法？

控制释放施药法是将活性物质和基础材料（通常是高分子材料）系统地结合在一起，在预期的时间内控制活性物质的释放速率，使其在某种体系内维持一定的有效浓度，在一定时间内以一定的速率释放到环境中的技术。

控制释放施药法的作用原理可分为两大类，即物理途径和化学途径。物理途径主要有溶解、扩散、渗透和离子交换等；化学途径则通过有效成分或者酶降解实现。物理途径中,溶解可分为包封溶解系统和基质溶解系统两大类,前者利用包覆有效成分的外壳载体逐步降解实现控制释放,有效成分释放速率与载体在环境介质中的溶蚀速率有直接关系,其典型的缓释体系为胶囊;而后者则将有效成分均匀分散在载体基质中,随着载体的降解,药物有效成分逐渐被释放,而随着基质的缩小,药物有效成分的释放速率逐渐降低,因此后者的释药方式属于非零级药物有效成分释放,典型的释放体现为微球。

控制释放体系较常规自由释放体系有 7 个方面的显著优点:①能够有效延长活性物质的释放时间,降低其释放速率,进而增强作用效果。②控制释放体系可降低活性物质自身的挥发和降解等,从而减少不必要的损失,有效提高其利用率。③可以有效地减少活性物质的使用含量和使用次数,从而降低对环境或生物体的污染和毒性。④掩蔽活性物质的不良性质如刺激性气味等。⑤控制释放体系能够提高活性物质的物化稳定性能,易于贮存和运输。⑥活性物质与其敏感环境隔离,保护活性物质、扩大某些活性成分的应用范围。⑦控制释放体系使活性成分在一定的时间内维持其有效浓度,提高作用性能。

微胶囊是农药缓控释剂形式中最常见的一种制剂,其技术含量是在目前农药制剂中最高的一种。其基本原理就是将原药乳化分散成粒径为几至几十微米的微粒,然后通过相应的方法在原药微粒表面形成具有一定厚度和强度的聚合物膜,聚合物膜释放活性物质是通过渗透、扩散等方式,所以可以调节聚合物膜组成、厚度、强度和孔径等控制释放速度。微胶囊制剂因其壁材的包裹作用,使农药分解和损失大大降低,并显著提高其稳定性能;同时减少有效成分的挥发,延长活性物质的作用时间,提高农药利用率,减少施药量和施药频率,降低高毒农药的危害。微胶囊中农药活性成分的释放通过 3 种机制实现:①通过选择合适的壁材,控制制备条件,利用囊膜的扩散渗透,具有控制释放的功能,这对于微胶囊而言最为本质和重要。②囊膜的破裂,促成局部胶囊中活性成分的完全释放,对于微胶囊杀虫剂和杀鼠剂也具有明显的意义，因为害虫和鼠类的咀嚼或践踏，造成部分囊膜破裂，有利于药效的充分发挥。③通过有意识地选择壁材和包裹方法，使囊膜受热、溶剂、酶、微生物等影响而破坏，释放所包裹的物质，可使芯材在指定的 pH、温度、湿度下释放（图 6）。

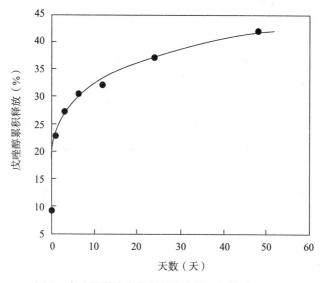

图 6　戊唑醇微胶囊控制释放曲线（杨代斌，2014）

72. 果树也可以"打针"吗？

给树打针，是一种树干注射技术，通过将植物所需杀虫剂、杀菌剂、杀螨剂、微肥和植物生长调节剂等药液强行注入树体，达到促进生产、增加产量、提高品质、治虫防病、调控生长的目的。目前，树干注射技术已在国内外园林树木、果树的种植中广泛应用。

树体分布着一层层由木质部、韧皮部组成的输导组织，这些输导组织，同人的血液组织一样，在树身上起着循环作用，营养液、药液等就通过这些输导组织输送到树体。

常见的"打吊针"方式就属于树干注射技术中的一种，称为"挂液瓶导输"技术（彩图 12）。该技术借鉴了人体输液的流体力学原理，首先在树干上斜向下 45°打一个小洞，将装有药液的药管顶部剪开，再打开注药器通气孔，让药液有控制地连续滴注进树干木质部，在叶片蒸腾拉力的作用下通过木质部导管直接进入叶片等器官，依靠树干木质部内的液流传至树体周身，同时通过固定流量的滴头使药剂通过输液孔定时定量顺韧皮部流入根系。与传统施药技术相比，该方法不受树木高度和为害部位等的限制；不受气候环境条件限制；不危害生态环境，有利于保护非靶标生物和施药者的人身安全；可延长药效期；可精准控制进入树体内的药液量；具有功效高、药液传递快、效果好，且能同时进行水肥药一体化防控等多种优点。

和医院给人"打吊针"类似，给树"打吊针"也有一些注意事项：①不能使用树干敏感的农药，避免药害的产生。②挂瓶输液需要钻输液孔洞 2～4 个，使水平分布均匀、垂直分布相互错开；主要打孔深度根据树的大小和皮层厚薄而定，最适合的孔深是出药孔位于近二三年间新生的木质部处，要特别注意不可过浅，以防止药液注入树皮下。③瓶中药液根据需要随时进行增补，一旦达到防治目标就应及时撤除药具。④果实在采收前 40～50 天停止用药，避免残留。⑤注孔位置，距地面越近越好，以便增加横向运输，注孔位置还应对准大主枝或树体受害严重的一侧。

除了给树干"打吊针"以外，和人体注射类似，同样也可以对树干进行"打针"，区别于"挂液瓶导输"技术，称为"高压注射法"。用柱塞泵或活塞泵原理，采用专用高压树干注射机，将植物所需农药和生长调节剂等药液强行注入树体。由于采用专用的树干注射机，药液的压力高，药液注射进入树干的速度快。但也由于注射压力过高（可达 0.7～1.4 兆帕），注射时应尽量避免对注射孔周围的植物细胞造成伤害，导致出现坏死情况。

为了避免高压注射可能出现注孔周围细胞坏死的缺点，可使用"低压注射法"，用小动力打孔机在树干基部 20 厘米以下打 0.5～

0.8厘米的小孔1～5个，深达木质部，孔向下30°，在打孔处插入注射头，并将装有药液的乳胶管或注射器套在注射头上，依靠乳胶管或注射器的压力，使药液流入树干木质部，此时产生的压力为6万～8万帕，能满足低压注射的需要，并避免高压损伤。

73. 如何做到防飘喷雾？

防飘喷雾是指在喷雾作业过程中，通过机械物理手段或物理化学手段来控制农药飘移的过程，包括辅助式防飘移喷雾、罩盖防飘移喷雾、静电防飘移喷雾、抗飘移喷头、农药改善配方防飘移喷雾和变量防飘移喷雾等。

防飘喷雾可以通过如下途径实现：①辅助式防飘移喷雾，通过在喷杆喷雾机上装配一种风罩，下行气流克服喷头附近引起飘失的气流或涡流，把农药雾滴强制喷入作物冠层中，大幅度降低农药飘失量，增加雾滴的沉积及分布的均匀性。②罩盖防飘移喷雾，通过在喷头附近安装导流装置来改变喷头周围气流的速度和方向，使气流的运动更利于雾滴的沉降，增加雾滴在作物冠层的沉积，减少雾滴向非靶标区域飘移，达到减少雾滴飘失的目的。③静电防飘移喷雾，是指利用高压静电在喷头与目标作物间构建静电场，经过雾化后的雾滴在静电场中被不同的充电方式充上电荷，成为荷电雾滴而后在静电场力和其他外力的联合作用下，荷电雾滴做定向运动吸附在目标作物的各个部位。④抗飘移喷头，防飘、低飘喷头采用射流原理，在喷头体内气液两相流进行混合，经喷头喷出的是一个个液包气的小气球，每一个这样的小气球在达到靶标时，经作物叶面上的纤毛刺破和在叶面的动量作用下，进行第二次雾化，得到更小的雾滴和较大的覆盖密度。⑤农药改善配方防飘移喷雾，是指基于聚合物的飘移控制添加剂减少喷雾飘移，聚合物可以增加液体的黏性，黏性液体能够在破裂之前维持较高的拉伸，抑制界面扰动和波动增长的形成，进而改变液滴的动态表面张力和平均雾滴尺寸。⑥变量防飘移喷雾，是指通过获取目标作物的相关对象信息，如农田遭受病虫害的面积、作物的密度和位置等，以及获取喷雾机械的相关状态信息，如喷雾装置的位置、速度、喷雾压力等，通过对各种信息的综合处理实现对靶标作物按需施药，可变量技术通常包括基于地图信息的可变量技术和基于实时传感器的变量技术。

74. 农药精准施用的原理是什么？

为了提高农药的有效利用率，减轻对环境的污染，许多先进的技术理论例如全球定位系统（GPS）、地理信息系统（GIS）、变量喷头等被应用在农药使用技术领域，"精准施药"技术迅速发展起来。"精准施药"的核心是在研究田间病虫草害相关因子差异性的基础上，获取农田小区病虫害存在的空间和时间差异性信息，采取技术上可行、经济上有效的施药方案，准确地在每一个小区上喷洒农药，使喷出的雾滴在处理小区中形成最佳的沉积分布。

"精准施药"通常在确认识别病虫草害相关特征差异性基础上，充分获取目标的时空差异性信息，采取技术上可行、经济上有效的农药使用方案，仅对病虫草危害区域进行按需定位喷雾。通常采用两种方式：基于实时传感的农药精准施用技术和基于地图的农药精准施用技术。

75. 植保无人飞机在丘陵山地果园如何做到精准智能喷雾？

我国作为柑橘起源地之一，柑橘栽培面积和产量均居世界首位。当前，我国柑橘园大多为丘陵或山地，果树沿坡地等高线种植，地面行走式施药器械难以进入作业，柑橘果园病虫害防治仍主要采用背负式喷雾机、高压管路喷枪和踏板式喷雾器等进行人工喷雾作业。一方面，这种粗放落后的药械和施药方法导致农药利用率及作业效率极低，易造成农药浪费和环境污染，同时还容易造成农产品农药残留。另一方面，因作业强度大、对操作者危害大、作业效率低、防治不及时，易发生在同一防治区的病虫害又复发蔓延，不得不加大施药次数和药剂量，导致病虫害的抗药性增强等问题。

近两年，我国植保无人飞机精准施药技术研发取得突破，通过多学科交叉，研究和熟化高精度导航定位技术、多传感器融合技术、多机协同技术、自动避障系统、仿地飞行控制技术等，为航空精准施药提供必要的辅助技术支撑。其中，研究提出了结合作物特征和无人飞机结构特征的微调设置以控制航迹；设计了基于GPS（全球定位系统）和GPRS（通用分组无线服务技术）混合的定位算法，提高了农业植保无人飞机的定位精度；基于实时动态差分技术（RTK）的北斗卫星导航系统优化了植保无人飞机飞控系统，大幅度提高了作业航迹的精度。此外，也有将全球导航卫星系统（GNSS）与惯性导航、视觉导航等技术相融合进行无人飞机航迹控制的研究。

针对山地丘陵果园喷雾难题，深圳大疆创新科技有限公司研发的丘陵山地果园植保无人飞机精准智能喷雾技术，其由果园测绘、果园场景建模、精准喷雾3个环节组成。第一步是果园测绘，即在RTK功能下P4R对整个目标果园进行测绘，通过P4R所携带的高清摄像机从不同角度对整个果园全覆盖拍摄图片，测出果园内果树树冠尺寸、树高以及每棵果树在果园的位置坐标，为后续果园场景建模作准备。第二步是果园场景建模，通过P4R测绘照片利用"Terra"软件进行果园场景建模，对目标果树进行识别，并识别非果树目标（包含建筑、电线杆、非果树树木等），将果园内所有事物呈现在"Terra"软件建模中，开启"Terra"软件识别功能后，可在果园建模场景中规划T16作业航线并设定航线参数如航线高度、航线间距等，建成满足地势所需航线，植保无人飞机按该航线飞行时，只在识别出果树的位置开启喷洒功能，做到精准高效施药。第三步是精准喷雾，将上一步制作航线导入植保无人飞机遥控器，根据"Terra"软件识别结果，植保无人飞机根据树冠大小和果树位置进行精准自行喷洒，可按该航线定期对不同时期病虫害进行喷雾作业（图7）。植保无人飞机根据作业地形的不断变化，实现了保持喷头和树冠高度的一致性，并且能做到断点补喷的智能化精准化。

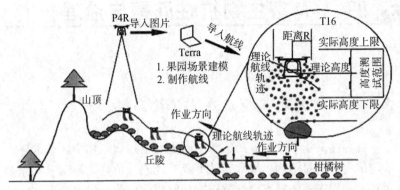

图 7　植保无人飞机在山地果园开展智能精准喷雾作业示意（韩鹏　提供）

四、 有害生物抗性问题与治理

76. 如何判断病原菌产生了抗药性？

抗药性是指本来对农药敏感的野生型植物病原物个体或群体由于遗传变异而对药剂出现敏感性下降的现象。植物病原菌具有繁殖系数大、周期短的特点，导致植物病原菌的抗药性发生速度快、危害最严重。尽早了解田间抗药性的发展情况，特别是抗药性达到什么水平，可以使我们对病害进行最及时、最恰当的治理。

当田间施用杀菌剂后药效不好，不能简单地判断病原菌产生了抗药性，首先应该了解是否做到"对症下药""精准施药"，具体包括：①农户是否正确诊断病害并对症下药，例如，黄瓜霜霉病、细菌性角斑病和棒孢褐斑病的症状容易混淆，而防治卵菌、细菌、真菌病害的药剂各不相同，一旦选错药，则会导致防治失败。②是否按剂量施药，低于推荐剂量施药，也可能导致防治失败。③是否在推荐时间内进行施药，发病严重时施药效果往往差于发病初期。④是否按推荐的间隔期施药，发病严重时施药的间隔期应进一步缩短才能保证有效防治。如果在正确诊断、合理施药的前提下，仍出现无法控制住特定病害发展的情况，则可初步判断病原菌产生了抗药性。

如需进一步确认病原菌是否产生了抗药性，则可送至专门的病原菌抗药性监测实验室进行进一步判断。最常用的监测方法是测定病原物生长量与药剂的效应关系，通过菌落直径法、干重法、孢子萌发浊度法等，测定病原物在含系列浓度杀菌剂培养基中生长速率和药剂的效应。由于上述方法比较烦琐、工作量大，科学家们结合实验经验，还开发了一些较为快速便捷的方法。最常用的方法为采用临界剂量或鉴别剂量，在含有完全能抑制敏感菌株生长的杀菌剂浓度的培养平板上，涂抹待测病原菌孢子或菌丝体，进行适当培养后，检查病原菌的生长情况，计算抗药性菌株的出现频率。此外，还可根据抗药性产生的分子机理，建立一些基于分子检测的快速监测技术。

77. 如何精准识别抗药性菌株？

对科研人员而言，监测农作物病原菌的抗药性产生情况，往往是针对大区域范围进行，监测杀菌剂敏感性的变化情况或抗药性菌株的流行情况，对制定普遍适用的抗药性治理策略具有价值。但对农户、种植园的管理者们而言，针对特定田块、特定区域的抗药性监测，将更有利于合理制定施药方案。

结合农户的实际需求，中国农业科学院植物保护研究所农药研究室开发了病原菌抗药性快速检测试剂盒。通过该试剂盒，可以直接以田间采集的病原菌为材料，以不同药剂对孢子芽管伸长的抑制作用为指标，通过判断孢子能否在含药培养基上正常萌发来检测菌株是否产生了抗药性（彩图13）。通过该方法可以在病害发生初期及时检测抗药性菌株是否存在，为科学选药提供帮助。

下面以灰霉病菌抗药性菌株的监测为例，介绍快速检测试剂盒的使用方法。灰霉病菌由于其具有极高的遗传多样性，能大量产孢，每个世代时间短，并具有广泛的寄主，导致其很容易产生杀菌剂抗药性，杀菌剂抗性行动委员会（FRAC）将灰霉病菌评定为一种易产生抗药性的高风险病原菌。

在我国，现已登记用于该病害防治的杀菌剂包括：苯并咪唑类（MBC）、二甲酰亚胺类、甲氧基丙烯酸酯类（QoI）、琥珀酸脱氢酶抑制剂（SDHI）、苯胺基嘧啶（AP类）及苯基吡咯类（PP类）。灰霉病菌对这几类药剂均易产生抗药性，需要严格监控。

针对以上几类药剂，分别测定了我国敏感及抗药性灰霉病菌的

EC$_{50}$值，并基于此，筛选出可以有效区分敏感及抗药性菌株的药剂鉴别浓度和相应的培养基。灭菌处理后，在试剂盒中，将含鉴别浓度药剂培养基分别分装于 24 孔板内，对样品进行检测。

在采样时，从发病的果实上用棉签直接蘸取灰霉病菌孢子；对未出现明显产孢症状的病样（如病叶、病枝），可采集后在室内进行保湿培养促进产孢，随后同样用棉签采集孢子。每个病果或病叶计为一份样品。农户寄样时，将蘸有孢子的棉签或发病的病叶等，每个病样单独分装于一个自封袋中，尽快邮寄给实验室。

采样后，在实验室超净工作台内，用灭菌后的牙签直接从棉签上蘸取灰霉病菌孢子，在试剂盒 24 孔板的每个培养基中心部位进行接种，并于室温下（20～25℃）培养 4 天。观察、记录孢子在各培养基块上的萌发和生长情况。如彩图 13 所示，敏感菌株在不含药剂的空白对照上可以正常生长，而在含药剂的培养基上无法生长。如发现在含药培养基上依然能正常生长的菌株，则可判定为该药剂的抗药性菌株，田间应避免使用该药剂及同类药剂进行防治。

78. 如何治理病原菌的抗药性？

抗药性是植物病原菌适应用药环境条件的一种本能反应，表现为对药剂敏感性降低。如何用药与抗药性的产生直接相关，过于频繁、超剂量及单独施用某些"高风险"内吸性杀菌剂往往会导致抗药性在较短时间内发生，而科学施药则可延缓病原菌抗药性发生，延长药剂的使用年限。

为了尽量避免抗药性的出现，延长药剂使用寿命，应采取的治理措施包括：①一旦发现某地区出现了抗药性情况，暂停在该地区使用同类药剂（特别是单剂）防治特定病害，改用不同作用机理的药剂进行病害防治。②每个生长季节限制使用抗药性风险高的杀菌剂，一般使用次数不超过 2 次。③提倡轮换使用杀菌剂，将"高风险"药剂与不同作用机理的药剂（特别是与多作用位点、广谱性、保护性杀菌剂）混用或交替使用。④间断用药与停用，有些农药在使用过程中虽然产生了抗性，但是如果停用一段时间，病原菌的抗药性会逐渐减退甚至消失，则可再次使用该类药剂，恢复到以前同样的药效。⑤综合治理。采用非化学防治手段进行病害防治，减少对化学药剂的过度依赖。注重田间管理，摘除病枝、病叶、病果，降低病原菌基数；注意作物品种布局，避免单一化种植，避免偏施氮肥、连作、过分密植等增加植物患病的可能性。大棚或温室条件下，可采用无滴膜、地膜覆盖、膜下浇灌或滴灌技术，降低棚室内湿度；将枯草芽孢杆菌、木霉等生防菌剂或植物源杀菌剂与化学杀菌剂交替或混合使用；选用抗病耐病品种；采用嫁接技术提高作物抗病性；采用高温闷棚技术控制病害流行。

 79. **为什么提倡杀菌剂轮换使用？**

轮换使用不同作用方式的杀菌剂是控制病原菌抗药性产生最有效的方法之一。现代生产上大量使用的具有高效、高选择性特点的杀菌剂，往往是"单作用位点"杀菌剂。所谓单作用位点，意味着药剂在病原菌中仅具有单一靶标，一旦该靶标发生变异，则药剂对病原菌的毒力就可能下降或完全丧失，表现为抗药性。病原菌群体中存在某药剂的抗性个体时，如果继续施用该药剂，则会将大部分的敏感病原菌杀死，从而留下群体中原本比例很少的抗性个体。这些抗性个体在药剂存在的情况下仍然可以继续生长繁殖、侵染寄主，从而导致抗药性病原菌在群体中比例增加，药剂防治效果下降，出现抗药性。而使用不同作用方式的杀菌剂则可降低针对特定药剂产生抗药性的个体被筛选出来的可能性。抗药性菌株对环境的适应性往往弱于野生敏感型菌株，在没有药剂选择压力的前提下，抗药性菌株在和敏感菌株竞争生存的过程中，会逐渐失去主导地位，并被逐渐淘汰，因此，采用不同作用类型的药剂可以达到延缓抗性产生的作用（图8）。

图 8　抗药性产生示意（空心圆表示抗药性菌株，实心圆表示敏感性菌株）

　　根据杀菌剂的作用位点及药剂产生抗药性的风险等级，可将杀菌剂分为以下几类：①高风险药剂：苯丙咪唑类（如多菌灵、甲基硫菌灵）、二甲酰亚胺类（如异菌脲、腐霉利）、苯基酰胺类（如甲霜灵、噁霜灵）、甲氧基丙烯酸酯类（如嘧菌酯、吡唑醚菌酯）、琥珀酸脱氢酶抑制剂类（如啶酰菌胺、萎锈灵）。②中风险药剂包括：甾醇生物合成抑制剂（如咪酰胺、戊唑醇）。③低风险药剂包括：福美双、克菌丹、多抗霉素、铜制剂等多作用位点杀菌剂。生产中，避免长期连续单一使用某一类药剂、将不同作用机理药剂进行交替轮换使用和混用、将高风险药剂和低风险药剂进行轮用混用，均能有效避免抗药性菌株的快速出现。

80. 什么是农药协同增效作用？

　　农药除了有大量的单剂，还有不少混配制剂。混配农药是将 2 种或 2 种以上农药的有效成分、助剂、填料等按一定的比例，经一系列加工过程，加工成某种新的制剂。如果混配得当，往往可以扩大防治谱、提高防治效果、增加对非靶标的安全性、降低用药次数、降低污染、延长持效期、减少药害、降低成本、减缓抗药性，这种混配之后的积极作用被称为农药的协同增效作用。

　　除了工厂混配制剂外，还有一种农药混配方式为现混现用，是指农民在喷药现场，在一定的技术指导下，临时将 2 种或多种农药制剂混合在一起喷洒的复配形式。这种方式比较灵活，可以根据农药特性和病虫草害发生特点产生多种多样的混配方式和组合。

随着人们保护意识的增强以及食品安全性要求的提升，多种农药组合使用或者联合使用是未来农药市场发展的方向。在病虫草害防治中，利用农药的协同增效作用，合理使用混配农药，可以扩大防治谱、提高药效、减少农药用量，从而达到减施增效的目的。

81. 什么是农药的协同增效技术体系？

农药的协同增效就是针对作用靶标，通过精准选药，对靶组合复配、制剂改造及精准使用等技术创新，提高现有品种有效利用率，以实现农药用量减少、环境安全性提升的目标。当前做法是针对农药应用中选药不对症、用药不对靶、混药不科学、技术不配套等导致农药过量施用的突出问题，研发精准快速选药技术和产品、协同增效技术和产品、对靶精准智能释放技术和产品，构建农作物全程减量用药协同增效技术体系。

（1）精准快速选药技术　病虫草害的抗药性是影响药剂安全有效使用最严重的问题之一，有效的抗性检测不仅有助于降低农药使用量，而且能增强化学农药和生物防治的协调能力。因此，探索一种简便、准确、快速的抗性检测技术是实现病虫草害对药剂敏感性检测的重要方法。配方选药试剂盒技术的应用可确定农药最佳施用剂量，减少药剂施用量，提高药剂防治的针对性、科学性和高效性，进而减少化学农药的使用量，并延缓抗药性的发展。

（2）协同增效技术和产品研发　该技术包括高效药剂的复配应用和增效剂的应用等。选择高效的农药，并有目的的将两种或多种农药进行混合使用，以达到增加防治效果，扩大防治谱，减少药剂用量，减缓抗性发生，显著提高社会经济效益的目的。协同增效的机理主要有：①对药剂物理性状的影响，如药剂混用或与增效剂混用后造成的药剂表面张力降低、接触角下降和沉积量增加。②对代谢解毒酶的影响，如抑制解毒酶系使杀虫剂不被迅速降解为无毒物而起到增效的目的。③改变药剂对表皮的穿透速率。④对靶标部位的影响，如对乙酰胆碱酯酶（AChE）的影响，对神经膜钠通道的影响等。

（3）对靶精准智能释放技术和产品　该技术主要通过先进的缓释技术，利用不同环保材料将药剂进行包覆，赋予载体不同的性能，使其适用于药剂施用的不同场景，控制药剂的精准和可控释放，以此提高药剂防治效率、延长持效期、保证安全性和环保性。

82. 什么是负交互抗性农药？

负交互抗性是指害虫对一种杀虫剂产生抗性后，反而对另外一种杀虫剂表现更加敏感的现象。据报道，有些氨基甲酸酯药剂对滴滴涕抗性家蝇的药效要比正常品系高2倍；抗滴滴涕的家蝇品系对马拉硫磷比正常品系更为敏感。此外，棉蚜对菊酯类杀虫剂（溴氰菊酯和氰戊菊酯）和灭多威的抗药性存在此升彼降的特征，表示它们之间存在负交互抗性现象。具体表现为棉蚜对溴氰菊酯和氰戊菊酯的抗性上升3 200和1 100倍后，反而对灭多威的敏感性提高了719倍。而且发现棉蚜对菊酯类农药和氧乐果也具有负交互抗性关系，棉蚜对氰戊菊酯和溴氰菊酯产生上千倍的抗性后，对氧乐果的敏感性提高了7倍。国外也报道了许多具有负交互抗性现象的杀虫剂，比如：对苄氯菊酯抗性的蝇提高了二嗪农的敏感性，蚊子对拟除虫菊酯产生抗性后对有机磷杀虫剂变得更加敏感。比如：蚊子对硫双威的抗性可以被苄氯菊酯消除，反之亦然；类似的，苄氯菊酯的抗性选育消除了蚊子先前存在的对马拉硫磷的抗性；当拟除虫菊酯抗性提高时，蚊子对马拉硫磷的敏感性越高，且高于敏感种群。据报道，靶标位点的改变或者解毒代谢酶活性的变化是负交互抗性产生的重要原因。笔者研究发现棉铃虫对甲氧虫酰肼和茚虫威表现为负交互抗性；室内选育的甲氧虫酰肼抗性棉铃虫对茚虫威的敏感性提高了 1.83 倍，同时茚虫威抗性选育棉铃虫对甲氧虫酰肼的敏感性提高了 2.81 倍。而且，田间抗性监测结果亦表明：在 5 个田间种群中，对茚虫威抗性水平最高的邯郸种群棉铃虫对甲氧虫酰肼最敏感，而甲氧虫酰肼抗性种群棉铃虫对茚虫威却非常敏感。采用具有负交互抗性农药轮换用药或者混用，可以显著提升农药的防治效果。

83. 什么是多分子靶标杀虫剂？

多分子靶标杀虫剂是通过对害虫抗药性主导机制和抗药性种群遗传特性的研究，明确了害虫产生抗药性的机理，应用多分子靶标位点治理抗性害虫的策略所研制的系列高效杀虫剂复配制剂。可显著降低杀虫剂使用量，是实现农药施用零增长战略目标的重要手段。

农业生产上由于长期、单一使用或长期随意加大杀虫剂用量，害虫对杀虫药剂逐步产生抗药性，甚至发展为交叉抗性和多抗性，使许多杀虫剂品种失去效用或毒力大大降低。随着具有生物活性的新化合物开发日益困难，新农药品种的研制开发周期显著延长，导致对害虫的防治效果连年下降，这是农业保产的重大障碍。研究表明，要克服和延缓害虫的抗药性，延长老的农药品种的使用寿命，进行农药复配使用，是一项行之有效的措施。

害虫的抗性机制主要有 3 种：①昆虫的生理保护机制，如表皮的穿透性降低，脂肪等部位贮存杀虫剂的能力增强等。②昆虫体内各种解毒酶代谢杀虫剂为无毒物的能力增强，或杀虫剂活化能力降低。③作用部位对杀虫剂的敏感度下降，主要是乙酰胆碱酯酶的敏感度降低。有增效作用的复配农药中的一种成分能抑制昆虫体内的抗性机制，保证另一成分的杀虫作用，因而能克服或延缓害虫产生抗药性。例如毒死蜱和阿维菌素复配在表皮穿透和生物转化 2 个方面均表现出明显的增效作用：①毒死蜱和阿维菌素在复配使用时的表皮穿透率均高于单剂的表皮穿透率。②毒死蜱和阿维菌素复配剂对酸性磷酸酯酶的抑制能力，无论是通过抑制游离酸性磷酸酯酶表现出的抑制能力，还是通过抑制复合体而表现出来的抑制能力均比两个单剂有较大的提高。

中国农业科学院植物保护研究所依托"防治重大抗性害虫多分子靶标杀虫剂的研究开发与应用"项目，明确棉铃虫、小菜蛾、稻飞虱等重大害虫抗药性主导机制和抗性早期预警技术体系及其抗药性种群遗传特性；制定了抗药性治理策略。明确了杀虫剂在药液中的分散度与生物活性的关系，雾滴在空气、作物、害虫不同部位的沉积分散行为、分布规律及助剂在杀虫剂使用中的增效减量规律。研制出的杀虫剂新品种共毒系数超过 200，甚至高达 500 以上，增效显著，减少了药剂用量。应用多分子靶标位点治理抗性害虫的策略所研制的 3％高氯·甲维盐微乳剂、20％菊·马乳油、15％阿维·毒乳油等系列杀虫剂新品种，在棉铃虫、斑潜蝇、水稻螟虫、稻飞虱等抗药性严重的害虫相继暴发过程中，表现出突出的防治效果。

 84. 为什么助剂可以提高杀虫剂药效？

助剂是农药制剂加工或使用过程中，用于改善药剂理化性质的辅助物质。助剂可有效破坏害虫的生理保护机制、降低害虫对农药的分解和贮藏能力、提高杀虫剂药效、降低用药量、节约成本、减少农药对环境的污染、延长持效期、提高农药利用率、缓解害虫抗性及减轻或防止作物药害等。助剂为什么可以提高杀虫剂的药效呢？一方面，有些助剂例如有机硅助剂、橙皮精油等本身就对蚜虫、粉虱、蓟马、叶螨等小虫具有一定的杀虫活性。该类助剂的杀虫作用主要表现为物理杀虫。对害虫的作用机理是溶解害虫体表蜡质层，使其呈现快速击倒，呈明显的失水状态而死亡。而且笔者研究发现，有机硅助剂与吡虫啉等新烟碱杀虫剂复配，共毒系数远远大于 120，对棉蚜表现出明显的增效作用，显著提高了吡虫啉等新烟碱杀虫剂的毒力。另一方面，助剂可以提高杀虫剂穿透昆虫表皮的速率，减少滞留在昆虫体表的杀虫剂，提高了杀虫剂的有效利用率，从而提高杀虫剂的毒力。例如，笔者研究发现，阳离子助剂（十二烷基二甲基苄基氯化铵：1227）通过提高毒死蜱在甜菜夜蛾体表的表皮穿透速率和表皮穿透量来提高毒死蜱的杀虫活性，添加该阳离子助剂后，用药 1～8 小时后均可提高毒死蜱的表皮穿透速率，药后 8 小时，未添加该助剂时，仍有 23.3％的毒死蜱滞留在昆虫体表，而添加该阳离子助剂后仅有 8.5％的药剂没用穿透昆虫体表进入昆虫体内。此外，助剂会改变喷洒药液的理化性质，大大改善喷雾性质，从而提高农药利用率。

85. 如何判断害虫产生了抗药性？

在自然界同一害虫种群中，个体之间对药剂的耐受能力有大有小。一次施药防治后，耐受能力小的个体被杀死，而少数耐受能力强的个体不会很快死亡，或者根本不会被杀死。这部分存活下来的个体能把对农药的耐受能力遗传给后代，当再次施用同一种农药防治时，就会有较多的耐药个体存活下来，如此连续若干年、若干代后，耐药后代达到一定数量，便形成了抗性种群，且抗药性一代比一代强，以至于再使用这种农药防治时效果很差，甚至无效。这种长期反复接触同种农药所产生的耐药能力就叫作抗药性。

有些药剂的药效减退或药效不佳等现象，并非是由有害生物产生了抗药性的缘故，可以根据以下 4 个方面来判断是否发生了抗药性。

①抗药性一般都不是在毫无征兆的情况下突然出现的。在出现药效严重减退现象之前，必定有一段药效持续减退的过程。对于 1 年内发生世代很多的害虫，如蚜虫、粉虱、螨、蚊、蝇等，用同一种农药多次反复喷施，抗药性出现的概率就比较高。对于 1 年内发生世代少的害虫，如鳞翅目、鞘翅目害虫，则往往要经过几年连续使用同一种农药后才有可能表现出抗药性。

②用药剂防治的有效使用浓度或剂量发生明显逐次增高现象。

③防治后病虫害回升的速度比过去明显加快。

④抗药性的发生，在一定范围地区内的表现应该是基本一致的。

初步诊断是抗药性现象，就应做小区药效比较试验，方法是：选择平整且肥力均匀、作物生长整齐的地块，划分小区，并调查每小区虫口基数，把某种药剂配成 3～5 个浓度，其中最低浓度为常用浓度，其余浓度分别比常用浓度提高 20％、40％、60％、80％、100％等；把配成的各浓度药液准确地喷洒在相应的小区内，经一定时间（如 24 小时、48 小时等），调查各小区剩余虫口数，与施药前虫口基数相比较，计算防治效果；如果常用浓度的防效确实降低了，提高浓度的各处理区的防效都相应地提高了，就可初步判断确实存在抗药性问题。也可采用毒力测定方法进一步确诊。

 86. 如何治理害虫的抗药性？

害虫抗药性治理有 3 种策略：

（1）**适度治理**　适度治理的理论基础是杀虫剂敏感性是一种可以耗尽的自然资源，而这种有价值的资源（敏感基因）必须保存。主要通过限制药剂的使用，降低总的选择压力，在不用药阶段，充分利用种群中抗性个体适合度低的有利条件，促使敏感个体的繁殖快于抗性个体，以降低整个种群的抗性基因频率，在种群中保持敏感基因，达到阻止或延缓抗性的发展目的。采用的措施是采用低剂量，留下一定比例的敏感基因型；减少施药次数；选用持效短的化合物；避免用缓释剂；主要针对成虫；局部而不是大面积施药；留下不处理的世代或种群；保留"庇护区"；提高施药害虫种群阈值等措施。

（2）**饱和治理**　饱和这个术语是指用能够克服抗性的剂量对昆虫防御机制的饱和。饱和治理的主要依据是用足够高的杀虫剂剂量淘汰敏感的个体以及抗性杂合子，表达抗性基因功能上的隐性。当抗性基因为隐性时，通过选择足以能杀死抗性杂合子的高剂量进行使用，并有敏感种群迁入起稀释作用，使种群中抗性基因频率保持在低的水平，以降低抗性的发展速率。采用饱和治理即高剂量（高杀死）策略要特别慎重。因为通常使用高剂量就是增加药剂的选择压力，选择压力愈大，害虫愈容易产生抗药性。如果采用饱和治理策略，必须同时具备两个条件：一是抗性基因为隐性，二是确保有敏感种群迁入饱和治理区，与存活的抗性纯合子个体杂交，其杂交后代又可用高剂量策略杀死，达到抗药性治理的目的。

（3）多向进攻治理　多向进攻治理主要依据毒物对生物的多位点作用，使靶标不易产生抗性。多位点实际上相当于抗药性基因的频率降低了。其具体措施包括：①杀虫剂混用治理抗药性，混用时应注意，各组分直接作用机制彼此不同，混用的每一组分抗性机制不同且混用各组分残效期近似相等。②杀虫剂轮用治理抗药性，轮换用药时应选用不同作用机制类型杀虫剂，以免形成交互抗性，最好选负交互抗性的药剂，药剂间产生反选择作用；注意轮用间隔期不能太长也不能太短；且杀虫剂轮用应该在药剂投入市场的早期开始实施。③分区施药治理抗药性，即在一个防治区的不同小区施用不同类型的杀虫剂，形成分区施药模式，避免同一防治区选择出相同抗性机制的种群。

87. 如何精准快速判断害虫产生了抗药性？

中国农业科学院植物保护研究所农药研究室开发的药膜法快速检测试剂盒是检测害虫对杀虫剂敏感性和抗药性的一种简便、快速、准确、有效的检测方法。如果在施药前先通过该方法测定害虫对常用杀虫剂的敏感性，选择出高致死率、低抗药性的药剂，将大大推动杀虫剂的科学合理使用，提高药剂对靶标害虫的针对性、高效性、延缓害虫抗性发展。药膜法快速检测试剂盒的基本原理是将一定量的溶解于丙酮的杀虫剂均匀地涂在滤纸或瓶壁上，待丙酮挥发后杀虫剂形成一个稳定的药膜，放入一定量的供试昆虫，短时间（一般3～5小时）观察试虫的中毒死亡情况。通过害虫的死亡率明确害虫对杀虫剂的敏感性。

88. 为什么提倡轮换使用杀虫剂？

杀虫剂轮换使用的依据是在害虫种群中抗性是在杀虫剂存在条件下，"瞬间进化"的结果，从本质上讲抗性个体生物适应性要比敏感个体低，以致其进化条件消失后抗性基因频率下降。抗性个体在种群中的频率下降，抗性水平下降。以A、B、C、D 4种杀虫剂为例，在害虫的第一代用杀虫剂A防治，当对A产生了轻度抗性时，再用B、C、D防治，这时由于对A抗性的个体适应性下降，使得A抗性个体更容易被杀死，抗性基因频率降低，最终导致种群对A的抗性下降，当最后对杀虫剂D产生抗性时再用A防治。杀虫剂轮用延缓抗药性发展在熏蒸剂防治仓储害虫中得到了证明。杀虫剂轮换使用时应注意以下几点。

①轮换使用要求所有化合物彼此不受交互抗性的影响；最好选负交互抗性的药剂，这样药剂之间就会形成反选择作用，有效的延缓或阻止抗性的发展。据报道，在蚊类、家蝇、黑尾叶蝉及棉蚜的某些品系或种群中发现拟除虫菊酯和有机磷杀虫剂间可能存在负交互抗性。

②轮换使用应选用不同作用机制类型的杀虫剂，以免形成交互抗性。例如，昆虫钠离子通道发生点突变以后有可能对其他菊酯类药剂产生交互抗性。

③轮用间隔期是轮换用药能否成功的关键问题。如果轮换太频繁，可能没有足够的时间使种群由抗性向敏感转化；如果轮用间隔期太长，通过遗传重组和适应性可能除去与抗性基因连锁的不利因子，抗性将不能降低。影响轮用效率的另一个因素是杀虫剂的残效期，如果药剂残效期特别长（如一些有机氯杀虫剂）以致在轮用的间隔期内，此杀虫剂仍然存在，则轮用对延缓抗性发展的作用也会

削弱，甚至不起作用。这时，间隔期必须适当延长，以便超过其选择作用。

④杀虫剂轮用应该在早期开始实施。药剂投入市场的早期开始实施轮用，目的是避免由于遗传重组使抗性基因与生存上的劣势发生分离。

89. 喷雾助剂的主要种类有哪些？为什么可以提高农药利用率？

喷雾助剂是在农药使用时现场添加到药液中用以提高有效成分活性及改善药液物理性能的农药助剂，为了与农药制剂中加入的加工助剂相区别，又称为桶混助剂。喷雾助剂种类、功能多样，用量不固定，具有很强的灵活性，可与化学农药和微生物农药桶混使用，并能满足不同农药产品对助剂的要求，弥补农药水基化与高含量制剂产品对喷雾作业的特殊要求，并具有改善药液的表面张力、增强药剂的渗透能力、提高抗雨水冲刷的能力、防飘移、抗药害、抗光解等性能，从而明显改善农药的使用性能，最大程度发挥有效成分的生物活性，从而提高防治效果，推动精准施药、减量施药等新技术的应用。

喷雾助剂的分类方法主要有两种：按助剂的功能分为增效剂、润湿剂、渗透剂和抗飘移助剂等；按化学组成分为植物油类、矿物油类、有机硅类、表面活性剂类、无机盐类和高分子类。

（1）植物油类　植物油类助剂主要包括天然植物油和酯化植物油两种。酯化植物油比天然植物油亲脂性更强，更有助于增强对靶标植物叶片的渗透性能，比矿物油和天然植物油的活动更高，酯化植物油作为喷雾助剂比天然植物油的应用更广泛。植物油助剂与除草剂混用，可以溶解杂草叶片表面的蜡质层，提高有效成分的渗透能力；与杀虫剂混用，可以溶解昆虫体表蜡质层，增强有效成分对昆虫体壁的渗透能力；与杀菌剂混用，可以改善药液的表面张力，提高润湿能力和渗透性，破坏病原菌的细胞壁，提高杀菌剂的防治效果。植物油类喷雾助剂还可以增加雾滴在靶标植物叶片的黏附性，增强耐雨水冲刷性能；同时可以改善药液的抗蒸发性能。另外，植物油类喷雾助剂作为一种可再生资源，环境相容性好，在使用时受温度、湿度和 pH 的影响较小。

（2）矿物油类　矿物油是由脂肪烃、环烷烃和芳香烃组成的混合物，一般农用矿物油为 C16（轻）—C30（重）化合物。矿物油可以单独作为杀虫剂使用，也可作为喷雾助剂与大多数杀虫剂、杀菌剂、除草剂混合使用，改善药液的展着性、黏附性、增加药剂沉积量和抗雨水冲刷能力，并可增强农药有效成分的渗透，提高防治效果。

（3）有机硅类　农用有机硅喷雾助剂的化学结构是 T 形结构，由甲基化桂氧烷组成骨架，是一种超级铺展剂，可以显著降低喷雾液的表面张力，降低雾滴在植物叶片或害虫体表的接触角，改善喷雾液在植物或昆虫体表的润湿分布性，增加药液的铺展面积，提高喷雾液通过气孔时被植物叶片吸收的能力。有机硅喷雾助剂因为其过于优异的铺展性能，在低容量喷雾时会显著提升雾滴的铺展面积，提高防治效果；但在大容量喷雾时则可能会导致药液聚并和流失，降低防效。

（4）表面活性剂　表面活性剂是指具有独特的亲水亲油基团、具有独特的两亲性、能使目标溶液表面张力显著下降的物质。少量的表面活性剂可以显著改变桶混药液的理化性质，具有分散、润湿、增溶、乳化和增效的作用。根据表面活性剂在水溶液中电离后的带电性质，表面活性剂分为阴离子表面活性剂、阳离子表面活性剂、非离子表面活性剂。其中非离子表面活性剂和阴离子表面活性剂在制剂的配方助剂和喷雾助剂的应用最为广泛。表面活性剂作为桶混助剂主要是通过降低药液的表面张力，改善农药在叶片的分布和附着，增强农药有效成分在植株体内的传导，从而提高农药的生物活性。表面活性剂的两亲性意味着表面活性剂在溶液表面形成一层单分子层，可以占据水分子的蒸发空间，增强溶液的抗蒸发性能。表面活性剂可以溶解叶片表面蜡质层，从而增加植物叶片的蒸腾作用，随着浓度的增加，改变植株叶片得到气孔开放程度，加速植物叶片对农药的吸收，从而提高农药的防治效果。表面活性剂作为喷雾助剂可以显著改善桶混药液的理化性质，提高药液叶片上的界面行为，达到增加渗透和增效的作用

（5）无机盐类　无机盐类助剂以含氮元素的肥料为主，主要用尿素、硫酸铵、硝酸铵等，主要作用为解除金属离子对除草剂的拮抗作用和增加杂草对除草剂有效成分的吸收，提高除草剂的防治效果。基于无机盐类助剂的增效机理，无机盐作为桶混助剂使用适用于草甘膦、草铵膦等除草剂。但无机盐类助剂对环境要求较高，温湿度适宜时才会有较好的增效作用，并且尚无研究表明其对于雾滴的沉积、防飘移性能等有提升效果。

（6）高分子类　高分子类助剂是一类新兴的喷雾助剂，与普通的助剂相比，高分子助剂由于分子内和分子间的交联和聚集具有一定的空间效应，具有一定的降低表面张力性能，但是表面活性较差。高分子类助剂可以增大药液的喷雾雾滴粒径，进而减少雾化时的雾滴飘移问题。高分子类助剂可以改变药液的流体力学性质，增大药液的黏度和剪切黏度，在撞击过程中通过黏性耗散消耗液滴动能，从而抑制液滴在疏水表面的反弹。另外高分子类的助剂可以改善药液的耐雨水性能。

除了能够提高药效，喷雾助剂还能提高农药的利用率。使用这些喷雾助剂，在取得较为理想的防治效果的前提下，一般可以降低农药用量 20%～30%，多的可降低农药用量 40% 以上。

五、 植保机械与施药技术

90. 植保机械装备是如何出现与演变的？

"工欲善其事，必先利其器"，现代农业发展离不开现代植保，现代植保必须依靠现代农药施用技术装备。植保机械是随着人类与农作物病虫草害斗争发展而逐渐发展和演变的。

农业生产的原始阶段，农民面对病虫草害束手无策没有任何药剂只能靠人工捉虫和拔草或锄头除草，此时的植保机械就是农民手中的锄头。随着对防治病虫草害需求的发展，人类开启了利用药物防治农作物病虫草害的时代。《齐民要术》记载，"凡种瓜，旦起，露未解，以杖举瓜蔓，散灰于根下"；《天工开物》记载了古代农民用砒霜防治农作物病虫害"凡烧砒时，立者必于上风十余丈外，下风所近，草木皆死。烧砒之人经两载即改徙，否则须发尽落。此物生人食过分厘立死。然每岁千万金钱速售不滞者，以晋地菽麦必用拌种，且驱田中黄鼠害，宁、绍郡稻田必用蘸秧根，则丰收也。不然，火药与染铜需用能几何哉！"；19 世纪 80 年代，法国波尔多地区葡萄霜霉病爆发，为防治葡萄霜霉病发明的波尔多液促进了施药器械的发展，最早人们用笤帚将波尔多液撒施到葡萄叶片上，工作效率低。为了把稀释后的药液均匀撒施到农田和果园，人们发明了压缩式手动喷雾器，这是真正植保机械发展的开端。我国第一代喷洒农药使用的人力喷雾器是由 1934 年设在南京的中央农业实验所创立了杀虫机械研究室研制，开启了我国研制发展近代植保机械的序幕。然而，这种手动喷雾作业的方式，作业强度大、作业效率低，防治一亩地往往需要 1 个小时。20 世纪 60 年代末，我国开始背负式机动弥雾机的研制生产，80年代后得以大面积推广应用，我国进入"人背机器"的机动喷雾时代。这种采用人力背负作业的小型机动气力式喷雾机，依靠高速气流的冲击作用把药液雾化，再在高速气流的吹送作用下，把细小雾滴吹送出去的喷雾方式雾滴细而均匀，作业效率高，不仅适用于棉花、小麦、玉米、水稻、茶园、果树等农林病虫草害防治，还适用于城镇卫生防疫及粮库、禽舍、畜舍的杀虫灭菌，是我国20世纪末和21世纪初非常重要的施药装备。随着机械化水平的发展，植保机械发展到了"机器背人"的时代，以拖拉机作为动力的牵引式喷杆喷雾机以及自走式喷杆喷雾机迅速发展起来，特别是在东北三省和兵团作物种植面积大的区域得到大力推广和应用（彩图14—16）。随着农村劳动力的转移及专业化统防统治的发展，迫切需要高功效施药机械。我国河南、河北、山东等地采用"运五""蜜蜂"等农用飞机防治蝗虫，北京等地也应用于小麦蚜虫的防治，都取得了较好的效果。但受起降跑道和天气因素等影响较大，在应用方面受到较多限制。近年来，低空无人机施药技术得到了全面的发展，目前我国植保无人飞机的保有量和防治面积均居世界首位，植保机械发展到了"人机分离，智能精准"的时代（彩图17）。

总的来说，目前我国已经形成了从大田到设施，从地面到低空一体化的施药装备和技术体系。

91. 我国植保机械是如何发展的？

1934年，设在南京的中央农业实验所创立了杀虫机械研究室，研制成功了第一代喷洒农药使用的人力喷雾器，开启了研制发展近代植保机械的序幕。新中国成立后，全国最大的农业药械厂——上海农业药械厂连续研发了手摇喷粉器，背负式、踏板式喷雾器，畜力喷雾机、机引喷雾机、担架式动力喷雾机等植保机械，为发展我国的农业药械工业起了重要作用。在1962—1972年国家十年规划期间，我国又相继研发了适合水稻田病虫害防治的南2604型远程喷雾机，并形成了 5 个系列部品、进行了农用机动喷雾机系列型谱制订、推动农用机动喷雾机系列产品的设计、试制、试验与推广，如 3Z-40 型三缸柱塞泵喷雾机等及东风-12 手动塑料喷雾器研制等。1976 年后，我国组织植保机械行业厂对当时生产的 3WS 型压缩式喷雾器及 3WB 型背负式喷雾器制定了全国统一的图纸，此后凡不符合全国统一图纸质量要求的产品不得进入市场，商业部门不得收购销售，手动植保机械生产混乱的局面得到了有效控制。改革开放以来，我国农业机械化水平得到了大幅提高，主要农作物耕、种、收综合机械化水平已近 67%，农业机械成为农业生产的主力。机械化植保防治水平也有大幅提升，除地面植保机械外，农业航空植保的新兴分支也得到蓬勃发展，极大提升了我国植保机械化使用水平。

据统计，全国各类植保机械社会保有量约 1.1 亿台（套），可使用的约 6 200 万台（套）。其中，背负式手动（电动）喷雾器约 5 800 万台（套），占 93.5%；背负式机动（电动）喷雾机约 300 万台（套），占 4.8%；喷杆喷雾机约 60 万台（套），占 1%；担架式及其他形式的喷雾机约 60 万台（套），占 1%。近年来，我国植保无人飞机保有量迅速增加。

尽管植保机械总保有量可观，但结构性矛盾已然成为农业全程机械化作业的短板。国产植保机械有 20 多个品种、80 多个型号，但是结构简单，功能相似，专业化、系列化程度低，尤其是手动药械，市场覆盖面很大，约占整个植保机械国内市场份额的 80%，担负着全国农作物病虫草害面积 70% 以上的防治任务。

92. 植保机械有哪些类型？

植保机械（施药机械）的种类很多，由于农药的剂型和作物种类多种多样，以及喷洒方式方法不同，导致植保机具也是多种多样的。从手持式小型喷雾器到拖拉机机引或自走式大型喷雾机；从地面喷洒机具到航空喷洒装置，形式多种多样。植保机械的早期分类方法，通常是按喷施农药的剂型种类、用途、动力配套、操作、携带和运载方式等进行分类。

①按喷施农药的剂型和用途分类分为喷雾机、喷粉机、喷烟（烟雾）机、撒粒机、拌种机、土壤消毒机等。

②按配套动力进行分类分为人力植保机具、畜力植保机具、小型动力植保机具、大型机引或自走式植保机具、航空喷洒装置等。

③按操作、携带、运载方式进行分类可分为手持式、手摇式、肩挂式、背负式、胸挂式、踏板式等；小型动力植保机具可分为担架式、背负式、手提式、手推车式等；大型动力植保机具可分为牵引式、悬挂式、自走式等。此外，对于喷雾器来说，还可以按对药液的加压方式及机具的结构特点进行分类。例如对药液喷前进行一次性加压、喷洒时药液压力在变化（逐渐减小）的喷雾器称为压缩喷雾器，有的国家把这类喷雾器称为自动喷雾器。

④按施液量多少分类可分为常量喷雾机械、低量喷雾机械、微量（超低量）喷雾机械。但施液量的划分尚无统一标准。

⑤按雾化方式分类可分为液力喷雾机、气力喷雾机、热力喷雾机、离心喷雾机、静电喷雾机等。气力喷雾机起初常利用风机产生的高速气流雾化，雾滴尺寸细小，称之为弥雾机；近年来又出现了利用高压气泵（往复式或回转式空气压缩机）产生的压缩空气进行雾化，由于药液出口处极高的气流速度，形成与烟雾粒径相当的雾滴，称之为常温烟雾机或冷烟雾机。还有一种用于果园的风送喷雾机，用液泵将药液雾化成雾滴，然后用风机产生的大容量气流将雾滴送向靶标，使雾滴输送得更远，并改善了雾滴在枝叶丛中的穿透能力。离心喷雾机是利用高速旋转的转盘或转笼，靠离心力把药液雾化成雾滴的喷雾机。如手持式电动离心喷雾机，喷量小、雾滴细，有人把这种喷雾机称为手持式电动超低量喷雾机。对于喷雾雾滴能随防治要求而改变，能控制雾滴大小变化的喷雾机，称为控滴喷雾机。

总之，植保机械的分类方法很多，较为复杂。往往一种机具的名称中，包含着几种不同分类的综合。如东方红-18型背负式机动喷雾喷粉机，就包含着按携带方式、配套动力和雾化原理3种分类的综合。

植保机械的主要部件有哪些？

（1）喷头　喷头通过雾化保证药液以一定的雾滴粒径、流量和射程喷向指定位置，主要有液力喷头、气力喷头、离心喷头等。

（2）药液泵　药液泵给药液加压，以保证喷头获得满足性能要求的稳定药液压力，主要有往复泵、旋转泵等。

（3）空气室　空气室缓解药液泵工作中造成的压力脉动，保证喷头在稳定的工作压力下工作。

（4）安全阀　安全阀限制高压管路中的最高压力，确保部件不因压力过高而损坏。

（5）搅拌装置　搅拌装置可搅拌药箱中的药液，防止分散性较差的药剂沉积到药箱底部。

（6）射流混药装置　将母液与大量的水按一定比例自动均匀混合。

（7）风机部件　该装置多用于果园施药机具，协助液体形成雾滴，加速雾滴输送，扰动植株叶面，加强冠层穿透性和叶面反面附着性，主要有轴流风机和离心风机等。

（8）喷杆结构　一般为桁架结构，用于安装喷头，喷杆展开后可实现宽幅均匀喷洒作业，主要分为大型（喷幅 18 米以上）、中型（喷幅 10～18 米），小型（喷幅 10 米以下）。

（9）喷杆悬架　喷杆悬架连接机身与喷杆结构，用于降低由田间不平地面的颠簸导致的喷杆倾斜、振荡等不规律运动，提高喷杆稳定性及喷雾均匀性，主要有等腰梯形悬架、钟摆形悬架、T 形悬架等。

（10）静电喷雾装置　利用高压静电在雾化区域靶标区之间建立一种静电场，药液在喷头雾化后，形成荷电雾滴群并趋向果树冠层运动，在静电场力和其他外力的作用下，荷电雾滴定向吸附到靶标叶面的正反两面，从而进一步提高施药雾滴有效沉积率，减小雾滴飘移损失率，主要有电晕充电法、接触充电法和感应充电法使农药雾滴带上电荷。

（11）变量喷药系统　根据田间小区不同的病虫害防治需求，融合自动化、信息化和智能化技术进行田间相关信息获取并以此为基础进行作业的植保机械系统，主要有基于实时传感器的变量喷药系统、基于地图的精确变量系统、变量喷雾系统的流量控制方法。

94. 为什么说"喷头一换，农药减半"？

喷头在整个植保机械中只是一个很小的部件，但却是关键部件，它对喷雾质量往往起决定性的影响。假如喷头选择使用不当，会造成喷雾不均、重喷，或者雾滴飘移引起药害，不仅会影响防治效果，还可能带来其他严重的后果。很多人可能会觉得喷头非常简单，事实上恰恰相反，农药喷雾中可供选用的喷头有几十种，使用性能迥然不同。

喷头不仅有气力式、液力式、旋转离心式等多种类型，还可以设计制造成可调喷头、导流喷头、调向喷头、组合喷头等多种型号，以满足不同喷雾技术的需要。喷头之所以称为喷雾技术的核心部件，是因为其作用表现在如下几个方面：

①喷头是形成雾滴的部件，决定着喷雾雾滴的大小，不同喷雾技术要选择不同的喷头，例如低容量喷雾需要选择雾化质量好、能形成细雾滴的喷头。

②决定喷雾角度，喷雾角度与喷雾高度、喷雾面积直接相关，作物全田喷雾时，习惯采用大喷雾角的喷头，苗带喷雾或者局部喷雾时，可能小喷雾角度更适合。

③决定喷雾量，喷雾量的多少与喷雾时行走速度、单位面积的施药液量直接相关。

④决定农药雾滴飘移的风险，不同类型喷头生成的细小雾滴数量有差异，在喷洒除草剂时，为避免雾滴飘移现象发生，此时就需要选择防飘喷头。

⑤决定农药雾滴对作物株冠层的穿透能力，喷头类型、喷头的安装角度都对雾滴穿透株冠层有影响，一般来讲，气力辅助喷头生成的雾滴对株冠层穿透性好，而圆盘喷头生成的雾滴对作物株冠层穿透能力则差，用户需要根据不同作业情况来选择。

⑥决定农药雾滴在喷雾区域的沉积分布等。

我国在 20 世纪 80 年代曾推广过 0.7 毫米小喷片低容量喷雾技术，因其生成雾滴细、喷雾量小，有些用户在田间喷雾时觉得喷雾量太小，就人为用钉子把喷孔"钻大"，虽然喷雾量变大了，但所形成的雾滴也变大了，几乎成为喷雨状态，严重影响了喷雾质量，影响了防治效果和作业效率。目前，我国不少植保机械仍装配传统的大喷孔空心圆锥雾喷头，笔者甚至看到过一些喷杆喷雾机上只是简单地在喷杆上凿个孔代替喷头，甚至在大型直升机上也能看到装配大孔径的圆锥雾喷头，造成喷雾质量差、雾滴分布不均匀、农药浪费严重。近年来，黑龙江、内蒙古等大型喷杆喷雾机存量多的地区非常重视喷头的更换工作，将传统的、跑冒滴漏严重的粗大孔径喷头替换为装配有防滴阀的标准化喷头，喷雾质量显著提升，在减少 1/3、甚至 1/2 药液用量的前提下，仍能获得很好的防治效果。因而，当地流传出一句"喷头一换、农药减半"的顺口溜。

95. 喷头都有哪些性能指标？

（1）雾滴粒径　喷头是生成雾滴的核心部件，所生成的雾滴粒径是喷头的最重要性能指标，喷头大小与喷雾压力决定了雾滴粒径。一般来讲，喷头越大，喷雾压力越小，所生成的雾滴越大，喷头越小，喷雾压力越大，所生成的雾滴越细。我国在 20 世纪 80 年代，曾推广采用 0.7 毫米小喷片替代大喷片的方法，雾滴粒径显著变小，可以显著降低施药液量、提高防治效果。

（2）喷雾角　在靠近喷头处由雾流的边界构成的角度，喷雾角是喷头的重要性能指标，主要由喷头的机械结构所决定，与喷雾压力也有一定的关系。对于一种喷头，喷头上所标明的喷雾角（如 110°）也称为公称喷雾角（nominal spray angle），是指在某一基准压力下（如 0.3 兆帕）测得的喷雾角，用于表明该型号喷头特性。我国目前喷杆喷雾机上安装的扇形雾喷头，所采用的多为 110 系列喷头（如 11001、11002、11003，也习惯上被称为 1 号喷头、2 号喷头、3 号喷头），喷头编号中 110 就表示喷雾角为 110°。

（3）**喷雾量**　单位时间内喷出的液体的体积（升/分钟），也习惯称喷头流量、喷量，喷雾量与喷头的大小、喷雾压力有关。每种喷雾器所配置的喷头的喷雾量在出厂时都已经标定好，是喷头的重要参数，国际上要求当喷头的喷雾量有 10% 的误差时，就需要更换。喷头流量的测定比较简单，只需要有一个容器、一个计时表就可以了，用户在每年开始喷雾前，应该认真校准喷头的喷雾量，以保证喷雾质量。

（4）**雾量分布**　喷雾时药液沉积量的分布状况，雾量分布可以在测试台上进行（图 9），我国常用的空心圆锥雾喷头的雾量分布为马鞍形，呈现两边多、中间少的雾量分布特点；扇形雾喷头的雾量分布呈正态分布，中间多、两边少。优质的扇形雾喷头，其雾量分布是标准的正态分布，但一些设计不合理、质量低劣的扇形雾喷头，其雾量分布在两边出现"牛角状"，将会严重影响喷雾质量和防治效果。扇形雾喷头安装在喷杆上，假如安装设置合理，通过正态分布的雾量叠加，即可在喷雾区域达到均匀喷雾的目的。

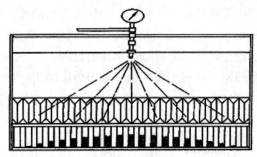

图 9　单个喷头的雾量分布测定

（5）**射程**　从喷头喷出的雾滴所能达到的有效距离（有效距离是指达到有关标准规定指标、视为具有防治效果的距离），水平方向上的有效距离为水平射程，垂直方向上的有效距离为垂直射程。射程与喷头类型有关，也与喷雾压力有关，一般情况下，喷雾压力越大，射程越远。我国研制的高效水田远射程喷雾机的射程可达 20 米以上，操作者只需要行走在水田田埂即可把药剂喷洒出去。

96. 喷头类型有哪些？各自有什么特性？

喷头按照雾化原理不同分为压力喷头、离心喷头、气动喷头、热力喷头、静电喷头等，目前常用的是压力喷头。压力喷头的雾化原理是：压力液体经过小孔产生动能，在液体的表面张力、黏度以及周围空气的扰动下形成液膜，液膜不稳定，分解成粒径不一的雾滴。对于大多数的压力喷头，最小压力需达到 0.1 兆帕，使液体具有足够的速度以克服收缩力获得充分雾化的雾滴。

压力喷头由喷头体、喷头帽、过滤器和喷孔端组成。除了传统的铜制喷头以外，大多数喷头由耐腐蚀的工程塑料制成。由于成型的塑料喷孔表面光滑，金属喷孔在钻孔和打磨加工时含有微米级的沟槽，因此塑料喷孔比金属喷孔抗磨损性能好。为了获得更高的抗磨损性，一些喷孔采用了陶瓷材料。

根据雾化形状不同，压力喷头可分为扇形喷头和圆锥雾喷头。扇形喷头由于喷孔端的结构不同，包含标准扇形喷头、低压扇形喷头、预制孔扇形喷头、撞击式喷头、气吸式喷头等形式（图 10）。结构的改进实现了降低压力或减少飘移的目的。另外还有针对垄作作物的均匀雾喷头；针对谷类作物的双向角度喷头，用于提高垂直叶片的沉积率等。

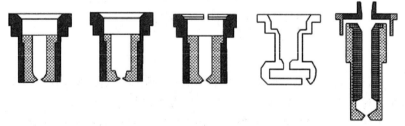

| 标准扇形喷头 | 低压扇形喷头 | 预制孔扇形喷头 | 撞击式扇形喷头 | 气吸式扇形喷头 |

图 10　扇形喷头的结构设计

圆锥雾喷头的工作原理是压力液体流经含有切向槽的涡流片，

进入涡流室，高速旋转的液体流经圆形喷孔后产生了空气芯，形成了空心圆锥雾。实心圆锥雾则有一部分液体直接穿过中心喷孔填补空气芯，因此实心圆锥雾雾化角小，雾滴大。圆锥雾喷头广泛用于叶面喷洒，相对于扇形喷头，雾滴能从多个方向到达叶面。

97. **喷头的雾滴粒径是如何分级的？**

喷头是植保机械中最重要的雾化零件，雾滴大小直接影响农药雾滴的附着、滑落或飘移。喷头产生的雾滴粒径大小不一，通常用雾滴体积中径（VMD）代表一群雾滴的粒径，可以将雾滴按照其粒径大小分成几个等级。按照把雾滴粒径从小到大分别对应雾滴粒径的 6 个类别：很细雾（VF）、细雾（F）、中等雾（M）、粗雾（C）、很粗雾（VC）、极粗雾（XC）（图 11）。

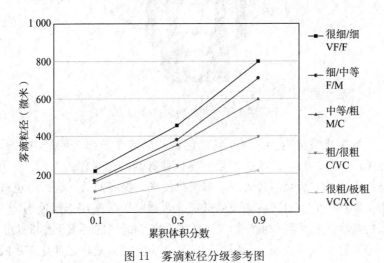

图 11　雾滴粒径分级参考图

98. **什么是气吸式防飘移喷头？**

农药喷雾过程中的雾滴飘移，不仅浪费农药，更增加了农药使用的环境污染和邻近作物药害风险。采用防飘移喷头是减少农药喷雾雾滴飘移、提高农药利用率的有效措施。气吸式防飘移喷头由高分子聚合物组成，带有可拆卸的前置喷孔，设计紧凑可靠，并采用统一流量颜色识别编码，对雾滴的飘移控制有非常明显的效果（图 12）。气吸式防飘移喷头因其优异的性能，已成为欧美等农业发达地区使用最广泛的喷头之一。

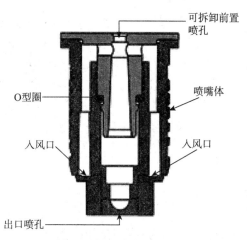

图 12　气吸式防飘移喷头

　　气吸式喷头能大大减少雾滴的飘移。实验数据表明，在 40.4 兆帕压力下，气吸式喷头产生的易飘移雾滴的数量仅占 5%。农药雾滴飘移的减少，不仅可以节省用药成本、提高药效，也同时也减少了飘移的农药对环境造成的破坏。普通喷头只适用于风速小于 3 级的环境进行喷洒作业；但气吸式喷头在 5 级风的环境下作业也仍然有良好的飘移控制。我国春季多风，病虫害多发，尤其是在我国北方地区，可使用气吸式防飘移喷头来减少农药浪费，提高喷洒速度，提高作业效率。

　　气吸式喷头可以提高农药药效。农药药液在气吸式喷头内部和空气充分混合，喷出含有空气的雾滴，喷射到叶片表面炸裂形成二次覆盖，使药液在叶片表面展开，这样药液分布更加均匀，有效提高了药效。

气吸式喷头流量更精准。精准农业的精准喷洒，首要条件是喷头的精准。按照标准安装气吸式喷头的喷杆喷雾机，全面覆盖喷雾的变异系数小于 5%，显著高于其他喷雾方式的雾滴沉积变异系数。

气吸式喷头是更适合我国的变量喷雾喷洒的喷头，其有较宽的压力使用范围（0.1～0.6 兆帕），由于其独特的设计，这种气吸式喷头甚至在低至 0.1 兆帕管道压力下，也能正常喷雾，而普通扇形喷头则需要 0.2 兆帕以上的压力才能形成雾化。发展精准农业，变量喷雾是植保器械上不可或缺的配置。在欧美农业发达国家，变量喷雾已经广泛应用于植保器械。因此，发展变量喷雾在我国是一个必然的趋势。但目前喷药机喷洒速度普遍较低，由于变量喷洒的原理，低速度必然带来低压力。气吸式喷头有优异的低压喷雾特性以及较宽的工作压力范围，适合变量喷雾选择应用。

99. 大田喷杆式喷雾机有哪些种类和优点?

喷杆式喷雾机是一种将喷头装在横向喷杆或竖向喷杆上的机动喷雾机。喷杆喷雾机的主要工作部件由液泵、药液箱、喷射部件、搅拌器、牵引杠和管路控制机构组成。喷射部件由喷头、防滴装置和喷杆桁架机构等组成。适用于喷杆喷雾机的喷头主要是液力式喷头，常用的喷头有刚玉瓷狭缝式喷头和空心圆锥雾喷头两种。喷杆喷雾机在喷洒除草剂时，为了消除停喷时药液在残压作用下沿喷头滴漏而造成的药害，多配有防滴装置。

喷杆式喷雾机很多，按喷杆的形式可分为 3 类：①横喷杆式。喷杆水平配置，喷头直接安装在喷杆下面，是目前喷杆喷雾机上最常用的一种配置形式。②吊杆式。在横喷杆下面平行地垂吊着若干根竖喷杆。作业时，横喷杆和竖喷杆上的喷头对作物形成"门"字形喷洒，使作物的叶面、叶背等处能较均匀地被雾滴覆盖。该类机型主要用于棉花等作物的生长中后期喷洒杀虫剂、杀菌剂等。③气流辅助式。横喷杆上方装有一条气袋，有一台风机往气袋供气，气袋上正对每个喷头的位置都开有一个出气孔。作业时，喷头喷出的雾滴与从气袋出气孔排出的气流相撞击，形成二次雾化，并在气流的作用下吹向作物。同时，气流对作物枝叶有翻动作用，有利于雾滴在叶丛中穿透及在叶背、叶面上均匀附着。这是一种较新型的喷雾机，我国目前正处在快速发展阶段。

喷杆式喷雾机作业效率高，喷洒质量好，喷液量分布均匀，适合于大面积喷洒各种农药、肥料和植物生长调节剂等的液态制剂，广泛用于大田作物、球场草坪管理及某些特定的场合（如机场融雪、公路除草和苗圃灌溉等）。

100. 喷杆式喷雾机的喷雾高度过低或过高会引起哪些问题？

对于全田喷雾处理用的喷杆式喷雾机具，喷头在喷杆上的安装间距（喷头间距）和喷头距离作物（或地面）的高度都能影响雾滴的沉积分布均匀性，喷头间隔的选择与喷头喷雾角的大小相关，而高度是根据喷头间隔而设定的。全田喷雾处理要求雾滴在整个喷洒处理区能够均匀分布，喷头间距和高度配置不当就会造成喷头之间喷幅重叠或漏喷。带状喷雾的喷头间隔取决于农田植株的行距，高度也依据植物的株高而设定，以喷幅恰好完全覆盖植株行为宜。喷头的安装角度（与喷杆垂直面的夹角）对雾滴分布均匀性也有影响。如下图所示，当喷杆高度过低时［位置图13（a）］，相邻喷雾面因接不上而漏喷；在位置图13（b）时重叠不够，地面不平将造成漏喷；处在图13（c）的位置为正确高度，地面受药最为均匀。此外，喷杆应与地面始终保持平行。

另外，喷头高度过高，在环境风速较大时会显著增加雾滴的飘移，造成沉积区沉积量降低，且由雾滴飘移所产生的药液雾滴有可能危害下风区作物，而引起药害。

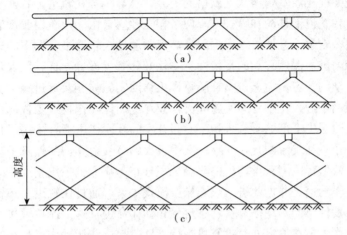

图 13　喷杆高度对喷洒质量的影响
（a）位置太低　（b）临界位置　（c）合适位置

101. 日光温室单吊轨自走风送式喷雾机的原理和特点是什么？

日光温室具有多根立柱支撑顶棚，温室内按作物生长高度配置有网格状辅助吊网，这些温室内立柱和网格状吊网成为温室内大型植保机械移动喷雾作业的障碍，需要避障喷雾。我国日光温室蔬菜种植多采用吊蔓密植技术，作物成长后行间实际空间往往非常小，地面行驶的植保装备难以进入行间实现行间巡回喷雾作业。此外，利用温室单侧运输道的地面自走式喷雾机，有效射程受到行间密集作物影响，从温室行的一侧向另一侧喷雾射程难以覆盖整个作物行，雾滴达不到作物行尾，同时大射程作业时雾滴在射程两侧作物上的沉积特别是冠层中下部雾滴的沉积变差。因此，江苏大学研究开发了在温室空中移动的喷雾机。

这种空中移动的单吊轨自走风送式喷雾机包含轨道系统、移动平台、喷杆升降装置、风送喷杆装置、信息感知及控制系统和动力系统。轨道采用一种经济型商业型材为基础制作，通过吊杆把轨道悬挂架设在温室网格状辅助吊网上方，喷雾机挂在轨道上。喷雾机具有在轨道上移动和喷杆升降两个相互独立自由度。轨道驱动装置采用多轮柔性悬挂技术，保障喷雾机驱动轮在轨道小变形下的充分接触，进而保障移动的平稳性。喷杆升降装置设置导杆，以保障喷杆运动的稳定。喷雾机喷杆随喷雾机移动实施喷雾及穿过狭窄辅助吊网网格进入作物行间实施喷雾作业，进而保障作物冠层各部位特别是冠层中下部的雾滴沉积。专门开发的叠联风送喷杆采用优化的喷头布置和气流配置，使喷杆获得极大的有效射程，并保障了喷杆在有效射程范围获得均匀的雾滴沉积分布。喷雾机采用超声传感器采集作物信息并据此进行喷雾作业模式决策，通过在轨道上布置靶标触发传感器实现喷雾机状态自诊和动作命令下达。遥控模块可满足操作人员在温室外对喷雾机进行管理监控，降低操作人员长时间暴露施药空间的潜在健康危险。喷雾机有直流驱动和交流驱动两种动力形式可供选择，适用性强。

这种喷雾机主要特点如下：一是单吊轨自走风送式喷雾机，不占用地面空间节约种植面积。二是采用两侧喷雾，本质上降低喷雾射程，进而提升有效射程内的沉积均匀性。三是浸入式作业，具有良好的穿透性。四是实时监测作物状态，满足作物冠层结构实施植保喷雾作业。五是喷雾机具备较强的自主作业能力，操作者做好作业准备后可在室外监控。六是平台具备强大的扩展能力，可以适配静电喷雾技术和实时变量喷雾技术。

 102. **温室移动式自动喷雾机的原理和特点是什么？**

温室移动式自动喷雾机是针对现代标准温室而研制的，通过在温室地面移动并自动变量对靶喷雾来实现农药减施增效。温室移动式自动喷雾机主要由自走式底盘、自动对靶控制系统和喷雾系统3个部分组成。

自走式底盘按照动力源主要分为内燃机和电动机两类。由于温室是密闭空间，使用电动机作为动力源，具有结构简单、环保、使用与维护方便等优点。自走式底盘为电动 6 轮式移动平台，采用减震部件，可以适应温室路面起伏，减少路面不平整对喷雾系统的影响。底盘的控制有 2 种模式：遥控模式与自走模式。自走模式是基于激光算法实现的，可以完成温室环境扫描，并实现路径规划。

自动对靶控制系统为温室自走式对靶喷雾机提供温室环境地图和变量喷雾的变量信息（比如温室作物密度、高度）。可以配置的技术包括：图像处理技术、红外线技术、超声波技术和激光雷达等。现行已经配置的是激光雷达传感器和超声波传感器。激光雷达具有受光照影响小、精度高等特点，适用于温室环境。针对激光传感数据量较大、处理器计算压力大等问题，配置了一套超声波传感器，根据靶标探测情况和数据处理速度，自动融合激光和超声波传感数据以获取作物密度或高度参数。自动对靶系统同时结合了 4G 无线通信、点云识别检测算法以及超声波距离检测技术，能够便捷地对喷雾设备进行实时遥控以及靶标探测和变量喷雾。喷雾系统为喷雾机提供药液供应，主要由水箱、隔膜泵、压力阀、电磁阀和扇形喷头组成。其中电磁阀用于控制喷头喷雾启停状态，其启停根据喷雾靶标探测结果调控。

103. 静电喷雾机械有哪些主要类型？

静电喷雾机是指在静电力辅助下将雾滴喷送到靶标的喷雾机。20 世纪初，科学家已对静电雾化进行了研究，40 年代又研究了带静电雾滴在靶标上的沉降特点，直至 20 世纪 70 年代中期，美国佐治亚州立大学首先研制了第一代静电喷雾机；20 世纪 70 年代末英国又研制成功电场力雾化喷雾机；中国在 20 世纪 80 年代初开始研制，生产少量手持和背负机动静电喷雾机。进入 21 世纪以来，静电喷雾技术在果园、农业航空和温室内得到了广泛的应用。

使药液雾滴带电的方法有 3 种（图 14）：①电晕充电。高压静电发生装置输出端与数根细金属棒相接，细棒尖端高压放电使周围空气分子电离成正负离子，金属细棒吸引中和异性空气离子。同性离子被排斥，吸附在雾滴上形成带电雾滴。②感应充电。高压静电发生装置的高压输出端连接在喷头附近的感应电极上，药液雾滴从喷头喷出后经过感应电极形成的高压电场而带电。③接触充电。高压静电发生装置的高压输出端与药液在喷雾系统内接触，使药液带电，故有较高的充电效率，雾滴喷离喷头时带有电荷，充电电压一般较低，并要求喷雾机有较好的绝缘措施。感应和电晕充电方法其高压静电是作用在喷出的药液雾滴上，充电效率较低，可使用较高的充电电压提高其效率。

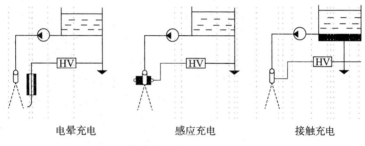

电晕充电　　　　　　感应充电　　　　　　接触充电

图 14　药液充电方法（朱和平，1989）

　　静电喷雾性能取决于静电效应大小。静电效应与荷质比（毫库伦/千克）有关，荷质比越大则静电效应越明显，一般荷质比在 5.5 毫库伦/千克以上时即可认为有一定的静电效应。荷质比与充电电压、雾滴粒径、药液的物理性质有关。充电电压增加，雾滴粒径减小，都可增大荷质比；药液的物理性质，如表面张力和黏度影响形成雾滴的直径，电导率影响充电电流，因而也影响荷质比；对电导率要求较高的充电方法如接触充电和感应充电不能利用电导率低于 10^{-4} 毫西门子/米的药液。介电常数值决定电晕和感应充电方法的最大可能充电量，介电常数在 40 以上时，可使雾滴充电量达到最大充电量的 90%，而介电常数在 2～10 时，只能达到最大充电量的 50%～80%。药液的物理性质可调制改变。如水中添加大分子量的碳氢化物可增加黏度，添加表面活化剂以降低水的表面张力，在矿物油剂中加入适量植物油可改变其介电常数。

　　静电喷雾有三方面特点：①静电喷雾机的使用基本上与常规喷雾机相同，但因有静电场参与药液雾滴的沉降过程，故使用中仍有其特点，使用中应随时注意静电发生器的工作状况，保证药液雾滴带电，接地线应与地面接触良好。②静电喷雾过程中，雾滴所带电荷随雾滴在空气中运行时间和距离的延伸逐渐丢失，使静电效应减弱，此外空气温度也加速雾滴电荷丢失，影响静电喷雾效果。③带电雾滴大部分沉积在靠近喷头的靶标上，如能辅助以风机气流输送，可改变带电雾滴的穿透性和在靶标上的沉积与分布。

104. 水田自走式喷杆喷雾机如何实现静电喷雾？

　　中国农业机械化科学研究院、江苏大学针对我国水稻田植保需求，研发了水田自走式静电喷杆喷雾机，突破了自走式底盘适应性改进与高效静电喷雾等关键技术，增强农药吸附率、降低农药飘移损失、提高我国水田植保作业综合效率。其主要是由自走式底盘搭载静电发生与喷雾装置，采用喷杆喷雾的形式进行植保作业。多次防效试验结果显示，在用药量分别为常规用量的50％、60％和80％时，静电喷杆喷雾系统的病虫害防治效果与常规用量无显著差异，均显著优于空白对照方案。同时，在保持用药量不变，减少用水量时，静电喷杆喷雾系统的病虫害防治效果同样与常规用量基本一致，均显著优于空白对照方案。多轮次的田间试验和防效调查显示，静电喷杆喷雾机在水稻全生育期多种病虫害的防治上，均能体现节水减药的效果。

105. 果园如何做到对靶静电喷雾？

　　为适应果园病虫害防治的需要，中国农业大学在国家支撑计划的资助下，研制开发了一种轻便、高效、省药、能减少对环境污染、与国产小中型拖拉机配套的果园自动对靶静电喷雾机。其采用基于红外传感探测技术探测靶标的有无，将传统的连续喷雾改变为自动对靶控制喷雾，与风送式果园喷雾机连续喷雾相比，农药减施增效显著，同时还解决了风送式低量与静电喷雾等关键技术问题。果园自动对靶喷雾机主要由机架、药箱、液泵、风机、低量喷头和静电系统、对靶系统和喷雾控制系统等部分组成。

静电喷雾技术应用高压静电（电晕荷电方式）使雾滴带电，带电的细雾滴做定向运动趋向植株靶标，最后吸附在靶标上，其沉积率显著提高，在靶标上附着量增大，覆盖均匀，沉降速度增快，尤其是提高了在靶标叶片背面的沉积量，减少了飘移和流失。为保证雾滴有足够的穿透和有效附着，利用风机产生的辅助气流使雾滴有效地穿透果树冠层，使果树枝叶振动，荷电的雾滴则可在靶标枝叶的正反两面有效、均匀地沉积。

目标探测对靶部分选用红外探测器，光波段为近红外线段，分上、中、下三段探测控制，通过对不同果树形态进行准确探测和判断，把信号提供给喷雾控制系统。自动对靶系统靶标识别间距≤0.5米，靶标探测的有效距离0～10米可调。果园自动对靶喷雾机与常规风送喷机进行对比试验，在苹果树上年节省农药50%～75%。

106. 无人履带式果园精准变量风送喷雾机如何实现"人机分离"？

无人履带式果园精准变量风送喷雾机主要由无人履带式底盘和精准变量风送喷雾系统组成。无人履带式底盘为双电机驱动，能够原地转向，适合我国果园地头短小的情况。履带采用克里斯蒂悬挂系统，能够确保机组行进在崎岖地面的时候仍然可以保持喷雾机组稳定。无人履带式底盘的行进控制有远程遥控和自主导航行进2种方式。当果园为现代标准化果园，机械化作业条件好，可以规划路径，机组根据卫星信号自主导航行进。当果园为传统果园，立地条件不利时，可以采用远程遥控，遥控距离大于50米，由此可以实现"人机分离"，减少喷雾作业时农药对操作人员的污染。相对于传统乘坐式作业机具，无人履带式果园精准变量风送喷雾机的机身高度下降，在乔化密植果园中的通过性增强，实现了传统果园的植保机械化。精准变量风送喷雾系统包括靶标探测系统、决策系统、风送喷雾变量系统，能够实现风量和喷量与冠层特征的精准匹配，进行精准喷雾。风送喷雾单元可以根据果树的冠层形状进行组合，以适应篱壁式、高纺锤、棚架式、V形等不同的栽培树形。

107. 目前我国航空植保发展现状如何？

近年来，我国航空植保发展迅猛，尤其是植保无人飞机，数量上世界第一，技术上世界领先，而且仍处于发展上升期，此外金融风投、保险等行业的介入进一步推动行业的发展。从植保无人飞机生产企业方面来说，目前全国已经有接近400家从事植保无人飞机研发、生产、销售的企业，并且数量呈现增长趋势。这些企业按照性质可以分为如下几类：第一类是具有军工背景的企业，如江苏天域航空科技股份有限公司，是依托总参第六十研究所军用无人飞机技术基础，实现"军转民"过渡，产品AT-3N型智能农用无人直升机已经在市场销售和使用；第二类是新兴的科技型企业，如深圳大疆创新科技有限公司、广州极飞科技有限公司、苏州极目机器人科技有限公司等，特点是能够将最新的前沿技术快速用于植保无人飞机上，大疆MG系列和T系列无人飞机、极飞的P系列无人飞机、极目EA系列无人飞机等，在机具性能的稳定性、智能化程度上都处于目前行业的一流水平；第三类是农药生产企业组建的旗下子公司，如河南安阳全丰航空植保科技股份有限公司；第四类是传统的植保机械企业转型企业，如山东卫士植保有限公司，这类公司拥有植保机械生产和销售的市场基础；第五类是科研院所改制的企业，如中国农业机械化科学研究院等，这类企业具备一定新技术、新产品的研发能力，并能迅速转化成产品投放市场；还有其他规模比较小的企业，是通过组建团队、购买飞控系统、仿制已有产品外形等推出自己的产品。

从植保无人飞机主要机型方面来说，按照动力可分为油动型、电动型以及油电混动型3种，但以油动型、电动型为主。按照旋翼数量来分主要分为单旋翼和多旋翼植保无人飞机，其中油动型植保无人飞机主要是单旋翼，电动型包括单旋翼和多旋翼，以多旋翼居多。总的来说，油动型植保无人飞机具有载重量大，有效载荷在15～30千克，续航时间长，20～30分钟/架次、连续作业能力强，但操控相对复杂，维护成本较高，售价较高；电动型植保无人飞机载重量小，有效载荷在10～20千克，续航时间受到电池容量限制，一组电池续航10～15分钟，但操控简单，容易维护，稳定性更好，售价低。植保无人飞机作业飞行速度3～6米/秒，作业效率能达到80～100亩/小时。

从植保无人飞机技术现状方面来说，目前绝大多数植保无人飞机已经具备手动增稳模式操控飞行和全自主飞行作业模式；配备了高精度的定位系统的无人飞机，能够实现厘米级的定位，实现喷幅的精准对接；超声波测距技术的应用使植保无人飞机已经具备超低空仿地飞行功能，最低距离作物冠层0.5米左右，实现山地、丘陵等复杂农田的有效作业；装配双目视觉系统的无人飞机能够识别直径大于5厘米、5米外的障碍物，实现自主避障；具备后台云系统的企业，已经实现操作者有效身份识别、无人飞机远程调度、监管等安全管控，不仅能实时监控无人飞机飞行状态，还能对数据信息的追溯；其他还包括限高、限速、限距、电子围栏、失控保护、一键自主起降等功能。在无人飞机施药技术方面，国内的植保无人飞机自主作业采用"航路规划、自主飞行、定点施药、断点续航"的超低空施药技术模式，作业高度在0.5～3米、作业速度3～5米/秒、亩施药液量0.8～1升。目前研究热点是窄雾滴谱技术、航空静电喷雾技术、变量施药技术等。植保无人飞机目前主要防治的作物包括水稻、小麦、玉米、棉花等，能减少农药使用量20%、节省用水90%、农药利用率提高30%、防治效果提高10%。

108. 植保无人飞机喷雾飘移的影响因素和解决对策有哪些？

植保无人飞机的低空施药作业，不可避免地存在喷雾雾滴飘移现象，造成飘移现象的主要影响因素和解决对策有以下几个。

（1）喷雾雾滴粒径的大小 研究表明雾滴大小是影响飘移的最主要因素，同样的喷雾条件下，小雾滴更容易飘移。所以建议植保无人飞机作业时采用较大的雾滴。解决的方法有：选用雾滴粒径可调、雾滴谱可控的专业航空喷头，形成窄谱雾滴群；添加合适的助剂，改变药液黏度、雾滴的表面张力，增大雾滴粒径，使得更易在作物上润湿展铺。

（2）自然侧风的影响 田间作业时，环境因素中自然风是造成雾滴飘移的主要因素，尤其是侧向风。对策：选择风速小的时机进行植保作业（大于 5 米/秒应停止作业）；适当降低作业高度减少侧风对飘移的影响；在规划航路时考虑适当往风向上方飘移进行作业航路偏置补偿。

（3）环境相对湿度和温度 药液雾滴在空气中下降时，表面水分蒸发进入空气，使得雾滴粒径体积减小，质量变轻，空气中停留时间变长。试验研究表明，假设不发生蒸发，100 微米直径的雾滴自由下降 1.5 米，需 5 秒钟，在温度 25.5℃，相对湿度 30％的环境下，同样 100 微米直径的雾滴就迅速蒸发，降落 0.75 米，雾滴粒径减少到 46 微米，在温度 25.5℃、相对湿度 70％，同样 100 微米直径的雾滴降落 1.5 米，落到地面才蒸发至直径 46 微米。建议施药时间选择清晨或傍晚气温低，相对湿度偏高时。

（4）旋翼下洗风场对雾滴的卷扬 旋翼下洗风场有助于雾滴的沉积、穿透，但旋翼风场的边界处存在气场涡流，如果喷洒系统布局不合理的话，一部分雾滴会进入涡流区，不能有效沉积而造成飘移。试验研究表明，无人飞机喷头应布置在旋翼下方，形成的有效喷幅范围应不超过旋翼直径的 2/3～3/4 范围，做到喷洒装置的合理布局，一定程度上减少雾滴飘移。

109. 植保无人飞机施药作业喷头有哪些类型以及如何选择？

喷头是无人飞机施药系统的关键部件之一，良好的喷头性能能够提升雾滴沉积的均匀性，增加沉积量，减少药液飘移，提升防治效果。植保无人飞机喷头与地面植保机械喷头相比喷施的药液浓度更高，流量更大，喷施高度更高，雾滴飘移的可能性也更大。依据雾化方式，可分为液力雾化喷头和旋转离心雾化喷头两类，其中液力雾化喷头依据喷雾雾流形状又可分为扇形喷头和锥形喷头两类；旋转离心雾化喷头又可分为转笼式离心喷头和转盘式离心喷头两类。

(1) 液力雾化喷头　液力雾化喷头采用液力式的雾化方式，常用于液体药剂的喷洒，是目前生产企业中供应最多的一种喷头。扇形雾喷头是液力雾化喷头中种类最多，在无人飞机植保领域应用最为广泛的一种，喷雾时能够产生冲击力较大的液柱流或扇面喷雾，横向沉积呈正态分布。常用的扇形喷头有常规扇形喷头、防飘移扇形喷头、气吸型扇形喷头、延长范围扇形喷头和广角扇形喷头等，其中前 4 种扇形喷头在植保无人飞机上均有广泛应用，广角扇形喷头常用在地面植保机械中。

锥形喷头按照喷雾的形状可分为空心锥形喷头和实心锥形喷头两种。空心锥形喷头的特点是内部结构简单易拆卸，通过喷头内部的环形齿轮状结构能够使液体沿切向进入喷头腔体并且在喷出时产生空心圆环状喷雾，喷雾粒径较小，流道通畅不易堵塞，在低压条件下也能产生良好的雾化效果。其缺点是喷雾角一般仅有 $80°$，与扇形喷头相比喷洒角度较小，一般喷雾角喷幅较窄。实心锥形喷头与空心锥形喷头相比能产生实心锥形喷雾形状，雾滴覆盖面积更广，雾滴集中分布在离中心线较近的区域内并沿四周分布，这种较大的雾滴粒径以及覆盖面积广的雾滴谱在植保领域适用于烟草秧苗根出条控制，更多用于废气除尘、湿法脱硫、洗涤漂淋等工业领域。

(2) 旋转离心雾化喷头　旋转离心雾化喷头中的药液依靠重力进入转盘，在离心力的作用下由径向喷出，因此所需喷雾压力小，导致雾滴谱较窄且雾滴穿透力也较弱。但由于雾滴流出喷头的过程互不干涉，雾滴沉积分布更加均匀可控，常用于小型无人飞机植保、喷雾干燥、雾化降尘等领域。旋转离心雾化喷头主要分为转盘式离心喷头和转笼式离心喷头。转盘式离心喷头在转盘内壁上有多个径向沟槽，沟槽端面一般采用正三角形，径向沟槽的存在可以减少药液的滑移，使药液与转盘具有相近的圆周速度。喷头中的液体经过导流管进入高速旋转的转盘内，在离心力的作用下雾滴沿着转盘边缘呈螺旋线状切向飞出，形成大小均匀的雾滴。转盘式离心喷头的雾滴粒径大小一般可通过调节旋转速度进行控制，而大流量的喷道具有不易堵塞的特点，非常适合可湿性粉剂和悬浮剂等溶解度较低的药剂喷施，符合无人飞机植保作业时药液浓度高的特点，但存在药液穿透力不如液力雾化喷头、易滴漏以及成本较高的问题。

110. 植保无人飞机施药风场的作用和研究现状如何？

不同于传统地面施药机具，植保无人飞机多了风场的强烈扰动。植保无人飞机施药主要 4 要素：机具、风场、雾滴、作物冠层，风场方面有飞机下洗风、飞行迎风、还有自然风等组成的耦合风场。由于气象原因，风的不确定性较大，但是这一环节对于施药效果来讲最为关键。要利用好旋翼下洗风、强化雾滴被下洗风输送到冠层的效应，尽量弱化飞行迎风，还有自然横风等对雾滴的飘移效应。

研究探明风场的分布规律对于植保无人飞机与药液雾场的匹配、植保无人飞机与喷雾系统的匹配设计有直接的指导意义，对研制农机、农艺有机结合的植保无人飞机装备有借鉴意义。目前，研究风场的手段有试验测量和理论数值计算 2 种，风场的单点风速测量不够直观，也无法获取非线性风场的有效信息，而采用理论数值计算的方法有助于风场气流流态及详细分布的强化认知，可实现流场可视化，这对指导植保无人飞机设计有直接指导意义。目前，2种方法形成互相补充，对于推动植保机械设计及施药技术的发展起着重要作用。

在国家项目立项方面，2017—2018 年国家自然基金委立项了多项无人飞机旋翼风场方面的相关研究，其中具有代表性的 2 项为"基于多旋翼植保无人飞机的耦合风场对前飞喷雾分布影响机理研究"和"耦合风场作用下单旋翼植保无人飞机施药飘移规律研究"。前者是以多旋翼植保无人飞机前飞耦合风场与喷雾沉积分布关系作为研究对象，采用融合风场组合测试平台试验、雾滴沉积分布测定及高速摄影图像分析等试验方法，阐明作业耦合风场对喷雾分布形态的影响机理；后者是以单旋翼植保无人飞机为研究对象，以流体动力学理论为基础，通过测试与数值分析定量解析耦合风场，获取耦合风场动态三维速度矢量函数表达，探明旋翼无人飞机施药中雾滴飘移规律，为优化旋翼无人飞机施药作业参数和指导航空施药作业提供了理论依据。

111. 植保无人飞机作业参数对防治效果的影响？

雾滴沉积特性（均匀性和穿透性）一直是施药技术研究领域的重要课题。国内外相关研究结果表明，农药雾滴的沉积特性受施药技术及装备、作物、环境等共同影响，具体影响因素主要包括：气象条件、叶面积指数、靶标作物冠层结构、雾滴群的特性（释放高度、释放速度、施药液量、雾滴粒径谱）等。

目前，植保无人飞机用于田间病虫害防治的新闻报道很多，已从原来的演示示范向真正的田间喷洒转变。喷洒参数与防治效果之间的相关性报道已逐渐增多，已有研究结果表明，植保无人飞机喷药对于小麦吸浆虫、小麦蚜虫、小麦赤霉病、稻飞虱、稻纵卷叶螟、稻瘟病、玉米螟、玉米草地贪夜蛾、柑橘木虱、柑橘红蜘蛛、番茄晚疫病、马铃薯晚疫病等重要农作物病虫害防治效果与人工背负式施药作业相比更加优异，植保无人飞机作业效率可提高60倍，农药有效成分可减量20%～30%。这种低容量、高浓度喷洒方式能提高药剂的持效期。

112. 植保无人飞机喷雾技术目前存在哪些问题？

植保无人飞机是一把"双刃剑"，随着植保无人飞机施药配套装备与技术的发展,植保无人飞机在农作物病虫害防治中高效、节水和节约劳动力的优势越发凸显。然而在无人飞机进行植保作业过程中还是存在一些问题,归纳如下:

(1)植保无人飞机产品质量参差不齐 一是部分植保无人飞机产品无标牌、无标识、无机壳,制造粗糙;二是飞行技术参数标准随意性大,与实际使用时差距大;三是飞行姿态不稳、作业精度不够,满载飞行仍有炸机、失控现象;四是喷洒装置不合理,出现液泵吸不上药、喷雾断断续续,作业过程中药液泄漏,重喷、漏喷现象严重。

(2)药剂选择无标准,安全风险高 植保无人飞机低空低容量喷雾,是一种高浓度药液喷雾方式,相比地面常规喷雾,安全风险高。植保无人飞机作业药剂应选择低毒或微毒农药,同时要兼顾其环境毒性,如水稻田或者近水源的农田要特别注意药剂对水生生物的毒性。

(3)农药剂型选择不当,造成喷头堵塞、药剂结块或者不同剂型药剂混合过程出现破乳结块从而影响防治效果 植保无人飞机作业时,农户习惯于几种农药制剂混用,实现"一喷多防"的目的,但是,目前农业生产中使用的农药制剂,多是针对地面植保机械常规喷雾而研制的,其稀释倍数多在几百倍甚至几千倍,在这样低浓度稀释体系下,几种农药制剂混用后,药液表现稳定;但是,植保无人飞机低容量喷雾技术的农药制剂的稀释倍数很低,几种制剂混用稀释后,容易出现分层、结块等问题。

(4)农药雾滴飘移严重,药害风险大 植保无人飞机喷雾是一种低容量喷雾技术,与地面常规喷雾相比,雾滴更细,再加上无人飞机喷雾作业喷头距离作物冠层高度大,雾滴飘移风险明显增加。

(5)喷雾均匀性差,影响防治效果 据测定,植保无人飞机喷雾作业时,农药雾滴在作物冠层沉积的纵向(飞行方向)变异系数高达80%,横向变异系数高达70%,与地面喷杆喷雾技术有明显差距,这就导致其对病虫草害防治效果不稳定,虽然大部分用户已经认可了植保无人飞机喷雾的防治效果,但由于操作人员和天气原因，有少数用户对植保无人飞机喷雾的防治效果仍持怀疑态度。

（6）飞行速度、高度和喷幅等飞行参数选择不当造成防治效果降低　多个试验研究表明，植保无人飞机飞行速度太快或者飞行高度过高等都会影响防治效果，因此，飞手培训、作业标准和规范研究、作业质量监控等对于保证植保无人飞机低空、低容量喷雾技术发展均非常重要。

113. 植保无人飞机低容量喷雾需要发展哪几个方面的配套技术？

植保无人飞机低容量喷雾技术在农药减施增效中发挥了重要作用。针对其存在的问题，未来几年，我国植保无人飞机低容量喷雾技术在如下几个方面会有较大发展。

（1）配套专用药剂方面　目前，我国植保无人飞机低容量喷雾所使用的农药均为地面常规喷雾研制生产，不完全适合植保无人飞机低容量喷雾技术要求。借鉴国外经验，我国应该逐步建立植保无人飞机施药专用药剂和制剂的选择准则及专用助剂的评价方法，选择低毒或微毒农药，同时要兼顾其环境毒性，以便做出正确选择（如水稻田或者近水源的农田要特别注意药剂对水生生物的毒性）；同时，研发配伍性好、分散度高、耐蒸发的农药制剂或喷雾助剂，提高农药制剂配制药液的稳定性，有效减少植保无人飞机喷雾作业中雾滴飘移和雾滴萎缩，提高农药剂量传递效率。

（2）变量喷施技术方面　变量喷施技术是实现精确航空施药的核心，现有的商业变量喷施技术系统因成本高、操作困难，导致应用范围有限。需要一个经济的、面向用户的并且可以处理空间分布信息的系统，仅在有病虫害的区域根据病虫害的严重程度喷施适量的农药量，实现农药的高效喷施以及将对环境的损害最小化。

（3）多传感器数据融合方面　农业航空精准喷施系统成功的一个关键步骤在于创建用于航空施药的精准处方图。处方图需要利用地理信息技术，融合多传感器、多光谱、多时相甚至多分辨率的数据来创建。不同数据类型之间的融合是难点，实现异构数据之间的融合需要以新的方法为基础，并通过地理信息技术全面集成到农业航空精准喷施系统中。

（4）多机协同技术方面　多机协同作业是以单架飞机作业为基础，组成包含多机的智能网络，网络中的每架飞机都需要能够针对任务进行整体协调，以便有效地覆盖一个大的区域同时在协作的过程中进行信息交互。随着互联网与大数据技术的进步，多机协同作业将在很大程度上节省劳动力成本和提高精准农业航空作业效率。

（5）精准施药技术方面　研发无人飞机静电喷嘴、雾滴粒径和喷洒量可调的喷嘴等；完善植保无人飞机低空低量施药技术体系，并集成开发商品化的关键系统、部件；通过多学科的交叉，研究和熟化高精度导航定位技术、多传感器融合技术、多机协同技术、自动避障技术、仿地飞行控制技术等，为航空精准施药提供必要的辅助技术支撑。同时，开发新型的传感器、测试装置，研究新型检测方法等，以实现航空施药质量和效果快速有效检测和评价为目标，实现航空施药作业前指导、作业中监测、作业后评估，保证安全施药。

（6）植保无人飞机施药标准与安全监管体系方面　根据我国植保无人飞机目前行业发展的技术水平以及发展趋势，尽快制定包括针对植保无人飞机本体的安全技术要求、针对施药环节的操作规范、针对植保无人飞机使用的监管方法，构建完善的标准与安全监管体系。

114. 植保无人飞机喷雾如何避免喷头堵塞？

植保无人飞机属于低容量喷洒装备，喷头主要采用液力雾化系统，如大疆植保无人飞机一般标配 XR11001VS 系列喷头。通过剂型选择、喷洒系统设计、维护与保养 3 个方面采取一定措施，可以有效避免喷头堵塞。

（1）剂型选择 因为植保无人飞机主要采取喷洒的方式进行作业，所以一般建议采用水基化药剂进行作业，如乳油、水乳剂、微乳剂、水剂、悬浮剂等，其中一般不建议采用乳油，因为乳油在飞防上使用不仅会导致整个管路系统有黏着物，而且相对其他剂型更容易产生药害。水分散粒剂、可湿性粉剂、可溶性粉剂是否可以使用要取决于药剂质量和药剂用量，良好的剂型质量有利于药剂的溶解，粉剂使用量越高相对越容易堵塞。如确实使用粉剂，应按照二次稀释法进行充分搅拌，并做好过滤。

（2）喷洒系统设计 为避免喷头被堵塞，喷洒系统应做好充分的过滤，可以在药箱进液口设置50目滤网过滤较大杂质，在水泵进液口、液位计进药口设计200目滤网，过滤微小杂质。这样在整个作业过程中，药液都能够得到有效过滤，避免粉剂以及水源中的杂质堵塞喷头。

（3）维护与保养 作业完毕的植保无人飞机整个喷洒管路都会存在药剂残留，为避免堵塞喷头应每天对喷洒系统进行清洗。药箱倒入清水并开启水泵，冲洗整个喷洒系统2~3遍。将所有滤网、喷头浸入水中浸泡，以毛刷清理滤网以及喷头上的农药残留。不可使用缝衣针等金属物体清理喷头，否则可能造成喷头变形、破损，从而造成喷洒质量降低。

最后，在使用过程中一定要及时观察喷头是否堵塞，如喷头确实堵塞往往会形成一条条线状喷洒，这就需要及时清理，否则将造成喷洒不均匀，影响整体作业质量。

115. 植保无人飞机如何清洗药液箱？

药液箱是植保无人飞机装载药液的容器，在作业的过程中会与各种药液接触，所以往往会形成各种残垢。对于残垢何时需要清理，在不同的应用环境、不同的阶段、不同的药剂都有特殊的要求。

在每日作业完毕之后，需要对药箱进行日常清理，以避免药液残留对整个管路的腐蚀。一般情况下作业完毕后，倒入清水开启水泵冲洗整个管路，将喷洒流量调节到最大，以增加冲刷效果。建议每日完成2～3次清理，即可达到要求。

116. 植保无人飞机如何实现自主避障？

自主避障的必要性主要源于3个方面：一是田间环境复杂，树、电线杆、灌木等很常见，到田中间对障碍物一一标注很困难，尤其是水田，障碍物打点测绘严重影响了自主飞行的效率；二是贴地作业需求，植保作业要求低空贴近作物喷洒，具有仿地飞行能力，降低药物飘移，贴近作物飞行，迫使无人飞机必须在田间障碍物间穿梭；三是植保作业安全性，无人飞机近地飞行，对田间移动的机械和人身造成很大威胁，自主躲避是必要的保护措施。

植保无人飞机以实现作业地块的全面覆盖，避免漏喷重喷，确保作业效果为导向。避障时，无人飞机尽量靠近障碍物，减少障碍物附近作物的漏喷，同时，寻找最短路径尽快返回既定喷洒路线。达到这个目标，自主避障无人飞机需要具备快速三维感知能力，实时路径规划和决策能力以及精准的控制能力。适用于无人飞机挂载的感知传感器主要有超声波、毫米波、激光以及双目相机。前3种感知方式在分辨率、精度、测距等不同性能上存在缺陷，无法主导探测田间复杂环境。双目视觉作为植保无人飞机三维感知手段，有3方面的优势：一是相机能够实现高分辨率，高于其他传感器数十倍甚至数百倍；二是探测物体距离可达20米以上，满足低速无人飞机避障的所需规划和决策时间；三是植保作业需要在无雨天进行，提供给相机非常合适的应用环境。实现自主避障的双目视觉技术虽然具有较强的优势，但是由于存在难点，户外应用技术门槛较高。在田间复杂环境下，三维图像往往存在"鬼影""幻影"的问题，同时，又不可避免遇到迎着阳光的情况，存在"阳光干扰""眩光"的问题。上述问题都需要更合适的计算模型，生成高质量的三维地图，降低深度信息错误率，从而保证三维信息鲁棒性，适应植保无人飞机的各种作业环境。

同人工驾驶相似，自主避障的基本流程是一个从环境感知开始，到规划路径和决策，再到执行的循环过程。在快速路径规划中，需要考虑到的场景很多，不但要考虑单一障碍，更要考虑多障碍物不同位置组合的情况，如图 15 所示，当植保无人飞机以 5 米/秒快速飞行，需要对前方 20 米视距内、90°视角内的空间，进行快速三维建模，结合在线路径决策规则（例如，与障碍物距离 3 米）设计避障算法，迅速规划避障路径，进而决策和执行。在避障绕行过程中，不断拓展三维模型，寻找返回原始规划路线的最优避障路径，保证作业覆盖率。路径规划同时考虑可执行性，例如，无人飞机的动态特性、喷洒特性，植保无人飞机的机动性随着载荷的变化而不断改变。决策和执行相辅相成，基于实时最优避障路径，优化植保无人飞机控制响应速度、响应精度，确保植保无人飞机与障碍物实际距离（例如，确保实际距离超过 2 米），甚至精准控制植保无人飞机以预设速度执行避障路径（例如，自主避障速度达3 米/秒）。

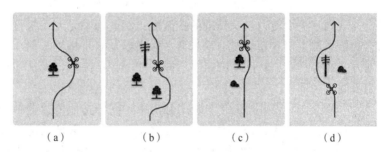

图 15　植保无人飞机的避障功能

随着植保无人飞机产业的发展和普及，其智能化、精准化、高效化是未来的发展趋势。为实现完全自主化、智能化，离不开自主避障技术的突破。实时自主避障技术的实现将大幅提高植保无人飞机在田间复杂环境下作业的安全性和智能化程度，为农用无人飞机变量喷洒顺利实施高效作业提供保障，对农业航空避障技术及精准农业航空喷洒应用发展起到重要的推动作用。

117. 植保无人飞机如何做到精准施药?

为保障植保无人飞机施药喷洒均匀、周到,应实现流量控制精准、定位精准、合理规划航线,并且还应保持植保无人飞机与作物的高度稳定。只有4个方面都能达到要求,才能保持流量稳定、喷幅稳定、航迹稳定、不重喷漏喷,最终实现精准施药。

(1)精准定位 采用GNSS全球定位系统能够实现一般精度要求的植保作业,但是只能实现米级精度;采用RTK载波相位差分系统可实现厘米级定位精度,能够保障航迹的精准,只有飞行路线足够精准才能保障喷洒的均匀。RTK差分定位是指在地面建设基准站,从而对GNSS定位信号进行差分解算,从而实现厘米级定位精度。RTK系统分为移动RTK基站与网络RTK,目前最常见的是网络RTK,只要4G通信讯号良好,即可实现RTK高精度定位。

(2)合理规划航线与作业参数 通过熟悉植保无人飞机本身的性能,设置作业行距等同于喷幅,即可实现喷洒的均匀。否则行距设置过大则产生漏喷,行距设置过小则易产生重喷。另外,在规划航线时,应根据地块的实际情况设置合理的内缩距离,首先要保障飞行安全,其次是提高喷洒的有效面积,避免后续扫边。

(3)精准控制流量 流量精准是喷洒精准的前提,为了能够实现流量控制精准,一般植保无人飞机都会配有流量计。大疆T20植保无人飞机采用四通道流量计,这样就可以对四个水泵的流量进行精准控制,从而提高喷洒的精准度。更换喷头型号、更换水泵时都应该进行一次流量校准,以保障喷洒流量准确。目前市场主流的植保无人飞机以大疆T系列为例,一般可实现3%的流量控制精度。高精度的流量控制不仅保障喷洒均匀,还能够实现准确的药液配制。另外,早期的植保无人飞机产品多采用机械式旋转流量计,现在多采用电磁流量计,寿命长而且控制更精准。

（4）保持高度稳定　在实际作业的地块中，不少旱地存在高低起伏情况，如果植保无人飞机保持固定高度，与作物的实际高度将会发生变化。为了与作物保持稳定高度，植保无人飞机一般会配有雷达，通过雷达不仅能够实现与作物保持稳定高度，还能够发现前后方的障碍物。雷达保持地形跟随的工作原理是雷达在选择的过程中持续向四周发射雷达波，雷达波遇到作物反射回来，通过计算反射回来的时间即可明确作物与雷达的高度。通过持续的测量与计算，即可实现植保无人飞机与作物的高度恒定，从而实现精准作业。

118. 什么是喷雾缓冲区？

喷雾缓冲区是指喷雾过程中为了消除或减少喷施药剂对人类居住区、非靶标生物和湖泊水域的环境敏感区的污染而设定的不施药的隔离区域范围（图16）。

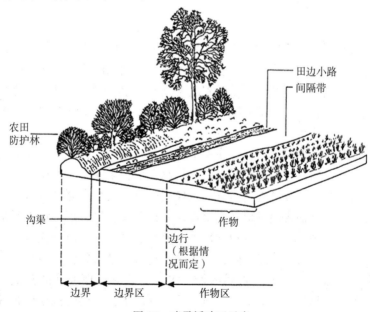

图16　喷雾缓冲区示意

所喷施药剂的性质、施药机械、施药参数和环境因素都会影响喷雾缓冲区的设定。低空低容量施药多采用超低量喷雾，药液浓度高、喷洒雾滴细，存在无人飞机下压风场等，加上单次作业面积大、速度快、气象因素（如温度、湿度、风速）等均会对施药效果产生影响。低空低容量施药因作业高度（3～5米）较高带来的雾滴飘移问题，不仅影响雾滴的均匀撒布和沉积附着，而且容易对周围敏感植物或非靶生物造成影响，需要设置隔离区以降低对非靶生物和周围水域等的影响。

植保施药器械和施药技术的发展，可以有效控制雾滴粒径和分布、减轻雾滴飘移从而缩小喷雾缓冲区距离。

119. 植保无人飞机标准制定现状如何？

近几年，我国农业生产中，病虫害年防治面积超过50亿亩次，无人飞机植保作业面积从2013年的不足10万亩次增长至2020年的近10亿亩次，市场需求越来越大。相对于植保无人飞机技术的快速发展，植保无人飞机生产企业、科研机构、推广单位、运营人、农户和政府监管部门对植保无人飞机标准的需求越来越迫切。

日本是最早将无人直升机施药技术运用于农业生产的国家，也是当今世界上该技术发展最成熟的国家之一，自20世纪80年代就开始进行飞防作业。日本标准主要有无人飞机通用性要求和植保作业要求2项。日本无人飞机协会发布的产业用无人飞机（旋翼型）安全要求标准主要涉及无人飞机设计、维修与检查、操控手资格、操作规范、客户管理等要求为主。同时，该标准指出用于植保作业的旋翼无人飞机相关要求还应当参照日本农林水产航空协会发布的产业用无人飞机使用指南，该指南性文件规定了旋翼无人飞机使用方法、人员与装备、安全培训、安全检查、作业规范、农药安全使用、危险危害防范、药效调查等要求。

2018年，我国发布了以小型旋翼无人飞机为平台的植保无人飞机标准NY/T 3213—2018《植保无人飞机质量评价技术规范》。

该项标准由农业部南京农业机械化研究所牵头制定，规定了植保无人飞机的型号编制规则、基本要求、质量要求、检测方法和检验规则，用于植保无人飞机质量评定。该项标准提出了植保无人飞机限高限速限距、电子围栏、失效保护、避障等概念与检测方法，充分考虑了产品的安全性。

2019—2020 年，农业农村部农药检定所、中国农业科学院植物保护研究所等联合研究制定了《植保无人飞机喷施农药田间药效试验准则 大田作物》，为无人飞机喷施农药的药效评价提供了依据。中国农药工业协会、中国农药应用与发展协会、广西农药工业协会等社团组织，研究制定了小麦、玉米、水稻、棉花、柑橘、蔬菜等多种作物植保无人飞机施药技术规范，在生产上发挥了重要作用。未来，我国在植保无人飞机有关标准制定方面还会陆续出台有关飞行监管、农药登记、安全使用等方面的标准。

六、 水稻农药减施增效技术

120. 在水稻病虫草害防治中怎样科学使用农药？

尽管许多化学农药以外的病虫草害防控技术得以应用并取得较好效果，但化学农药仍不可或缺。我们要做的不是完全摒弃化学农药的使用，而是应该提高科学用药水平，在取得良好的防治效果的同时，尽量减少化学农药的负面效应。

农药的科学使用建立在对农药及其剂型、药械的特点、防治对象的生物学特性、环境条件的全面了解和科学分析的基础上，选用适合的农药品种及其剂型、合适的药械，以最佳且最少的使用剂量，在合适的施药时期，采用合理的施用方法，防治有害生物，最终达到保障食品安全性、减少对人体和环境的负面影响、减少对非靶标生物的伤害及延缓有害生物抗药性发展的目的，从而获得最大的经济、社会和生态效益。

科学使用农药应掌握以下几点：包括药剂特性、药剂的持效期、药剂的毒性、药剂的挥发性、药剂的淋溶性、对非靶标生物的影响、对环境的影响、合适的施药方法等。

根据目前农药研究开发的最新进展以及生产实践的经验，推荐用于水稻主要病虫草害防治的常用药剂如下，可根据水稻不同的栽培方式和病虫草害发生规律灵活选用（彩图18）。

①稻纵卷叶螟。33%阿维·抑食肼可湿性粉剂、0.1%阿维·苏云菌可湿性粉剂、10%（14%、16%）甲维·茚虫威悬浮剂、40%氯虫·噻虫嗪水分散剂、10%四氯虫酰胺悬浮剂、200克/升氯虫苯甲酰胺悬浮剂、30%茚虫威水分散粒剂、15%茚虫威悬浮

剂、甘蓝夜蛾核型多角体病毒 30 亿 PIB*/毫升悬浮剂、苏云金杆菌 32 000 国际单位/毫克可湿性粉剂。

②二化螟（三化螟、大螟）。20%氰虫·甲虫肼悬浮剂、10%阿维·甲虫肼悬浮剂、24%甲氧虫酰肼悬浮剂、1%甲维盐可湿性粉剂、40%氯虫·噻虫嗪水分散剂、200 克/升氯虫苯甲酰胺悬浮剂。

③稻飞虱。50%（25%）吡蚜酮可湿性粉剂、30%吡蚜·噻虫胺悬浮剂、20%烯啶虫胺水剂、50%烯啶虫胺可溶粒剂。

④稻瘟病。9%吡唑醚菌酯微胶囊悬浮剂、6%春雷霉素可湿性粉剂、2%春雷霉素水剂、1%申嗪霉素悬浮剂、75%三环唑可湿性粉剂、250 克/升嘧菌酯悬浮剂、40%嘧菌酯可湿性粉剂、325 克/升苯甲·嘧菌酯悬浮剂、26%稻瘟·醚菌酯悬浮剂、23%醚菌·氟环唑悬浮剂、75%肟菌·戊唑醇水分散粒剂。

⑤纹枯病。1%申嗪霉素悬浮剂、24%井冈霉素 A、4%井冈·16 亿个/克蜡芽菌悬浮剂、6%井冈·嘧苷素水剂、250 克/升嘧菌酯悬浮剂、24%己唑·嘧菌酯悬浮剂、325 克/升苯甲·嘧菌酯悬浮剂、75%戊唑·嘧菌酯水分散粒剂、18.7%丙环·嘧菌酯悬浮剂、75%戊唑·嘧菌酯可湿性粉剂、125 克/升氟环唑悬浮剂、26%稻瘟·醚菌酯悬浮剂、23%醚菌·氟环唑悬浮剂、240 克/升噻呋酰胺悬浮剂、240 克/升噻呋酰胺悬浮剂、18%噻呋·嘧苷素悬浮剂、30%噻呋·戊唑醇悬浮剂、75%肟菌·戊唑醇水分散粒剂。

⑥稻曲病。1%申嗪霉素悬浮剂、24%井冈霉素 A、6%井冈·嘧苷素水剂、40%嘧菌酯可湿性粉剂、75%戊唑·嘧菌酯水分散粒剂、75%戊唑·嘧菌酯可湿性粉剂、125 克/升氟环唑悬浮剂、18%噻呋·嘧苷素悬浮剂、75%肟菌·戊唑醇水分散粒剂。

⑦恶苗病。17%杀螟·乙蒜素可湿性粉剂、25 克/升咯菌腈悬浮种衣剂。

---

* PIB 表示病毒的多角体。全书同。

⑧稻田杂草。30%（40%）苄嘧·丙草胺可湿性粉剂、69%苄嘧·苯噻酰水分散粒剂、26%噁草酮乳油、25克/升五氟磺草胺可分散油悬浮剂、10%噁唑酰草胺乳油、40%氰氟草酯可分散油悬浮剂、100克/升氰氟草酯乳油、3%氯氟吡啶酯乳油、25%2甲·灭草松水剂、460克/升2甲·灭草松可溶液剂、19%氟酮磺草胺悬浮剂。

121. 水稻种子处理剂为什么可以显著减少病虫害发生？

种子处理剂针对性强、用药量少、持效期长，在药效期内可发挥"药等病虫"作用，实现病虫防治关口前移，既可有效控制种苗期病虫危害，还可显著降低水稻生长前中期病虫防治压力，减少农药使用量和药液流失。一些种衣剂拌种包衣还可促进塑盘育秧盘根，利于机插。在进行水稻种子处理时还需要注意以下几点：

（1）精选稻种　因地制宜选用优质抗病良种，精选无病健壮稻种，在药剂处理前晾晒2～3天，并进行风选，通过去杂去劣，减少菌源并增加种子活力，提高发芽率、发芽势。近年来恶苗病、干尖线虫病、稻瘟病、细菌性条斑病等病害重发地区，要压缩高感品种的种植面积，降低病害发生的风险，减轻防治压力。

（2）提高种子处理质量　要根据农药标签要求，用准种子处理的药剂浓度，不可盲目加大或降低浓度，保证防治效果；药剂浸种时间要保证在48～60小时，浸后不需淘洗，直接播种或催短芽播种；要注意浸匀浸透，浸种时药液要淹没稻种；袋装化浸种时稻种装2/3，确保翻袋时种子吸足水后均匀受药，并时常翻动种子，提高浸种效果；机插稻分批浸种时切忌废液再利用，以防药剂浓度下降和病菌污染降低防效。包衣时要将种子与调好的药液充分混匀，确保种子均匀着药，晾干后催芽播种或晾干后直接播种；要大力示范推广专用器械拌种（包衣），提高种子处理质量。

（3）调节浸种期间温度　塑盘集中育秧要适当降低育秧期间温度，降低长芽阶段病菌的侵染风险；旱育秧田催芽时禁用稻草垫底或覆盖，以防稻草带菌再侵染；避免高温催芽和催长芽。

122. 水稻种子处理剂都有哪些？可以防治哪些病虫害？

到 2020 年 5 月，水稻上登记为悬浮种衣剂的有 91 个产品，登记为种子处理悬浮剂的 28 个产品，登记为拌种剂的有 5 个产品。我国 2018 年 5 月 1 日实施的 GB/T 19378—2017《农药剂型名称及代码》取消了"悬浮种衣剂"剂型，将不再批准该剂型产品的登记，只受理种子处理悬浮剂产品登记。

用于水稻种子处理的杀菌剂产品防治对象包括恶苗病、立枯病和烂秧病和稻瘟病等，但大多数产品的防治对象为恶苗病和立枯病，这些防治恶苗病和立枯病的有效成分包括咯菌腈、咪鲜胺、苯醚甲环唑、戊唑醇、福美双、多菌灵、甲基硫菌灵、嘧菌酯等。甲霜灵和精甲霜灵则主要用于防治腐霉菌引起的烂秧病。肟菌酯和异噻菌胺混配产品用于防治恶苗病和稻瘟病。

用于防治水稻种子处理的杀虫剂产品防治对象为稻飞虱、蓟马和稻纵卷叶螟。其中呋虫胺和吡虫啉用于防治稻飞虱，噻虫嗪用于防治水稻蓟马，氯虫苯甲酰胺则用于防治稻纵卷叶螟。

123. 缓释颗粒处理水稻秧盘有哪些特点？

缓释颗粒剂处理水稻秧盘最初起源于日本，2018 年开始在中国正式推广应用。其原理在于将水稻用杀虫剂和杀菌剂制备成具有一定缓释性能的固体颗粒，在插秧的当天将缓释颗粒均匀撒在育苗好的秧盘上，插秧机插秧时秧苗带着缓释颗粒移栽，插秧后缓释颗粒位于秧苗根部。在秧苗生长发育过程中，缓释颗粒将杀虫和杀菌剂活性成分逐渐释放出来，内吸传导到秧苗地上部对水稻病虫害产生控制作用。秧盘处理颗粒剂对水稻病虫害的控制时期可长达 2～3 个月，在移栽后的这一段时间内不再需要使用其他杀虫剂和杀菌剂，从而实现施药省力化。缓释颗粒秧盘处理技术具有如下特点：

①缓释颗粒秧盘处理技术适合于机插秧。②缓释颗粒撒于秧盘上可以有多种方式，机器撒施或人工撒施均可。③缓释颗粒位于秧苗根部将农药活性成分逐步释放，靶标性强，而且整个施药过程没有药剂飘移。④药剂不接触天敌，对天敌安全。⑤施药操作简单，省时省力。

124. 水稻直播和除草可以同时进行吗？

水稻的直播和除草是两项不同的农艺操作，一般是分开进行的，也就是先直播再除草。有没有一种技术可以将两者合二为一，从而事半功倍呢？最近还真出现了这种技术，这就是"机械直播稻田播喷同步封闭除草技术"。

近年来，机械直播稻栽培方式发展迅速，种植面积逐年扩大，但机械直播稻田杂草防控成为令人棘手的难题。为解决这一难题，中国水稻研究所研发了机械直播稻田"播喷同步"封闭除草技术，在水稻精量穴直播的同时，采用机械化同步喷施土壤封闭除草剂，将杂草杀死在萌芽状态，一次性完成水稻直播和封闭除草两项工作。该技术具有显著的优点。首先，由于喷雾均匀、雾滴小，施药后在土壤表面形成一层非常薄的封闭膜，可有效抑制杂草的出芽和生长，将杂草消灭在萌芽状态，在提高除草效果的同时，延缓了杂草抗性的产生；其次，解决了人工施药容易发生的漏喷、重喷问题；另外，水稻播种和封闭除草全程机械化，省工省力，作业效率高，还可以降低稻田封闭除草剂推荐用量的 20%，实现节本增收，大大提高了种稻效益。目前机械直播稻田"播喷同步"封闭除草技术已经在浙江、江苏、上海、安徽、湖北、湖南、四川等地得到广泛示范和推广应用。以下简要总结"播喷同步"封闭除草技术的要领。我国水稻种植区的情况千差万别，该技术在实际运用中一定还会遇到这样那样的问题。各地可以在此基础上，因地制宜地对该项技术不断完善。

①整地要平，整块田平整度不超过 3 厘米。播种前开沟排水，一般应提前 2 天排水沉降，确保播种时田间没有大面积坑洼和积

水，以防出苗率降低。

②盲谷播种，播种时水稻种子不能出芽。播种前晾晒种子2～3天，常规消毒浸种2天，沥干水不催芽播种。早稻由于气温较低，可催芽12小时，至种子破胸露白但未出芽，晾干表面水分后以备播种。催芽播种影响播种质量，也容易造成除草剂药害。

③选择合适的喷头和用水量。采用高压雾化扇形喷头，型号选择根据风力大小确定，0～3级风选用ST110-01喷头、4～5级风选用ST110-015、6～7级风选用ST110-02。兑水量可先用清水测算，测试3次取平均值，然后选用干净水根据兑水量配制除草剂药液。根据以往试验，一般喷液量8～12升/亩。

④选用合适的稻田封闭除草剂。除草剂选择应根据当地品种、气候、草相等情况做适应性试验，根据当地情况选择合适除草剂，根据有关试验，发现用于"播喷同步"技术可选择的除草剂有丁草胺、五氟磺草胺、氟酮磺草胺、嘧草醚、丙草胺、噁草酮、嗪吡嘧磺隆、苄嘧磺隆等单剂或混剂，使用时需严格按照除草剂使用说明控制用量，使用粉剂类除草剂时需大水量溶解并沉降弃渣，防止堵塞喷头。

⑤选择晴好天气播种。播前了解短期天气情况，确保播后6小时内无降雨。播种后如果遇到雨天，要及时开沟排水，以防积水造成药害和出苗不齐。

⑥水稻前期管理。在水稻3叶期前田间不能灌水，如遇特殊连续高温天气，如田块开裂达1指，可上跑马水。切忌大水漫灌、深水泡灌。3～4叶期可施用茎叶除草剂，施药后1天田间灌水3～5厘米，保持5～7天。其他田间管理措施同当地生产大田。

⑦单灌单排。田块之间单灌单排，避免产生过水田。播后短时间内一旦遇到下雨天气，下游过水田很容易产生药害。

125. 采用植保无人飞机低容量喷雾防治稻田病虫草害有何优势？

无人飞机超低容量喷雾技术是近年来迅速发展起来的一项先进的农药使用技术，目前在水稻田病虫草害防治上应用广泛，受到广大农户的欢迎（彩图19）。采用植保无人飞机进行稻田病虫草害防治有以下一些优势。

（1）施药质量好 植保无人飞机采用高效无刷电机作为动力，机身振动小，可以搭载精密仪器，喷洒农药更加精准。飞防作业高度可调整，飘移少，喷洒农药时旋翼产生的下压气流有助于增加药液对农作物的穿透性，从而提高防治效果。

（2）作业效率高 无人飞机的工作效率远高于人工喷雾，可以大量节省用工。无人飞机每天可以喷施300亩水稻田，而人工喷雾每人每天只能喷施20亩左右。无人飞机飞防的这种高效率在病虫害大暴发时尤其具备优势。

（3）更加省水省药 植保无人飞机施药时雾化好，雾滴细，药液量少，有利于农药吸收。超低容量喷雾可以使雾滴达到80～120微米甚至更细。对水稻病虫草害防治而言，传统喷雾方式每亩所需药液量一般为15～30升，而采用超低容量喷雾，每亩所需的药液量仅为0.5升左右。无人飞机飞防通常会加入飞防助剂，在起到防止药液飘移、增强吸附和渗透作用的同时，还可提高防治效果，因此配合专用飞防助剂可适当降低农药用量。例如有试验表明，在无人飞机防治稻曲病时加入助剂，只需常规用药量的85％即可达到常规用量不添加助剂的防效。

（4）对人体更安全 传统施药方式比如目前广泛使用的背负式喷雾器，由于与人体接触紧密，容易造成对人体的毒害，而无人飞机自动巡航作业，防治人员遭受农药中毒的概率更小。

126. 如何治理稻田抗性杂草？

由于对丁草胺、二氯喹啉酸、苄嘧磺隆、吡嘧磺隆、五氟磺草胺、氰氟草酯等除草剂的连年、大量使用，我国水稻田部分杂草如稗草、千金子、马唐、异型莎草、雨久花、节节菜等抗药性发生严重，导致这些杂草难以防除。目前，我国水稻田抗性杂草的治理还处在起步阶段，但也在实践中摸索出一些行之有效的治理方法。

（1）水旱轮作　不同作物有不同的播种期、群体密度、施肥、灌水和耕作方式。轮作方式的改变，不利于土壤中杂草种子的保存，从而导致杂草种群结构的改变，为轮用不同作用靶标、残效期短、选择压力小的除草剂创造必要的前提条件，从而使杂草生物量、种子产量以及种群密度趋于下降。试验表明，水田改旱地后，稗草、异型莎草、千金子等水生、湿生性杂草，在经旱地 1～2 年后大多死亡。因此，对于一些抗性杂草发生严重稻区，可采取水旱轮作的方式治理抗性杂草。

（2）封闭处理　鉴于目前茎叶处理除草剂的抗性比较突出，可使用封闭处理来解决杂草抗性问题。土壤封闭处理是直播稻、机插秧化学防除杂草的关键措施，处理得当可达到 85% 以上控草效果。例如，目前湖南、湖北、江西等地区都出现了大面积抗五氟磺草胺、抗双草醚等恶性稗草，如果只用茎叶处理，防除难度很大，但如果使用丙草胺等进行苗前封闭，往往能达很好的除草效果。而且，前期的封闭处理，既减轻了后期除草压力，又降低了后期茎叶除草成本。

（3）除草剂混用或轮用　具有不同作用位点的除草剂混用或轮用，可延缓或克服杂草抗药性的产生或增强，延长除草剂品种的使用年限。不同除草剂的轮用可以获得相似的杂草防除效果，但混用对于阻止或延缓杂草抗性的发展更为有效。同时应注意，混配农药不是一锅炖，而是取长补短，扬长避短，多管齐下，在充分了解田间草相和各种除草剂的特点后科学混用。目前，市场上已有很多成熟的混配除草剂可供选用。

（4）使用助剂　助剂本身无除草活性，但加入除草剂中使用，可改变杂草对除草剂的吸收、转移和代谢，提高除草效果，还可降低除草剂用量，使杂草抗性得到缓解。

（5）适期用药　不同生育期的杂草对除草剂的敏感性是不同的，因此掌握好施药时期对除草效果影响巨大。以稗草为例，不同生长期的稗草对氰氟草酯敏感性差异很大，氰氟草酯对 5 叶前，特别是 2 叶期的稗草毒力最高，但对 5～8 叶期的稗草毒力较差，从而使除草效果大打折扣。因此，使用氰氟草酯防除稗草时，应当在 5 叶前使用。又比如，丁草胺对正在发芽出土的稗草毒力最高，而对 2 叶期后的稗草毒力降低，二者毒力差可达 40 多倍。因此，掌握好用药适期非常重要，如果施药时期不对，往往施用几倍于常规用量的除草剂也达不到理想的效果，同时还增加了成本，增大了抗性风险。

（6）生物防治　稻田养鸭、微生物除草或以虫吃草等生物除草技术也可应用到抗性杂草防治中，用以替代除草剂或降低除草剂的使用量，起到治理抗性杂草的作用。

127. 如何用生物多样性控制水稻病害？

生物多样性可以有效控制水稻病害，主要措施如下：

（1）利用水稻品种遗传多样性持续控制水稻病害　应用生物多样性与生态平衡的原理，进行农作物遗传多样性、物种多样性的优化布局和种植，可以增加农田的遗传多样性和农田生态系统的稳定性。不同物种间相生相克的自然规律能有效地减轻植物病害的危害，大幅度减轻因化学农药的施用而造成的环境污染，提高农产品品质和产量，实现农业的可持续发展。

（2）利用田间群落结构稀释病菌控制水稻病害　不同病害的发生规律不同，因此可以通过作物合理搭配形成病菌互不侵染植株群体，从而有效地稀释单位面积内亲和病菌数量。不同作物合理搭配形成的条形群体，互为病害蔓延的物理障碍，可以有效阻隔病害传播，同时这种条形轮作可以有效减少土壤病菌积累和初侵染菌量。

（3）利用作物多样性错峰种植，消减叠加效应　水稻提前或延后播种来避雨避病，可以使病害的发病高峰避开降雨高峰，推迟病害发病时间，从而起到控制病害的作用。

128. 如何利用化感作用控制稻田杂草？

水稻的化感抗草是水稻化感品种通过自身向环境释放化学物

质，从而抑制或影响周围杂草的生长。以化感作用控制草害是利用植物体的自身防御或抗逆能力，这种方法不会带来化学农药引起的环境问题，还可以减少生产成本投入，因此是一种资源节约、环境友好的杂草防治方法。

利用化感作用控草的途径主要是种植化感水稻品种。通过化感种质材料培育化感作用新品种是减少除草剂施用、提高水稻品种对杂草抗性的重要手段。值得注意的是，目前任何化感水稻品种都达不到依靠单一化感作用控制杂草的效果，但是化感水稻可以减少除草剂用量，研究表明除草剂用量可以减少20％以上。当今，有害生物的防治不提倡采用单一措施，杂草防除也一样要采取多措并举的综合治理。化感作用控草已成为杂草综合治理的一个重要组成部分，具有良好的应用前景，对减少化学农药应用和农田生态环境保护具有重要意义。

129. 稻田田埂上种花是为了观赏吗？

近年来，如果你走进连片的水稻种植区，很可能会发现田埂上到处鲜花盛开，令人赏心悦目，仿佛走进了公园。稻田田埂上为什么会有这么多鲜花？是为了让大家观赏吗？答案是否定的。原来种花的主要目的是为了防治水稻害虫。当然，这些鲜花同时也具有观赏作用。

自然界中的显花植物可以危害虫天敌提供极佳的栖息生境和丰富的营养物质。在现代农田生态系统中，农业集约化生产减少了非作物生境，导致农业景观简单化和农田生物多样性急剧下降，农业生态系统中的显花植物随之越来越少，致使害虫天敌能够利用的显花植物更加稀少，从而极大地减弱了自然天敌对害虫的控制作用。目前，应用生态系统的控害功能，保护和利用天敌，减少害虫对农业生产的损害，已成为农业生态系统可持续发展的主要手段之一。为了避免生境保护的盲目性，可以通过改造农业生态系统来增强对天敌有益的生态因素。研究表明，显花植物的花粉、花蜜、蜜露等可以为害虫天敌提供非猎物性食物，这些非猎物性食物能够在害虫天敌找到猎物或寄主前提供额外的营养，帮助其维持新陈代谢和提高整体的营养摄入，延长寿命及增强生殖力。所以，在非作物生境中增加显花植物的种类和数量，就可以为害虫天敌提供食物来源和庇护场所，从而提高天敌对害虫的自然控制能力、减少化学农药的使用量。

在水稻害虫防治中利用显花植物是一种非常有效的措施。在我国，水稻种植区通常被分割成小块稻田，从而会出现大量田埂。将这些田埂利用起来，种上显花植物，为害虫天敌提供合适的资源，增加天敌的种群数量，就可以利用天敌控制害虫，还可以作为景观。研究表明，在稻田边种植花期较长的芝麻可以提高褐飞虱、白背飞虱、灰飞虱和稻纵卷叶螟寄生蜂的数量，有效控制害虫种群，减少农药的使用，经济效益、生态效益明显提高。

虽然显花植物对害虫天敌具有重要的营养功能，但并不是所有显花植物对害虫天敌都是有利的。由于环境及花的形状、颜色、泌蜜量等因素的影响，它们只会选择自己喜好的特定的显花植物。因此，需要通过试验来优选适合的显花植物种类。目前，常用的稻田显花植物有芝麻、豆类、黄秋葵、向日葵、万寿菊等，可以根据具体情况灵活选用。在种植显花植物的同时，还可以在田埂保留一些野生的夏枯草、酢浆草和菊科植物。

130. 稻田边为什么要种植香根草？

香根草别名岩兰草，是一种独特的禾本科多年生草本植物，原产于我国南方及印度、巴西等热带、亚热带地区。香根草具有极强的适应性和抗逆性，且生长迅速，常用作牧草、水土保持及园林绿化植物。已有研究表明，香根草是一种优良的诱虫植物，植株挥发物对水稻螟虫（二化螟、大螟）的雌蛾有较好的诱集作用，而且引诱作用明显强于水稻。田间种植香根草可诱使稻螟在其植株上大量产卵，利于集中灭杀；且香根草上的活性成分对螟虫的幼虫具有毒杀作用，使其不能完成生活史，仅有极少数的幼虫能存活至 2 龄、3 龄，从而显著降低了稻螟种群数量，减少了对水稻的危害。因此，稻田边种植香根草可以大大减少杀虫剂的用量，既降低人力物力成本、减少环境污染，又可保护作物生态系统的生物多样性，已成为水稻害虫绿色防控的重要措施之一，具有很大的开发潜力。

在稻田生态系统中，牺牲水稻种植面积来种植香根草在经济上并不划算。根据香根草的生物学特点，在田埂上种植香根草是理性的选择。二化螟的飞行能力较强，常常在临近的稻田间迁移为害。所以，在田块四周或平行的两边田埂上种植香根草是应用香根草防治二化螟的基本布局策略。研究表明，香根草种植以丛间距 3～5 米，行间距 50～60 米为宜，一般对稻螟的防治效果可达 50％以上。在螟虫轻、中发年份可基本不施用杀虫剂，重发年份只使用 1～2 次农药即可有效控制水稻螟虫。在螟虫重发年份也可结合使用其他非化学防治方法来代替农药防治，从而进一步减少稻田农药使用量，降低防治成本。香根草的营养生长期几乎覆盖整个水稻生育期，因此在整个水稻生长期香根草对二化螟都保持着强烈的引诱作用。

香根草的种植方法简单易行，以分蘖苗移栽即可。种植时间一般 3—6 月，4 月为最适宜时间。栽种地点在稻田边较为宽阔的机耕路边或稻田间的田埂上。为了使香根草生长茂盛，最好使用复合肥施基肥和追肥各 1 次，时间分别为移栽时和 8—9 月，每丛施肥 20～30 克。香根草在种植期间还要适时修剪。一般在 7 月刈割以提高诱虫效果，第一次在 7 月上旬，隔丛刈割，留茬 10～20 厘米；第二次在 7 月下旬，刈割另一半香根草。12 月至翌年 1 月，割去香根草枯茬，留茬 10～20 厘米。此外，喷施除草剂防除田埂杂草时要防止误喷香根草。在种植香根草的同时，还可以在稻田田埂留种杂草和种植蜜源植物，进一步保护和提高害虫天敌数量，强化生态控制作用。

131. 如何利用理化诱控技术防治水稻害虫？

理化诱控技术是指在水稻病虫害的防治过程中，通过科学合理地采用昆虫性诱剂、杀虫灯、诱虫板等绿色防控技术，诱集害虫集中杀灭或破坏其种群的正常繁衍，从而降低害虫的田间种群密度，达到控制害虫，减轻对水稻危害的目的。实践中最常用到的理化诱控技术为性诱剂和杀虫灯。

性诱剂也叫性信息素。雌性二化螟成虫释放二化螟性信息素，雄虫可沿着雌虫释放的性信息素寻找到雌虫，交配产卵，繁衍后代。二化螟性信息素诱芯就是根据这一原理诱捕二化螟的雄性成虫，减少雌虫交配产卵率，从而达到防治害虫的目的。目前，应用二化螟性信息素进行大田防治二化螟已取得良好效果。二化螟性信息素诱捕装置技术也较为成熟，其主要组成部分为诱芯和诱捕器。当前，最常用的诱捕器主要有水盘诱捕器、笼罩诱捕器、筒形诱捕器等。实施时，一般每亩平均布控诱捕器 1～2 个，即可取得较好的防治效果。

杀虫灯的主要原理是利用害虫成虫趋光的习性，引诱并利用高压电网或水盆杀灭各种夜行害虫。杀虫灯的种类很多，目前使用较多的有日光灯、黑光灯、高压汞灯、节能灯、双波灯、频振式杀虫灯等。近年来，研制的杀虫灯还有太阳能杀虫灯、光控雨停电击式诱杀灯、智能杀虫灯等。其中，频振式杀虫灯诱杀效果较好，节能环保，而且对天敌的杀伤作用也较白炽灯、高压汞灯和黑光灯轻，是目前较先进的诱杀工具。因此，近年来频振式杀虫灯在全国推广迅速，广泛用于粮、棉、果、菜等多种害虫的诱杀。研究表明，频振式杀虫灯对鳞翅目、同翅目、鞘翅目、半翅目、直翅目和蜻蜓目害虫均有诱杀作用。在水稻害虫防治中，频振式杀虫灯对水稻主要害虫如二化螟、稻纵卷叶螟、大螟和稻飞虱等均有很好的诱杀效果，对水稻次要害虫的诱杀也有一定的效果。由于稻纵卷叶螟、二化螟、大螟和稻飞虱等水稻主要害虫上灯的时间主要集中在晚上 20：00 至凌晨 0：00，天敌的上灯时间主要集中在凌晨 0：00 左右，因此在田间利用频振式杀虫灯防治水稻害虫时，主要的关灯时间应在凌晨 0：00 之前。这样既可以对水稻害虫进行大量诱集，又可以减少对天敌的杀伤作用。杀虫灯的田间布局应按照外密内疏方式排列，上风口和靠近村屯田块可加密安放，平均每亩放置 1 个，放置高度以诱捕器底端距地面 50～80 厘米为宜。

132. 如何利用赤眼蜂防治水稻害虫？

赤眼蜂是一种寄生性昆虫，属膜翅目赤眼蜂科。赤眼蜂幼虫可在螟蛾类昆虫的卵中寄生，取食卵黄，化蛹后引起寄主死亡，因此可以用于害虫的生物防治。研究表明，赤眼蜂能有效防治稻田二化螟及稻纵卷叶螟，并对天敌生物有一定的保护作用，利用赤眼蜂防治水稻害虫已成为一种有效的生态防控技术。目前，赤眼蜂人工繁殖技术已相当成熟。释放赤眼蜂具有环境友好、无害虫抗药性问题、不杀伤天敌和非靶标生物、无农药残留、有利于保护农田天敌自然种群、提高稻米的产量和质量的优点。

赤眼蜂释放方法非常简单，但应结合害虫测报，选择合适的释放时间。一般在水稻螟虫盛发高峰期前 1 天按每 10 米放置 1 张稻螟赤眼蜂蜂卡，可有效防治二化螟、稻纵卷叶螟。每季水稻释放次数视害虫发生情况而定，一般 2～3 次。释放时，可在 1.5～1.8 米的竹竿上系一塑料杯或防水纸杯，杯口朝下，将赤眼蜂卵卡用胶水贴于杯子内侧，杯口离水稻 50 厘米。

实践中，可以将赤眼蜂与稻螟性诱剂两者结合起来，利用性诱剂诱捕稻螟雄成虫，利用寄生蜂、寄生稻螟的卵，分别对成虫和卵两个不同虫态进行协同防控。两者防治机制完全不同，互不干扰，相得益彰。据研究，二者结合的协同控制效果可达 90%，显著优于单独使用赤眼蜂或单独使用性诱剂的效果。

133. 如何利用生物农药防治水稻病虫害？

生物农药目前在世界范围内尚无被各方接受的统一概念，一般指具有农药功能的生物活体，以区别于广泛使用的化学农药，但对于来源于生物体的具有农药功能的物质是否属于生物农药尚存争议。一般认为,生物农药包括微生物农药、农用抗生素、植物源农药、生物化学农药和天敌昆虫农药等类型。生物农药对农业的可持续发展、农业生态环境的保护、食品安全的保障等提供了技术支撑,受到越来越广泛的关注,目前已有多个生物农药产品获得广泛应用,并有更多的生物农药产品正在持续推出。生物农药在水稻病虫害防治中也发挥着越来越重要的作用。近年来,主要推广应用春雷霉素、枯草芽孢杆菌、嘧肽霉素防治稻瘟病,井冈霉素、申嗪霉素、井冈·蜡芽菌防治纹枯病和稻曲病,苏云金杆菌、甘蓝夜蛾核多角体病毒防治二化螟,甘蓝夜蛾核多角体病毒、苏云金杆菌、球孢白僵菌、多杀霉素防治稻纵卷叶螟,苦参碱防治稻飞虱。下面就如何利用生物农药防治水稻病虫害分别介绍具体方法,其中不包括利用昆虫天敌和其他动物防治病虫害的内容。

(1) 病害防治

①水稻恶苗病。在播种前用多黏类芽孢杆菌可湿性粉剂或解淀粉芽孢杆菌可湿性粉剂稀释浸种,浸种时间为 2~3 天,每天翻种 2~3 次,浸种后进行催芽播种。

②水稻纹枯病。分蘖末期病丛率 5%~10%,孕穗期病丛率 15%~20%时,施用枯草芽孢杆菌可湿性粉剂或申嗪霉素悬浮剂进行预防,施药 3 次,用药间隔期 7~10 天;并施用井冈霉素 1~2 次。

③水稻稻瘟病。秧田在发病初期,每亩秧田出现 10 个以上发病中心或有急性病斑出现时,或从分蘖期开始,发现发病中心或叶片急性型病斑时,施用枯草芽孢杆菌可湿性粉剂或春雷霉素水剂或乙蒜素乳油,施药 3 次,用药间隔期 7~10 天。

④南方水稻黑条矮缩病。在发病前或发病初期施用赤·吲乙·芸可湿性粉剂叶面喷雾,20 天后进行第 2 次施药;或用宁南霉素水剂叶面喷雾,施药 2~3 次,间隔期 7~10 天。

⑤水稻白叶枯病。在发病前或叶尖及叶缘出现病斑时,施用中生菌素可湿性粉剂或乙蒜素乳油,施药 3 次,间隔期 7~10 天。

⑥水稻稻曲病。在水稻破口期前 5～7 天施用井冈·枯芽孢水剂、井冈·枯芽菌可湿性粉剂或申嗪霉素悬浮剂，施药 3 次，用药间隔期 7～10 天。

（2）虫害防治

①稻纵卷叶螟。在卵孵化高峰期至 2 龄幼虫高峰期，田间百丛虫量 60～100 头时，施用苏云金杆菌悬浮剂、甘蓝夜蛾核型多角体病毒悬浮剂或阿维菌素乳油对稻株中上部进行喷雾，若虫情偏重，隔 7～10 天再喷 1 次。

②水稻二化螟。在分蘖期枯鞘株率达到 3％、孕穗后期至抽穗期卵块数达每亩 50 块时进行防治，施用苏云金杆菌悬浮剂对水稻中下部喷雾，若虫情偏重，隔 7～10 天再喷 1 次。

③水稻三化螟。在水稻破口期卵块量达每亩 40 块时进行防治，药剂种类及防治方法同二化螟。

④稻飞虱。白背飞虱和褐飞虱幼虫高峰期密度达到每百丛 500～1 000 头时进行防治，可使用印楝素乳油、苦参碱水剂或金龟子绿僵菌油悬浮剂对稻株中下部喷雾，若虫情偏重，隔 7～10 天再喷 1 次。

⑤稻蓟马。在水稻移栽后 10 天用球孢白僵菌稀释喷雾。若虫情偏重，隔 7～10 天再喷 1 次。

⑥稻水象甲。在水稻移栽后 5～7 天用金龟子绿僵菌油悬浮剂球孢白僵菌稀释喷雾。若虫情偏重，隔 7～10 天再喷 1 次。

134. 稻田养殖（如稻鸭共作）为何可以减少农田杂草？

稻田养殖是利用稻田物种多样性对农田草害具有的防控效应，如在稻鸭共作模式下，利用鸭不吃稻苗而吃稻田杂草的特性来防治杂草。鸭为杂食性水禽，稻田杂草是鸭的天然食料；鸭通过群体频繁取食，杂草种子、幼苗、地下块茎、块根均可成为它的食物；鸭脚高密度的踩踏作用使杂草无法正常生长；鸭还能把埋在稻泥中的杂草幼芽或种子吃掉，或使其暴露悬浮于水中，加快其腐烂死亡速度，从而大大降低土壤杂草种子库的密度，减少来年杂草的发生基数。

135. 什么是"鸭蛙稻"种养模式？如何实施？

鸭蛙稻是"稻＋鸭＋蛙"的一种种养模式。它是以稻田为基础，以水稻生产为核心，将水稻种植与鸭和青蛙养殖有机结合的"一地多用，一季多收"的绿色高效种养模式。

目前，鸭蛙稻已经有了成熟的技术体系，在湖北省石首市已经大面积推广，取得了良好的经济效益和生态效益。其全程种养、管理技术如下：

①种植绿肥。种植绿肥可以压缩杂草生存空间，利用根瘤菌固氮提供有机氮肥，使水稻生长健壮，提高抗病虫能力，并且提高稻米品质。一般使用的绿肥为紫云英，即红花草。

②电解水消毒。用酸性氧化电位水处理种子，打破种子休眠，使水稻出芽整齐，根系粗壮；还可减轻使大田中纹枯病、稻曲病和稻瘟病的发生。

③绿肥翻耕沤泡。在插秧前10～15天，紫云英生长达到最大生物量时，干耕翻晒7～10天，再上水沤泡3～5天后整地插秧。干耕翻晒及紫云英腐烂发酵产生的高温及高浓度生物有机溶液可以抑制杂草生长，杀灭病原物。干晒还可使杂草提前萌发，整地时被机械杀死，并能提升土壤有机质、腐殖质含量，提升土壤通透性，利于水稻健壮生长。

④大棚基质工厂化育秧。这种育秧方式可以阻隔多种病虫在秧苗期侵染，以免带到大田；并可培育壮秧，提高抗病虫能力。

⑤灯光诱杀。全区域网格化布局太阳能频振式杀虫灯，可明显减轻稻田二化螟、稻纵卷叶螟、稻飞虱和稻蓟马的危害。

⑥性诱剂诱捕。网格化布局干式性诱捕器，每亩1个。这项技术可诱杀雄蛾，干扰雌雄正常交配，减少田间卵量，从而减轻虫害。

⑦稻田养鸭。于插秧后10～15天，每亩投放10～15天龄的鸭

苗 15 只。鸭子取食杂草种子和根茎，取食害虫，在稻丛中穿行利于通风透光，不利于纹枯病菌菌丝的正常生长、破坏稻曲病菌子囊盘，从而对病、虫、草害均起到一定的抑制或杀灭作用。同时，鸭粪是很好的有机肥，能提高水稻抗病和抗倒伏能力。

⑧施生物有机肥。鸭蛙稻种养全程不单独施用化肥，每亩施用含氮量 5％的生物有机肥 160 千克、基肥 80 千克、分蘖肥 40 千克、鸭蛙稻再生促芽肥 40 千克。这样的施肥方式使水稻生长健壮，抗病能力强，稻米质量高。

⑨投放青蛙。在鸭蛙稻种养区域内，每 1 000 亩配套建设一个青蛙集中助养基地。将鸭子赶出田间以后，每亩投放 50 克左右青蛙 60～80 只。利用青蛙捕食飞虱等害虫，直至水稻收割，青蛙不回收，回归自然。

136. 什么是水稻绿色防控集成技术？

在水稻病虫草害的防治中，对于特定的有害生物来说，很多单项技术的应用都可以取得良好的防治效果。但是，由于水稻病、虫、草害种类较多，各种有害生物又都有自己的特点，很难通过单项技术取得令人满意的综合防治效果。所以，实践中通常因地制宜地将生态调控技术、理化诱控技术、生物防治技术、科学用药技术及无公害栽培技术相结合，形成技术协调、组装配套的水稻病虫绿色防控集成技术，在生产中应用可以获得明显的经济效益和生态效益。例如，早稻可以在耕沤灌水灭螟蛹、性诱、灯诱、田埂种香根草诱控和在有条件的地方推广稻鸭（蛙、虾、蟹）共育的基础上，安全科学使用药剂浸种、秧苗送嫁药和穗期混合保穗药；中晚稻可以集成"生态控制＋灯诱＋生物农药＋安全科学用药"技术模式。

七、 小麦农药减施增效技术

137. 小麦有哪些病虫害？如何防治？

小麦是我国主要粮食作物之一，它的产量和品质对我国经济建设以及人民生活都有很大的影响。然而，由于小麦的病虫害种类多、分布广、危害大，每年都给小麦生产造成较大的损失。小麦种植过程中的主要病虫害有：处于播种期的小麦易受地下虫害、根腐病、全蚀病等病虫害的侵扰；处于苗期的小麦易受白粉病、地下虫害、灰飞虱、全蚀病、纹枯病的侵扰；处于返青拔节期的小麦易受条锈病、红蜘蛛的侵扰；小麦拔节孕穗关键阶段常会出现条锈病、白粉病、麦蚜、红蜘蛛等病虫害；抽穗扬花期是小麦多种病虫为害高峰期，主要病虫害为小麦条锈病、赤霉病、麦穗蚜、白粉病、吸浆虫等（彩图20，彩图21）。防治小麦病虫害，需要采取综合防治技术，可以采取的措施有如下几种。

①选择优质抗病虫品种。选择抗性强的品种是小麦病虫害防治的关键。在抗性小麦品种选择中要坚持因地制宜的原则，对地区的气候以及地质条件进行全方位的分析，设立品种对照试验，筛选适应性与抵抗能力较强的品种进行种植，可以有效提升小麦产量。在小麦品种的选择上，要避免品种单一性，在较大面积的区域内，种植2个以上抗性强的品种，即采用较大区域内品种相间种植的方式进行。要结合小麦种植实际情况合理安排，通过这种相间种植的方式可以提升小麦抗病虫害的能力。

②种子处理技术。药剂拌种是经济有效的病虫害防治措施，药剂选用得当，可以达到事半功倍的效果，能保证冬前及春季起身之

前麦田无病虫危害。种子处理的较好方式是药剂拌种。部分市售麦种已进行了药剂拌种，有一定的预防病虫效果，但对于病虫害发生重灾区以及没有拌种处理的麦种，就要进行种子包衣处理。针对根腐病、全蚀病、纹枯病及地下害虫对种子进行拌种，一般100千克种子用适量苯醚甲环唑、戊唑醇及毒死蜱处理（用量根据含量而定）；小麦白粉病以及秆黑粉病的传播也以种子为主，为了兼治，可以每100千克种子加入15%三唑酮80~100克；近几年市面上出现了不少的拌种颗粒剂，如含2.5%吡虫啉的缓释粒剂每亩施用1.4千克，播种时与种子掺拌均匀播种，使用方便，防治地下害虫效果好，春季拔节前蚜虫少、麦苗黑壮。通过对小麦种子进行药剂处理，提升小麦种子的抗病害能力，从源头上防止病害的发生，保护小麦健壮发育，进而提升小麦的产量。

③药剂喷雾处理。针对全蚀病、纹枯病、锈病、蚜虫、吸浆虫等主要病虫害，可以采取自走式喷杆喷雾机、植保无人飞机等喷洒三唑酮、氟硅唑、吡虫啉、嘧菌酯、吡唑醚菌酯等药剂进行喷雾防治。不同地区也可以针对小麦抽穗扬花期各类病虫害混合发生，采取小麦"一喷三防"技术。

138. 小麦种子处理有哪些产品？为什么前期种子处理可以减少后期农药喷雾？

到2020年5月，我国小麦上登记的悬浮种衣剂有234个产品，种子处理悬浮剂有27个产品，拌种剂有6个产品。这些产品中防治小麦蚜虫的产品87个，包括新烟碱类杀虫剂，如吡虫啉、噻虫嗪和噻虫胺等。近些年新烟碱类杀虫剂在小麦上得到广泛应用，其显著特点是可以通过种子包衣防治穗期蚜虫，省时省力。如吡虫啉、噻虫嗪和噻虫胺种衣剂包衣小麦种子，依不同地区气候特点、土壤条件以及小麦生长情况，在小麦灌浆期对小麦蚜虫防治效果可以达到60%~90%，显著减少后期喷雾防治蚜虫。新烟碱类杀虫剂小麦种子包衣可以防治穗期蚜虫，原因是新烟碱类杀虫剂杀虫活性比较高，相对持效期比较长，在土壤中降解相对较慢。

我国小麦种衣剂中登记用于防治小麦纹枯病的产品有 53 个，有效成分包括苯醚甲环唑、戊唑醇、咯菌腈、醚菌酯等，其中苯醚甲环唑悬浮种衣剂是防治小麦纹枯病的主打产品；防治小麦散黑穗病的产品 84 个，有效成分包括苯醚甲环唑、戊唑醇、灭菌唑；防治腥黑穗病的产品 5 个，以咯菌腈为主；防治全蚀病的产品 67 个，以苯醚甲环唑和硅噻菌胺为主，其中硅噻菌胺是防治全蚀病的特有品种。种子处理对上述病害均有较好的防治效果，可以有效减少后期农药喷雾。原因在于：一是种子处理可以及早预防，从而有效减少病原基数；二是小麦种孢衣用杀菌剂主要为三唑类以及咯菌腈和硅噻菌胺等，这些药剂本身持效期比较长。

139. 如何实现小麦药种同播？效果如何？

小麦播种用种量大，需不间断连续播种，因小麦种子较小，腹沟明显，棱角显著，只要农药颗粒大小与麦粒相近，药种掺混均匀后即不易分层。农药颗粒和种子掺混均匀后，放入同一播种斗里进行药种同播，同步播入土壤中的药粒与种子数量比为 1：（8～10），土壤中 1 粒农药颗粒附近分布有 8～10 粒种子，农药颗粒中的有效成分释放到种子周围土壤中，杀灭土壤中的病虫害，随着作物生长对水分和养分的需求，有效成分通过根系传导至小麦地上茎叶各部位，达到预防地上病虫害的目的。

小麦采用药种同播技术，简单易学，药效期长，能有效减少用农药次数，有效防治小麦生育期内地下及地上病虫害的发生；同时使作物出苗整齐、苗壮、苗旺，根系发育良好，根系分级多且色白，根系活力强；在小麦分蘖期能促进分蘖，增加植株田间群体数，叶片面积大而厚，地上干物质量增加，以形成较多的有机物质，更好地促进小麦生殖生长，增加产量 10% 以上。例如，采用 0.4% 呋虫胺颗粒剂 3 千克与 15 千克小麦种子药种同播，对地下害虫防治效果为 70.6%，在灌浆期对小麦蚜虫防治效果为 84.2%。

140. 小麦蚜虫如何防治？

小麦蚜虫是我国乃至世界上小麦生产中的主要害虫。据统计，为害麦类作物的蚜虫有 30 余种，主要是麦长管蚜、禾谷缢管蚜、麦二叉蚜等，均属于同翅目蚜科昆虫。小麦蚜虫主要以成蚜、若蚜吸食小麦茎、叶、嫩穗的汁液，被害处呈浅黄色斑点，严重时叶片发黄。小麦从出苗到成熟，均有小麦蚜虫为害。小麦灌浆期、乳熟期是小麦蚜虫发生为害的高峰期，造成籽粒干瘪，千粒重下降，引起严重减产。小麦蚜虫还是传播植物病毒的重要媒介，造成小麦黄矮病。

小麦蚜虫的防治可以采取如下措施：一是选种抗蚜品种。选择种植抗虫品种是控制虫害的重要途径，小麦抗虫性是小麦与害虫长期协同进化过程中形成的一种可遗传特性，目前各地有一些对小麦蚜虫具有中等抗性或一定抗性的小麦品种，如晋麦 32、郑州 831、抗虫 4285 等。二是利用生态调控技术，小麦田间作绿豆、油菜等作物，或者利用汇挥发性化学物质"一推一拉"防治小麦蚜虫。三是采取生物防治技术。小麦蚜虫天敌资源丰富，必要时可人工繁殖释放或助迁天敌，并提供繁殖发育的场所，如小麦与油菜间作可以诱集天敌，当益害比大于 1：120 时，天敌控制小麦蚜虫效果较好。四是采用物理防治，在小麦蚜虫发生初期田间悬挂黄板，实施黄板诱杀技术，悬挂方向以板面向东西方向为宜。五是采取化学药剂防治。当小麦蚜虫发生数量大、为害严重，农业防治和生物防治不能控制其为害时，则需要选用吡虫啉、啶虫脒、噻虫嗪、抗蚜威、三氟氯氰菊酯等药剂喷雾防治。喷雾方法可以选择喷杆喷雾法，也可以选择植保无人飞机低容量喷雾法，还可以选择其他大型航空植保机械喷雾防治。

141. 什么是小麦蚜虫防控的"推拉技术"？

"推拉技术"是一种新兴的害虫绿色防控方法，主要是综合利用行为调控及生态调控措施来调控害虫吸引天敌。"推"即是将害虫从作物上驱避出去,"拉"是将害虫引诱到诱集带进行集中杀灭或者将天敌吸引到田间,"一推一拉,害虫回家",从而降低害虫对目标作物的危害,达到农药减施的目的。基于小麦—麦蚜—天敌化学通讯机制研究,中国农业科学院植物保护研究所研发了由小麦蚜虫生态调控和行为操纵理论相结合的小麦蚜虫推拉技术,取得良好的经济与生态效果。其主要做法是基于昆虫嗅觉行为利用水杨酸甲酯、蚜虫报警信息素协同小麦—豌豆间作系统,构建"推—拉"绿色防控小麦蚜虫体系,改变了小麦蚜虫防控过度依赖化学农药的技术手段,能减少蚜虫数量 50%,天敌增加量 10%~50%,减少农药使用量 30%以上。

142. 小麦茎基腐病如何防控?

小麦茎基腐病是近几年快速增长的小麦病害,主要发生在玉米、小麦两熟轮作、秸秆还田较多的河南、河北、山东、安徽、江苏等地。小麦出苗期就可感染,病菌最早可通过衰败的芽鞘侵入地中茎,向上扩展到分蘖节;小麦返青后,病菌向上扩展,在茎基节间形成茶褐色病斑,麦苗生长缓慢,严重时开始死亡;小麦灌浆期造成茎基部分蘖节处枯死,上部茎叶和穗得不到水分而死亡,出现枯白穗,田间拔除时极易从基部折断。重病田成穗大幅度减少,比正常田少 50%以上,且穗小籽少。

针对病害的发生特点,可以通过以下方式进行综合防控:

①在有条件的地区推广深耕,可减轻 50%以上的发病率。

②合理施肥、浇越冬水等是减少田间发病及为害的有效农业措施。

③种子包衣是小麦茎基病防治的有效措施。酷拉斯是先正达优秀的小麦种衣剂,内含的 2 个杀菌剂成分对小麦茎基腐病有良好的预防效果。经河南农业大学 2012—2016 年试验,每 100 千克种子用 300~400 毫升酷拉斯包衣,田间防治效果接近 50%~70%。与

目前常用的其他种衣剂相比，酷拉斯对小麦高度安全，在重病区加大使用量也不会对小麦产生药害。

④小麦茎基腐病从播种到收获均可发病，种衣剂减少返青前发病，但返青后拔节前喷雾是综合防治的重要一环。先正达扬彩是目前小麦田表现优秀的杀菌剂，每亩用70毫升，加水30千克在小麦返青期喷雾，可有效减轻小麦茎基腐病为害，同时防治小麦纹枯病、白粉病、锈病等小麦中后期病害，增产效果明显。酷拉斯种子包衣和返青期扬彩喷雾防治小麦茎基腐病安全有效，经多年推广证明，防病效果好，增产效果显著。

143. 如何防治小麦锈病？

小麦锈病是小麦生产上发生面积广、危害严重的一类真菌病害，分为条锈病、叶锈病和秆锈病3种，这3种锈病常相伴而发生，以条锈病发生最为严重，所以通常所说的小麦锈病是指小麦条锈病。3种锈病症状可根据其夏孢子堆和各孢子堆的形状、大小、颜色、着生部位和排列来区分。群众形象地区分3种锈病的特征是"条锈成行，叶锈乱，秆锈是个大红斑"。

小麦锈病是气传病害，在防治上必须采取以种植抗病品种为主，栽培措施和药剂防治为辅的综合防治策略，才能有效地控制其为害。具体防治措施有：

①选用抗（耐）锈高产品种。做到抗原布局合理及品种定期轮换，根据各地条件合理选用抗病品种，尽可能选择能抗多种生理小种，既具有成株抗性，又有苗期抗性的品种。在当地比较抗病的小麦品种，种植数年以后，不易感病的锈病生理品种逐步退位，而易感病的锈病生理品种逐步产生，发生面积逐步扩大，为害加重，使小麦抗病性丧失，成为感病品种。还要建立种子田，防止抗锈良种混杂和丧失抗性。在应用抗病品种时，注意抗锈品种合理布局。利用抗病品种群体抗性多样化或异质性来控制锈菌群体组成的变化和优势小种形成。避免品种单一化，但也不能过多，并注意定期轮

换，防止抗性丧失。

②加强栽培管理，提高小麦植株抗病力。一是小麦收获后及时翻耕灭茬，消灭自生麦苗，减少越夏菌源。二是调节播种期。适当晚播，不宜过早播种，减轻秋苗期条锈病发生。三是及时灌水和排水。小麦发生锈病后，适当增加灌水次数，可以减轻损失。四是合理、均匀施肥，避免过多使用氮肥，提倡施用酵素菌沤制的堆肥或腐熟有机肥，如牛粪、马粪、猪粪、羊粪等。增施磷钾肥，氮磷钾合理搭配，增强小麦抗病力。速效氮肥如尿素、硫酸铵、氯化铵、碳酸氢铵、氨水和液体氨、硝酸铵等不宜过多、过迟，防止小麦贪青晚熟，加重受害。

③加强预测预报。早春小麦返青后，及时进行预测预报，发现一片，防治一片，当大田病叶率达 0.5％～1％时立即进行普治。在小麦孕穗期至抽穗期，叶锈病普遍率达到 5％左右时，开始喷药。在小麦扬花至灌浆期，秆锈病普遍率达 1％～5％时，开始喷药。

④喷洒药剂防治。对早期出现的发病中心要进行集中防治，切断控制其传播蔓延。大田病叶率达 0.5％～1％时立即开展应急防控。可选用三唑酮、戊唑醇、烯唑醇、吡唑醚菌酯等药剂。当小麦锈病、蚜虫、红蜘蛛等病虫害混发时，于发病初期，可选用杀虫杀菌剂混合使用方式进行喷药防治。

144. 如何防治小麦赤霉病？

小麦赤霉病是小麦的主要病害之一，主要由禾谷镰孢菌引起。病菌可以在麦株残体、水稻、玉米、棉花等多种作物以及稗草等植物上越夏、越冬。赤霉病病原菌是在小麦开花期从花器入侵，入侵的时间短，一旦入侵就会造成严重的损失，因为它直接危害小麦结实。阴湿的天气有利于病原菌的入侵，所以小麦赤霉病往往在阴雨天气发生。这种特殊的天气加上病原菌入侵时间短，使防治工作非常紧迫。如果不能严格掌握这一特点，防治工作往往不能取得成效。

小麦赤霉病的有效防治时期是始花期至盛花期,同时由于对天气有特殊要求,要求喷出的药液必须能很快干燥、固着在麦穗上。所以对于小麦赤霉病的防治低容量喷雾(如喷杆喷雾机和植保无人飞机)反而会比常规喷雾(手动、电动喷雾器)的防治效果好。

目前,常用的防治小麦赤霉病的药剂有甲基硫菌灵、福美双、唑醚·戊唑醇、唑醚·氟环唑、戊唑·咪鲜胺、氟唑菌酰羟胺、唑醚·咪鲜胺、叶菌唑、丙硫菌唑、肟菌·戊唑醇、咪鲜·福美双、多菌灵、氨基寡糖素、枯草芽孢杆菌等。

145. 什么是小麦的"一喷三防"?

小麦主产区"一喷三防",是在小麦生长期喷施杀虫剂、杀菌剂、植物生长调节剂、叶面肥和微肥等,达到防病虫害、防干热风、防倒伏,增粒增重,确保小麦增产的一项关键技术措施。小麦生长中后期病虫害比较集中,因此可以通过开展"一喷三防"进行统一防治。主要包括:①抽穗扬花前及时喷施药剂防治吸浆虫、预防赤霉病。抽穗扬花前是小麦吸浆虫成虫羽化产卵高峰,也是赤霉病侵染的关键时期。②灌浆期喷施药剂,防治小麦蚜虫、预防病害、促进灌浆。灌浆期是提高小麦产量的关键期,同时也是小麦蚜虫、白粉病、叶锈病等病虫害发生盛期,一般当百株蚜虫达 $800\sim1\,000$ 头时应及时防治。干热风亦称"干旱风""热干风",习称"火南风"或"火风"。干热风发生时,温度显著升高,湿度显著下降,并伴有一定风力,蒸腾加剧,根系吸水不足,往往导致小麦灌浆不足,秕粒严重甚至枯萎死亡。我国的华北、西北和黄淮地区春末夏初期间都有出现干热风。通过喷施 0.2% 磷酸二氢钾,可使小麦抵抗干热风的危害,防止早衰,提高粒重。"一喷三防"的另一个重要技术就是防倒伏。其中发挥重要作用的就是磷酸二氢钾,因为钾离子能够增加秸秆硬度,而且促使籽粒饱满。

146. 植保无人飞机小麦"一喷三防"有哪些注意事项？

植保无人飞机低容量喷雾技术已经成为小麦"一喷三防"的重要技术措施，取得了很好的成效（彩图22）。但在具体应用中，还需要注意一些问题：

①植保无人飞机施药的防治指标。在扬花10%，且连续阴雨天气时进行小麦赤霉病的第1次防治，根据虫害发生情况可以用植保无人飞机同时兼防蚜虫和吸浆虫；在百株蚜虫达500头时，白粉病病叶率为5%时需要进行小麦蚜虫和白粉病的防治。

②植保无人飞机的施药参数。针对赤霉病、穗蚜和吸浆虫的防治，其飞行高度一般设在1.5～2.5米，亩施药量为1.5～2.0升；针对蚜虫、白粉病、纹枯病和锈病飞行高度一般设在1.0～2.0米，亩施药量为1.0～2.0升；

③配套药剂选择。22%高效氯氟氰菊酯·噻虫嗪微囊悬浮-悬浮剂、25克/升溴氰菊酯乳油、325克/升苯甲·嘧菌酯悬浮剂、5%吡虫啉乳油、5%高效氯氟氰菊酯水乳剂、80%烯啶吡蚜酮水分散粒剂、5%双丙环虫酯可分散液剂、70%吡虫啉水分散粒剂、12%联苯菊酯·吡虫啉悬浮剂、35%吡虫啉悬浮剂、18.7%嘧菌酯·丙环唑悬浮剂、30%肟菌·戊唑醇悬浮剂、23%醚菌氟环唑悬浮剂、30%戊唑醇·多菌灵悬浮剂、17%唑醚·氟环唑悬浮剂C、45%戊唑·咪鲜胺水乳剂、45%咪鲜胺悬浮剂、12.5%腈菌唑乳油等。

④喷雾助剂选择应用。倍达通、双俭、农建飞、一满除、蜻蜓飞来等飞防专用助剂应用，均可以有效提升防治效果，提升农药利用率。

147. 飞防助剂是如何提高小麦"一喷三防"效果的？

飞防助剂多是植物油类喷雾助剂（例如倍达通），在"一喷三防"中主要通过以下两个方面提高防治效果：①通过调节药液的黏度和降低表面张力调节雾滴粒径谱，增大雾滴粒径以及大雾滴的比例，减少易飘移的小雾滴数，从而提高药液的利用率，避免飘移而产生的重喷、漏喷和药害，避免污染环境以及对非靶标生物的影响。②具有和植物叶片非常好的亲和性，减小雾滴与叶面的接触角，扩大雾滴在叶面的覆盖面积。良好的润湿性使药液在植物叶片的附着量增加，提升单位叶片的着药量。此外也改善靶标蜡质层的理化性质，增强蜡质流动性和增加部分蜡质溶解，从而调节渗透性增加药液的吸收和传导；农药雾滴的附着力更强，耐蒸发耐雨水冲刷性能增强。

148. 植保无人飞机在小麦病害防治的技术要点是什么？

小麦病害采用植保无人飞机喷雾防治时需要掌握以下要点：

（1）明确小麦病害的发生特点　小麦病害主要有白粉病和赤霉病等，小麦白粉病病原菌和小麦赤霉病病原菌的共同特点就是都产生子囊孢子，成熟的孢子在气流的作用下随风飘散，并且侵染后潜育期很短，在适宜条件下，仅为3天左右，初期人眼发现不了。不同点是小麦白粉病会从下部叶片开始向上蔓延，而赤霉病发生在穗部。

（2）明确最佳的喷洒时期　传统农药喷洒中，防治小麦白粉病和赤霉病最佳时期为扬花初期，小麦白粉病发生要早于赤霉病。但用植保无人飞机喷洒时要特别注意，因为在防治中出现过病害加重的现象，后来经过分析基本得出和两个因素有关。一是小麦白粉病病原菌孢子的成熟度。二是无人飞机产生的旋翼气流。孢子的释放大多是发育成熟后，在自然风的作用下随风飘散。而无人飞机旋翼产生的下洗气流，会加速病原菌孢子的释放和传播。在微观条件下，研究了外力作用（风力）对小麦白粉病病原菌子囊壁破碎、菌丝断裂、传播距离的影响，探明了旋翼直径2米，离作物冠层高度1.5～2米时产生的风速对生长1～4天内的孢子囊和菌丝体没有太大影响，但能破坏生长 5 天后的孢子囊壁和菌丝体，使孢子的数量明显增多，使得病害的发生比对照要高 1.3 倍。因此在用无人飞机喷药时，要在病原菌发育成熟前 2～3 天喷洒，防治效果优于传统施药机具常规喷洒。

（3）选择合适的农药与助剂　一定要选择从正规厂家购买的农药，并且经过市场的多年检验。另外喷洒中加放配伍性好、耐蒸发的喷雾助剂，以减少雾滴飘移和雾滴萎缩，提高农药剂量传递效率。

（4）选择最佳的植保无人飞机施药参数　飞行速度、高度和喷幅等飞行参数选择不当会造成防治效果降低。研究中发现，飞行速度太慢会影响喷洒效率，太快会影响雾滴在冠层的穿透性；飞行高度过高飘移量增加，过低雾滴分布均匀性变差同时会导致作物倒伏。因小麦白粉病和赤霉病发生部位不同，在指导作业时，既要考虑机具的作业效率，又要考虑旋翼产生的气流场和雾滴场的匹配性，以达到最佳雾滴沉积和穿透效果。所以对参数的选择就会提出更高的要求。在一种新机具使用之前，研究人员都会针对病虫害的发展特点开展大量的无人飞机参数优化试验。

八、 玉米农药减施增效技术

149. 玉米有哪些主要害虫？如何防治？

我国玉米种植区域幅员辽阔，从东北地区到华北地区，从西南地区到西北地区都可以种植，玉米是我国种植面积最大的粮食作物。近年来，随着全球气候变暖，玉米害虫发生量和世代明显增加，危害程度逐年加重。

根据研究人员对我国记载的玉米害虫整理结果，《中国主要农作物有害生物名录》中记载的我国为害玉米的害虫种类有258种，包括昆虫纲252种，其中，鞘翅目害虫71种、半翅目害虫68种、鳞翅目害虫59种、直翅目43种、缨翅目8种、双翅目3种，蛛形纲3种和软体动物门腹足纲的3种。《中国玉米病虫草害图鉴》中记述的害虫种类为84种，新增软体动物门腹足纲的害虫5种，加上2018年报道在西南地区为害玉米的新害虫一点缀螟和2019年新入侵的玉米重大害虫草地贪夜蛾，我国已知的玉米害虫种类达265种（彩图22）。在这些害虫中，造成经济损失的玉米害虫有50多种。

根据害虫的为害部位、为害方式和为害时期，可将玉米害虫分为地下害虫、刺吸害虫、食叶害虫和钻蛀害虫。为害玉米的地下害虫种类多，主要包括蛴螬、金针虫、地老虎、蝼蛄、二点委夜蛾、蛀茎夜蛾、异跗萤叶甲、根土蝽、耕葵粉蚧和根蛆等。地下害虫为害玉米萌发的种子、根系、嫩茎和幼苗，造成缺苗断垄，甚至毁种重播；即使有苗没有死亡，但因根系受害，玉米苗生长发育受到影响，植株矮小，不结穗或结小穗，严重影响产量。为害玉米的刺吸式害虫主要有蓟马、蚜虫、叶螨、叶蝉、蜡类和飞虱。玉米田的食叶害虫种类比较多，主要有草地螟、黏虫、甜菜夜蛾、棉铃虫、双斑长跗萤叶甲、蝗虫类和新入侵的草地贪夜蛾等。实际上棉铃虫、草地贪夜蛾和双斑长跗萤叶甲不仅为害玉米叶片，还是玉米果穗的重要害虫。玉米钻蛀性害虫主要有亚洲玉米螟、桃蛀螟、高粱条螟、大螟和在西南山地玉米区为害的一点缀螟。

防治玉米害虫的主要措施包括农业防治、物理防治、生物防治和化学防治。农业防治包括秸秆粉碎还田，杀死在秸秆中越冬的玉米螟等钻蛀性害虫，降低虫源基数；在黄淮海夏玉米区，小麦收获后免耕直播玉米时清理播种行的麦秸、麦糠，破坏二点委夜蛾的栖息危害场所，可有效控制二点委夜蛾的危害；种植抗虫品种；加强水肥管理，提高玉米自身的抗虫性。物理防治包括在玉米螟等害虫成虫高峰期利用杀虫灯或糖醋液诱杀成虫，或利用性信息素进行迷向，干扰害虫交配，降低田间落卵量。生物防治包括在玉米螟、棉铃虫等害虫产量期释放赤眼蜂以及利用白僵菌、Bt 等生物农药在幼虫期进行防治。化学防治包括利用有内吸作用的化学农药进行种子包衣，控制地下害虫和苗期害虫，在玉米不同生育期，根据害虫的发生情况，如在玉米螟、黏虫、草地贪夜蛾、蚜虫和叶螨严重发生情况下，喷施化学农药，控制玉米害虫的为害。

150. 玉米害虫有哪些天敌？

玉米害虫种类多，每种害虫都有一种或几种优势天敌，天敌昆虫对玉米害虫的发生为害起着关键作用。据报道，我国玉米害虫的天敌近 100 种，按照天敌对害虫的控制方式，可分为寄生性天敌、捕食性天敌和病原微生物 3 大类。

（1）寄生性天敌包括寄生蜂、寄生蝇等　寄生蜂种类多，最重要的是鳞翅目害虫卵寄生蜂赤眼蜂，如玉米螟赤眼蜂、松毛虫赤眼蜂、螟黄赤眼蜂，其中玉米螟赤眼蜂是亚洲玉米螟优势卵寄生蜂，松毛虫赤眼蜂则是人工繁育和应用面积最大的用于防治玉米螟的蜂种，螟黄赤眼蜂也被用来防治玉米螟。此外，螟黄赤眼蜂还是防治棉铃虫和草地贪夜蛾的寄生蜂。对草地贪夜蛾寄生效果好的卵寄生蜂是夜蛾黑卵蜂。寄生玉米害虫幼虫或蛹的寄生蜂主要是姬蜂科、茧蜂科和蚜茧蜂科的种类，重要的寄生蜂如棉铃虫幼虫的优势寄生蜂中红侧沟茧蜂，寄生玉米螟幼虫的优势寄生蜂腰带长体茧蜂，寄生黏虫幼虫的黏虫绒茧蜂和寄生甜菜夜蛾幼虫的管侧沟茧蜂等。寄生蝇属双翅目，玉米田常见的寄生蝇是玉米螟厉寄蝇和金龟子长喙寄蝇。

（2）玉米害虫的捕食性天敌种类很多　大多属于鞘翅目、半翅目、双翅目、脉翅目和蜱螨目。常见的捕食性天敌包括甲虫、瓢虫、蜘蛛、草蛉、捕食蝽、捕食螨和食蚜蝇等。在甲虫中，常见的种类有中华广肩步甲、黄缘步甲、艳大步甲、赤胸步甲、中华虎甲、青翅蚁形隐翅虫等；瓢虫是玉米田重要的捕食性天敌，在玉米田捕食蚜虫、叶螨、鳞翅目害虫的小幼虫和卵，常见的种类有七星瓢虫、龟纹瓢虫、异色瓢虫、多异瓢虫、深点食螨瓢虫和黑背小瓢虫等。蜘蛛属于蛛形纲蜘蛛目的一类捕食性害虫天敌，主要捕食蚜虫、叶螨、蓟马、大青叶蝉、鳞翅目幼虫和卵，对玉米田害虫起着一定的控制作用。玉米田主要蜘蛛种类有草间小黑蛛、隆背微蛛、八斑球腹蛛、中华狼蛛、三突花蛛等。捕食蝽属于半翅目，大型捕食蝽种类，如蝽科中的捕食性种类和猎蝽科，主要捕食鳞翅目各龄期的幼虫，也能刺吸鳞翅目成虫；长蝽科、姬蝽科和小花蝽科则捕食鳞翅目低龄幼虫及卵，也取食粉虱、叶蝉和蚜虫等害虫。玉米田常见的捕食蝽为蠋蝽、益蝽和叉角厉蝽。捕食螨属于蛛形纲蜱螨目的一类捕食螨，是玉米田叶螨和一些同翅目、双翅目害虫的主要天敌，尤其是对控制叶螨的种群数量控制起着重要作用，主要捕食螨种类有：智利小植绥螨、西方盲走螨、尼氏钝绥螨和东方钝绥螨。草蛉和食蚜蝇分别属于脉翅目的草蛉科和双翅目的食蚜蝇科的捕食性天敌昆虫。主要捕食蚜虫、叶螨、介壳虫、粉虱、叶蝉、蓟马、小型鳞翅目幼虫等。玉米田主要种类有大草蛉、丽草蛉、叶色草蛉、中华草蛉、黑带食蚜蝇、大灰食蚜蝇、斜斑鼓额食蚜蝇和刻点小食蚜蝇等。

（3）病原微生物主要有真菌、细菌、病毒、线虫、原生动物等　真菌中常见的是球孢白僵菌、金龟子绿僵菌，被广泛应用于玉米螟和草地贪夜蛾等害虫的防治。细菌中最常见的是苏云金杆菌，也就是常说的 Bt，广泛应用于玉米螟、草地贪夜蛾等害虫的防治。病毒中如棉铃虫核型多角体病毒，病原线虫中的斯氏线虫、异小杆线虫以及中华卵索线虫等。原生动物中主要是微孢子虫，如寄生玉米螟的玉米螟微孢子虫。

151. 如何用赤眼蜂防治玉米螟？

利用赤眼蜂防治玉米螟包括自然保护利用和人工大量繁殖释放，前者注重优化生态系统，创造有利于天敌自然种群增长并能充分发挥其控制螟害作用的生态环境，如合理的作物布局、适宜的间作套种等；后者侧重于选育优良蜂种和人工繁蜂方法以及田间放蜂技术，提高防治效果。

（1）自然保护利用　优化赤眼蜂适生境，提高玉米螟卵的自然寄生率。玉米间作甘薯和豆科作物，尤其是匍匐型绿豆对玉米螟赤眼蜂有诱集作用，可显著提高玉米螟赤眼蜂对玉米螟卵的寄生率。

（2）人工放蜂治螟　我国北方玉米产区用于防治玉米螟的赤眼蜂种类，主要是利用柞蚕卵繁殖的松毛虫赤眼蜂，此外，还有利用麦蛾卵或米蛾卵繁殖的玉米螟赤眼蜂和螟黄赤眼蜂。放蜂时期，根据玉米螟发生规律预测螟蛾发生期，使释放赤眼蜂的时间符合螟蛾产卵期。根据吉林的经验，当越冬代螟虫化蛹达 15%～20% 时往后推 10 天或田间百株卵量 1～2 块时（即产卵初期）为第 1 次放蜂的最佳时期，然后隔 5～6 天再放第 2 次。放蜂过早或晚都将影响防效。放蜂量与放蜂次数根据田间螟卵量来确定。1 公顷放蜂量可在 15 万～30 万头之间变动，即田间螟卵较少年份或一般发生地块，1

公顷可按 15 万头；螟卵较多年份或重发生地块则按 22.5 万～30 万头分两次释放。在玉米螟中等偏重发生年份低放蜂量（15 万头分两次释放）也能取得较理想的防效，降低了一代螟种群数量，也相应减轻了二代玉米螟的危害。低放蜂量可以降低成本，扩大防治面积。应选择晴天无露水时放蜂。1 公顷 75 个放蜂点，一般将蜂卡直接挂在玉米第 5～6 叶背处。应避开一天中高温低湿对赤眼蜂最不利的时间放蜂。如傍晚或放蜂前玉米田灌水可提高赤眼蜂的寄生率。

近年来无人飞机释放赤眼蜂被广泛应用，利用专用的无人飞机挂载专用的放蜂器，通过程序设定好行走路线和放蜂点，将装载的放蜂器投到玉米田，放蜂的工作效率比人工别卡显著提高。

152. 玉米行间间作绿豆有什么作用？

玉米与其他作物间（套）作，可以通过提高生物多样性，使得植物源挥发性化学信息物质的种类增加，对寄主及其天敌昆虫的行为调控作用有增强或抑制作用，从而提高对玉米害虫的控制效果。国外的研究表明，玉米与其他作物间作，玉米田短管赤眼蜂的寄生率比大豆单作要高；番茄与玉米间作短管赤眼蜂的寄生率比玉米单作区显著提高；微小赤眼蜂的寄生率在玉米单作田比玉米与大豆和南瓜混作以及玉米与三叶草间作田要高。国内周大荣先生等在 20 世纪 90 年代研究发现玉米与匍匐型绿豆间作可提高玉米螟赤眼蜂的寄生率，与绿豆种植的比例呈正相关，当间作比为 2∶1 和 4∶1 时，其对玉米螟赤眼蜂增诱作用最强，随着玉米比例的提高，增诱作用明显减弱，而间作直立型绿豆则对赤眼蜂的寄生率没有明显影响；种植心叶期抗螟品种间作绿豆结合接种式释放少量的赤眼蜂，不仅可以有效控制心叶期玉米螟的发生，对穗期玉米螟害也有明显的控制作用。温室条件下的研究表明，匍匐型绿豆叶片水提取液能明显增强玉米螟赤眼蜂的搜索能力进而提高寄生率；利用昆虫嗅觉仪对玉米螟赤眼蜂对匍匐型绿豆的挥发性物质的嗅觉行为反应的研究表明，匍匐型绿豆叶片和植株的挥发性物质强烈的刺激赤眼蜂的定向行为。玉米行间间作绿豆等豆科作物，还可以改善田间的通透性，降低田间湿度，减轻叶斑类病害的发生。

153. 玉米种衣剂有哪些？可以防治哪些病虫害？

至 2020 年 5 月，我国玉米种衣剂产品总共有 265 个，是登记种衣剂产品最多的作物，也是种子包衣率最高的作物。玉米种子包衣率高具有以下原因：一是玉米以杂交种为主，农民不能自留种，种子商品化程度高，相对种子的价格也比较高。农民和种子公司为了减少播种后病虫害对种子伤害，对种子包衣接受程度高。二是玉米植株比较高大，后期病虫害防治比较困难。种子处理降低前期病虫基数，有利于减少后期喷雾。三是丝黑穗等玉米常见病害属于系统性病害，前期侵入，后期显症，只能采用种子处理才能有效防治。四是玉米粗缩病等由灰飞虱等传播，采用吡虫啉和噻虫嗪等种子包衣可以有效减少灰飞虱种群数量。有关玉米种衣剂产品介绍如下：

①福美双·克百威悬浮种衣剂。该种衣剂是我国最早研发的一批种衣剂之一，是玉米种子包衣的经典产品，对玉米地下害虫、蚜虫、蓟马、玉米螟和黏虫等具有较好防效，同时可以在一定程度防治烂种。

②新烟碱类种衣剂。该种衣剂有效成分以吡虫啉和噻虫嗪为主，可以防治灰飞虱和玉米蚜虫。

③氟虫腈种衣剂。氟虫腈在中国限用以后，仍可以在玉米种衣剂上使用，对鳞翅目害虫具有良好防治效果，对蛴螬和金针虫等地下害虫也具有较好防治。

④精甲霜灵·咯菌腈种衣剂。该种衣剂防治谱较广，持效期较长，能对玉米种子和幼苗提供持久保护，对玉米安全性也非常好，农户和种子公司对该种衣剂信任度较高，在我国登记防治对象为玉米茎基腐病。

⑤三唑类种衣剂。以戊唑醇为代表，可以防治玉米丝黑穗。其

他三唑类种衣剂包括苯醚甲环唑、灭菌唑、烯唑醇和种菌唑等。

⑥鱼尼丁受体类杀虫剂。该种衣剂主要由氯虫苯甲酰胺和溴氰虫酰胺组成，对鳞翅目害虫具有较好防治效果，对玉米安全性也较高，很少农户欢迎。

154. 采用种子处理可以防治玉米草地贪夜蛾吗？

2019 年，草地贪夜蛾入侵我国，对我国玉米产业造成严重威胁。种子包衣省时省力，可以在作物生长早期对草地贪夜蛾起到持续控制作用，是一种防治草地贪夜蛾的重要措施，但在作物生长中后期控制作用较弱。美国在 20 世纪 60 年代即开始拌种防治草地贪夜蛾。在田间，硫双威和克百威是种子包衣防治草地贪夜蛾的常用活性成分。随着鱼尼丁受体抑制剂的问世，氯虫苯甲酰胺和溴氰虫酰胺也被用于种子包衣防治草地贪夜蛾。研究还发现，常用的新烟碱类杀虫剂种子包衣对草地贪夜蛾的致死率低。但是，噻虫嗪大豆种子包衣可降低草地贪夜蛾对大豆叶片的危害率，而且氯虫苯甲酰胺对大豆叶片的保护作用强于噻虫嗪；虽然氯虫苯甲酰胺种子包衣对草地贪夜蛾具有较高的防效，但是氯虫苯甲酰胺种子包衣对草地贪夜蛾的捕食性天敌黑刺益螨安全，氯虫苯甲酰胺延长了黑刺益螨雌虫的生命，提高了内禀增长率和周限增长率，缩短了种群倍增时间。因此，氯虫苯甲酰胺种子处理有利于保护草地贪夜蛾天敌黑刺益螨。中国农业科学院植物保护研究所研发了具有内吸增效作用的新型种衣剂，初步结果显示，对玉米苗期贪夜蛾有较好的防治效果。

155. 草地贪夜蛾抗药性严重吗？如何进行轮换用药？

草地贪夜蛾的原发地在美洲地区，2000 年以前主要依赖喷施传统化学杀虫剂（有机磷、氨基甲酸酯和拟除虫菊酯类），长期的药剂选择压力使草地贪夜蛾田间种群对多种药剂进化出不同程度的抗药性；草地贪夜蛾已对 41 种杀虫剂有效成分产生了不同程度的抗性，产生抗性的杀虫剂既包括有机磷、氨基甲酸酯、拟除虫菊酯等传统杀虫剂，也包括双酰胺、多杀霉素等新型杀虫剂。1989—1990 年，美国佛罗里达州北部种群对拟除虫菊酯类、有机磷类和氨基甲酸酯类杀虫剂的抗性水平高达 216 倍、271 倍和大于 193 倍，中部和南部种群对上述 3 类药剂的抗性水平高达 264 倍、517 倍和 507 倍。2002 年，美国佛罗里达州 Citra 和 Gainesville 种群对甲萘威产生了 626 倍、1 159 倍的高水平抗性，对甲基对硫磷抗性为 30 倍、39 倍。墨西哥和波多黎各的草地贪夜蛾田间种群对不同作用机制杀虫剂的抗性水平研究发现，波多黎各田间种群的抗性状况严峻，其对氟虫双酰胺、氯虫苯甲酰胺、灭多威、硫双威产生了 124～500 倍的高水平抗性，对氯菊酯、毒死蜱、氯氰菊酯、杀铃脲和乙基多杀菌素产生了 14～48 倍的中等水平抗性。

2020 年，经农业农村部专家评估，优化调整了草地贪夜蛾应急防治用药，将防治药剂分为 4 类，具体推荐名单如下（表 6）：

表 6　推荐用药使用量及使用时期

类别	药剂品种	亩有效成分用量	使用时期	备注
A 类 甲氨基 阿维菌素 及其混剂	甲氨基阿维菌素苯甲酸盐	1 克	低龄幼虫期	
	甲维·氟铃脲	1.5 克	幼虫期	
	甲维·高效氯氟氰菊酯	2.4 克	幼虫期	
	甲维·虫螨腈	2.5 克	幼虫期	
	甲维·虱螨脲	3 克	卵至低龄幼虫期	
	甲维·甲氧虫酰肼	4 克	低龄幼虫期	
	甲维·虫酰肼	1.5 克	低龄幼虫期	
	甲维·杀铃脲	6 克	低龄幼虫期	
	甲维·茚虫威	3 克	幼虫期	安全间隔期 21 天
	甲维·氟苯虫酰胺	1.8 克	幼虫期	

（续）

类别	药剂品种	亩有效成分用量	使用时期	备注
B类 双酰胺类 及其混剂	四氯虫酰胺	4 克	低龄幼虫期	
	氯虫苯甲酰胺	3 克	幼虫期	
	氟苯虫酰胺	2.5 克	低龄幼虫期	
	氯虫·高效氯氟氰菊酯	4 克	幼虫期	
	氯虫·阿维菌素	3 克	幼虫期	
C类 乙基多杀菌 素等其他化 学药剂及其 混剂	乙基多杀菌素	2.5 克	低龄幼虫期	
	虱螨脲	2.5 克	卵至低龄幼虫期	可杀卵
	虫螨腈	5 克	幼虫期	
	茚虫威	2 克	幼虫期	安全间隔期 21 天
	除虫脲·高效氯氟氰菊酯	5 克	低龄幼虫期	
	氟铃脲·茚虫威	9 克	低龄幼虫期	
	甲氧虫酰肼·茚虫威	10 克	低龄幼虫期	
D类 微生物农药	甘蓝夜蛾核型多角体病毒	2 400 亿 PIB	低龄幼虫期	适合于提前使用
	短稳杆菌	1.2 万亿孢子	低龄幼虫期	
	苏云金杆菌	24 亿国际单位	低龄幼虫期	与甲维盐等混用
	金龟子绿僵菌	4 800 亿孢子	低龄幼虫期	与甲维盐等混用
	球孢白僵菌	8 000 亿孢子	低龄幼虫期	与甲维盐等混用

上述推荐的药剂划分为4类，实行不同区域轮换用药：

A类：甲氨基阿维菌素及其混剂。B类：双酰胺类（氯虫苯甲酰胺、四氯虫酰胺、氟苯虫酰胺）及其混剂。C类：乙基多杀菌素等其他化学药剂及其混剂。D类：微生物农药。

除微生物农药类外，每类药剂在一季作物上使用次数一般不超过2次。

周年繁殖区（包括海南、广东、广西、云南、福建以及四川、贵州南部）、迁飞过渡区（包括湖南、江西、湖北、浙江、上海、江苏、重庆、西藏以及四川、贵州北部）、重点防范区（包括安徽、河南、山东、河北等北方省份）实施区域统一的空间轮换用药策略，不同区域之间要加强防控用药信息沟通，实行不同作用机理的药剂在不同区域之间、不同防治阶段之间轮换使用。周年繁殖区实行 ABC 3 类顺序轮换，迁飞过渡区实行 BCA 3 类顺序轮换，重点防范区实行 CBA 3 类顺序轮换，D 类药剂随时都可以使用。

156. 如何防治玉米黏虫？

黏虫属鳞翅目夜蛾科，又称东方黏虫，别名剃枝虫、五彩虫等，是我国农作物重要的迁飞性害虫，也是一种杂食性、暴发性、间歇性发生的暴食性害虫。当黏虫大面积暴发时，玉米常被吃成光秆。

黏虫防治可以采取如下措施：①农业防治。在黏虫越冬区，结合种植业结构调整，合理调整作物布局，减少小麦的种植面积，铲除杂草，压低越冬虫量，减少越冬虫源。合理密植，加强水肥管理，控制田间小气候等。②物理防治。可以采用性诱捕法，诱杀成虫；或者采用杀虫灯法，在田间安放杀虫灯，诱杀成虫。③喷洒生物制剂。在黏虫孵化盛期喷施苏云金杆菌（Bt）制剂，低龄幼虫可用灭幼脲制剂。④采用化学农药喷雾防治。在早晨或傍晚黏虫在玉米叶片上活动时，采用植保无人飞机或者喷杆喷雾机等植保机械喷洒高效氯氰菊酯、毒死蜱、啶虫脒等杀虫剂防治。喷雾时添加喷雾助剂可以提高防治效果。

157. 如何实现玉米药种同播？效果如何？

玉米播种时种子用量少，间距大，需采用精量点播的方式进行药种同播。将玉米种子和农药颗粒同时分别放入两个播种斗里，两个播种斗底部拨轮同轴确保转速相同，两个播种斗下方的两条下料（种）腿，在入土前合并成同一条下料（种）腿，以达到土壤中每粒玉米种子附近有一粒药的目的。在进行精量点播的同时，也做到了精准施药。

大田试验结果表明,采用药种同播的玉米苗期茎秆粗壮、叶片舒展、叶片无破损、叶片浓绿、根系发达、无病虫害;生长后期根系发达,中下部节间粗壮坚实,中部叶片宽大色浓,雌雄穗发育良好,到成熟期无病虫害发生,玉米棒无秃尖,籽粒饱满。

158. 如何防治玉米大斑病?

玉米大斑病在我国分布广泛,是春播玉米区的主要病害之一。玉米大斑病主要发生在叶片上,形成大型、梭状病斑。春季温度上升,降雨频繁,病残体中的病菌开始生长并产生新的可以随气流、雨水扩散的分生孢子,侵染玉米幼叶,引起发病。发病严重时,感病品种损失可达30%以上。

玉米大斑病的防治有如下措施:一是种植抗大斑病品种。在病害常发区,应淘汰严重感病品种,选择种植发病轻、籽粒灌浆和脱水快的品种,能够有效减轻大斑病发生。二是采取农业措施。采用适期早播,与矮秆作物间作,以提高田间通风透光,降低湿度;合理施肥,提高植株抗病性;玉米收获后处理带病秸秆,减少第二年的病原菌基数。三是采取化学防治措施,在玉米大喇叭口期及时喷施杀菌剂,以推迟发病,减轻损失。药剂可选用苯醚甲环唑、嘧菌酯、丁香菌酯、吡唑醚菌酯等,可以用植保无人飞机喷施,也可以用喷杆喷雾机喷雾。

159. 如何防治玉米粗缩病?

玉米粗缩病是多种病毒引起的毁灭性病害,以带毒灰飞虱传播病毒,在我国分布广泛,是我国玉米产区的主要病害之一,严重发病玉米田甚至颗粒无收。幼苗阶段是玉米粗缩病侵染的高峰期,玉米5~6叶期明显显症。在春季,麦田中越冬的灰飞虱将小麦植株上的病毒传至玉米,并很快又将玉米上的病毒传至水稻及其他禾本科杂草上越夏；秋季水稻及禾本科杂草上的病毒又通过灰飞虱传至冬小麦幼苗上并越冬。如此构成灰飞虱在小麦—玉米—水稻及禾本科杂草之间的迁飞，将病毒在这些植物间传播，构成周年循环。

玉米粗缩病的防治不能单纯依靠一种方法，究其原因，主要是玉米粗缩病的传播媒介灰飞虱的传播能力强、繁殖速度快，因此，对其防治应当立足于科学的防治方法，进行综合防治，才能起到预期的效果。其防治措施如下：一是选用抗病品种，从源头上减少玉米粗缩病的发生。二是加强田间管理，及时喷雾防治麦田中越冬灰飞虱种群，并及时防除杂草，消灭灰飞虱的越冬和越夏场所，减少粗缩病发生。三是调整玉米播期，避开玉米苗期与麦田灰飞虱迁飞高峰期的重叠，可有效避开侵染发病。四是采用种子包衣技术，有效控制灰飞虱危害，控制虫源。五是采用高效化学防治技术。采用植保无人飞机或者是喷杆喷雾机，及时在玉米田喷洒吡虫啉等杀虫剂防治灰飞虱，并同时加入宁南霉素、氨基寡糖素等对病毒有一定药效的药剂，防治粗缩病。

160. 玉米田杂草防除时如何实现除草剂减量？

在玉米生产中，随着除草剂的推广使用，玉米田杂草种群也在发生变化，除草剂使用剂量也在不断增加（彩图 23）。为实现玉米田除草剂减施增效，可以采取如下措施。

（1）科学、规范、合理使用化学除草剂应用技术　针对农民随意加大除草剂应用剂量的现实，强调正确合理，严格按照除草剂登记的推荐剂量科学用药，减少除草剂浪费、提高利用率，减少除草剂对环境的影响。根据田间草相、群落组成、杂草叶龄大小、气候情况合理选用除草剂品种，同时严格按照除草剂登记剂量使用，不随意加大使用剂量。

（2）采用玉米田苗后除草减量技术　将玉米播后苗前土壤封闭处理施药改为玉米苗后茎叶喷雾处理的施药方法，选择合适的除草剂品种、适宜的施药时期、合理的应用剂量等技术措施，大大降低除草剂使用剂量。采用玉米苗后 3～5 叶期，茎叶喷施化学除草剂有效防控杂草危害，减少化学除草剂应用剂量。

（3）筛选新型超高效除草剂品种 低用量、超高效除草剂新品种应用，可以明显减少除草剂应用剂量，例如选用 26.7%噻酮磺隆·异噁唑草酮悬浮剂土壤封闭处理或春玉米 3 叶期前茎叶喷雾处理，用量低，杀草广谱，安全性高，可根据春季气候条件适时选择土壤处理或茎叶喷雾处理。

（4）添加喷雾助剂 室内研究和田间试验结果表明，在 40%异丙草·莠悬浮剂、30%烟·硝·莠去津可分散油悬浮剂、24%烟嘧·莠去津可分散油悬浮剂 3 种除草剂品种中，通过添加喷雾助剂可以有效减少 20%除草剂用量，达到减量增效的除草效果。

九、 蔬菜农药减施增效技术

161. 在温室大棚内，能否和在居室内一样采用电热熏蒸法？

温室大棚内防治蔬菜病虫害，可以采用类似"电热蚊香"的方法，称之为电热熏蒸技术，即利用电恒温加热原理，使农药升华、汽化成极其微小的粒子，这些微小的粒子在空间内做充分的布朗运动，飘悬、扩散，均匀沉积在靶标的各个位置，可有效防治多种病虫害。实验结果显示，硫黄熏蒸细小粒子，在不同高度样点的水平靶标正反面的沉积密度比值 R 在 1.1～1.3 之间，说明细小粒子在靶标正面沉积密度虽然略高于靶标背面，但差异不大，也说明细小粒子在水平靶标的正反面沉积分布是均匀的，能够在靶标背面形成良好的沉积分布。另外，通过测定水平放置的夹角分别为 30°、45°、60°的模拟郁闭靶标内上面和下面的硫黄粒子沉积分布，说明这种细小粒子能够沉积到郁闭靶标的内部，有比较好的穿透性。

电热熏蒸技术在草莓、花卉白粉病防治中已经得到了广泛应用。下面举例说明电热熏蒸技术的操作要求。在一个东西长 80 米、南北宽 8 米的草莓温室中，在棚架上每隔 16 米悬挂一个电热熏蒸器（每亩约 5 个），熏蒸器离地面 1.5 米，离后墙 3 米，每次用硫黄 30 克装在熏蒸器蒸发皿内，在傍晚 18：00—21：00 时通电加热熏蒸。4 天换药，共熏蒸 20 天，其他管理技术同当地生产水平。这样处理能有效控制草莓白粉病，与采用喷雾方法防治白粉病的大棚相比，亩增产草莓在 200 千克以上。

由于细小粒子在沉积过程中有"热致迁移"现象，因此，硫黄电热熏蒸技术应在傍晚闭棚后进行，一般每次熏蒸 2～3 小时。硫黄电热熏蒸技术除了可以在草莓上使用，还可以在温室花卉、蔬菜白粉病、灰霉病、霜霉病防治以及仓库蔬菜保鲜上使用。

除硫黄熏蒸外，一些具有升华作用的农药（例如百菌清、噻菌灵等）也可以试验采用电热熏蒸技术，但有关这些农药电热熏蒸技术在温室大棚中的使用还未见报道。因此，电热熏蒸技术还值得进一步开发，扩大其应用范围。

162. 什么是温室大棚粉尘法施药技术？

我国保护地棚室种类繁多，多为简易棚室，有塑料小棚、塑料中棚、塑料大棚、塑料日光温室等。保护地蔬菜栽培与露地栽培的环境条件有根本的区别，棚室在密闭保温条件下，空气相对湿度可高达 90％～100％，棚室顶部结露后可滴落在植株上，这种高温高湿小环境非常适合病原真菌、细菌的萌发、侵染和繁殖，为病虫害的发生提供了条件。由于保护地独特的栽培环境，传统的大容量喷雾技术反而容易增加棚室湿度，不利于病害的防治，特别是在阴雨天气条件下。这就使大容量喷雾技术在保护地棚室生产中受到很大限制，因此，应该采取适应性更广的施药技术体系。针对温室大棚的封闭特点，中国农业科学院植物保护研究所开发了保护地温室大棚粉尘法施药技术，把传统的喷粉技术引入保护地温室大棚中。

所谓粉尘法施药，就是在温室、大棚等封闭空间里喷撒具有一定细度和分散度的粉尘剂，使粉粒在空间扩散、飞翔、飘浮形成飘尘，并能在空间飘浮相当长的时间，因而能在作物株冠层很好地扩散、穿透，产生比较均匀的沉积分布。

粉尘的形成需要两个必要条件：一是要有一个相对稳定的空间，气流不发生剧烈的波动；二是要求粉粒的絮结度很低。保护地是一个相对封闭的空间，因此完全可以满足第一个条件。实地观察表明，当棚布发生大块破损时也不会在棚室内发生剧烈的空气运动。施用粉尘时的工作气流也很重要，在强气流下粉粒的絮结度很低，反之则高。有些地区的菜农，由于没有喷粉器械，就采用抖布袋的方式施用粉剂，但是用布袋抖落粉剂的效果极差，因为这时粉粒絮结严重，甚至形成粗大的团粒，完全丧失了飘翔能力，此时不能称为粉尘法。

粉粒的飘翔扩散效应是其固有的特性，这种特性，在露地喷粉时的沉积效率很低，因为粉粒会飘出田外，并污染大气和环境，所以过去在大田作物上采用喷粉技术时，提倡在露水未干时进行，以便粉粒能被水沾住。也有提倡用布袋直接抖落的方法施用粉剂的，目的是把药粉直接抖落在植株上，但是这种施药方法无法利用粉粒的固有特性，因此粉剂的独特优点不能发挥出来，反而增加了粉粒的絮结而降低了粉剂的沉积能力和分布均匀性。但是在保护地特殊的封闭环境条件下，却可以在不发生粉粒飘失的有利前提下，充分发挥和利用粉粒的飘翔扩散效应，把粉剂的优越性最大限度地发挥出来。在保护地温室大棚内，使喷撒出去的粉剂形成飘尘，在空间内自由扩散、自由穿透浓密的作物株冠层，获得多方位的沉积分布效果。试验研究表明，粉粒的飘翔时间如能维持在 20 分钟以上，其扩散分布和沉积状况就非常好，粉粒在作物上的沉积率可高达 70% 以上。粉剂是一种比较稳定的剂型，也没有烟剂燃烧中的热分解问题，且绝大多数农药都可以加工成粉剂，因而，利用现有的粉剂加工设备和加工手段，提高粉剂细度的企业标准，提高细粉粉粒剂的比重，减少粉粒的絮结，采用合格的喷粉器械即可使粉剂在保护地空间内形成飘尘。为区别过去露地的喷粉技术，把保护地温室大棚采用的这种细粉剂喷撒方法称为粉尘法。

粉尘法施药喷撒的粉尘剂粉粒细度要求在 10 微米以下。粉尘法的优点是工效高、不用水、省工省时、农药有效利用率高、不增加棚室湿度、防治效果好。但不可在露地使用，也不宜在作物苗期使用。

粉尘法施药技术主要是利用细小粉粒的飘翔扩散能力使药剂在

保护地内的植株上产生多倍均匀沉积，因而，粉尘法施药技术要求采取对空均匀喷撒方法，使药粉有充分的空间和时间进行飘翔，避免直接对准作物进行喷粉。

163. 蔬菜等高附加值作物生产中为什么要进行土壤消毒？

土传病害是蔬菜生产中的主要威胁之一。蔬菜生产由于种类单一，面积有限，轮作换茬困难，多年连作导致土壤中病原菌数量增多，破坏了土壤中微生物的生态平衡，增加了土传病害的发病概率和程度，一般土传病害从零星发病到普遍发病只需3～4年的时间，给农户带来了很大的经济损失。蔬菜上常见的土传病害主要有猝倒病、立枯病、疫病、根腐病、枯萎病、菌核病、青枯病、软腐病等。

土壤消毒是一种高效快速杀灭土壤中真菌、卵菌、细菌、线虫、杂草、土传病毒、地下害虫、啮齿动物的技术，能很好地解决高附加值作物重茬后引起的病害加重的问题，并显著提高作物的产量和品质。

土壤消毒的主要方法为：辐射消毒、化学物质消毒、药剂消毒、暴晒消毒。辐射消毒是指以穿透力和能量极强的射线，如钴60的γ射线来灭菌消毒。该方法受限制因素过多，应用范围很小。化学物质消毒是指采用活性很强的氧化剂或烷化剂如环氧乙烷、氧化丙烯、甲醛和活性氯等进行灭菌，该方法在使用完毕后需要注意让药剂充分散发，去除残毒，以免危害作物。药剂消毒是当前采用较为广泛的措施，主要是在播种前后将药剂通过喷淋、浇灌和熏蒸等方式施入土中，达到消毒土壤、防治病害的目的。暴晒土壤消毒灭菌，对种植面积较小的种植人员来说，是既经济又方便，又行之有效的消毒灭菌方法。操作方法是，于夏季将土壤均匀平铺在水泥地面或其他硬质地面上暴晒至干透。夏季直射光照下的硬地面温度可达60℃以上，最高可达75℃，一些病原菌类及土壤中的害虫的若虫及成虫和其他动物的幼体，已经发芽或将要发芽的杂草种子均能被杀死。

164. 什么是生物熏蒸?

生物熏蒸是一种天然、环保、具有较好应用前景的溴甲烷熏蒸替代措施,通常指通过分解植物代谢物而产生挥发性气体,从而抑制或杀死土传病、虫、草害的土壤熏蒸方法。其作用原理:一是生物熏蒸材料代谢产生挥发性活性物质,如产生异硫氰酸酯类物质;二是提高土壤温度,一些熏蒸材料在熏蒸过程中会通过发酵而产生热量,导致土层温度高于土壤中病原菌及害虫的适宜生存温度,从而达到抑制病原菌和土传害虫数量的目的。常被用作生物熏蒸材料的有甘蓝、芥菜、油菜及花椰菜等芸薹属植物,这些植物可作为轮作或间作作物以控制土传病害。研究表明,将草莓与芸薹属植物如西兰花轮作,可有效控制草莓黄萎病致病菌大丽轮枝菌的菌群数量。此外,生物熏蒸材料还可作为绿肥或与绿肥结合使用。研究发现,芥菜绿肥对普通疮痂病致病菌疮痂链霉菌有较好的防治效果;将油菜与小麦绿肥结合使用,能够有效防治根结线虫,并且显著提高了马铃薯的产量。生物熏蒸材料加工后的副产物也可作为土壤熏蒸剂使用,油菜籽或芥菜籽压榨后产生的油饼或种子粉可作为高附加值园艺作物的土壤改良剂,菜籽粕能有效抑制引起苹果再植病害的病原菌立枯丝核菌和穿刺短体线虫的数量。

此外,农业废弃物和家畜粪便也可作为生物熏蒸材料,用于防治土传病害,提高作物产量。家畜粪便生物熏蒸试验结果表明,每年的 7—8 月为最佳熏蒸时间,熏蒸时长为 20~30 天。将新鲜家畜粪便与土壤混合后,灌溉适量水以利于粪便在高温下发酵,立即覆盖聚氯乙烯膜,防止熏蒸材料产生的有效气体成分散失,并保证气体在膜下的累积量达到致死剂量;或于下茬作物种植前在土壤中播种芸薹属植物的种子,待其长到距离下茬作物栽种期 40 天左右时浇灌足量的水,将植物与土壤一同粉碎、混合,立即覆盖聚氯乙烯膜,待其发酵。以上 2 种生物熏蒸方法揭膜后均需敞气 7 天左右,再种植下茬作物。

165. 什么是土壤火焰消毒技术？

土壤火焰消毒技术是通过土壤火焰消毒机喷射出高温火焰来杀灭土壤中病原微生物、杂草种子和地下害虫。该技术属于物理土壤消毒技术，绿色无污染，不涉及任何化学药剂，无须覆盖塑料膜，无有害物质残留，无地域限制，可降解土壤中残存的有机农药，消毒后可立刻种植农作物，解决了无农闲作物连作障碍问题。

（1）火焰消毒机的工作原理　土壤火焰消毒机由动力牵引装置、精细旋耕装置和高温处理装置3部分组成。火焰消毒机通过小型拖拉机驱动，采用天然气为主要燃料，燃烧温度可达1 200℃，通过液压机械的方式由旋耕滚筒将土壤深度精细旋耕，并计提到土壤高温烘箱中进行瞬间高温灭菌杀虫，再将处理后的土壤原位还原到地面。根据对土壤火焰高温消毒的最佳处理效果，动力牵引机行走速度为2.5～3.0米/分钟，以满足瞬时高温处理土壤的需求。精细旋耕装置取土深度0～30厘米，粉碎后95%的土壤粒径小于8毫米。高温处理装置由并排设计的多头喷火管、压力储气罐、燃气供气管路和高温处理箱组成，对提取并绞碎的土壤在机体内进行高温喷火加热，喷火口温度可达1 200℃，土壤在烘箱中的温度为400～600℃，土壤落地温度50～70℃。目前，安徽远大机械制造有限公司自主研发了3SHJG-135型、3SHJG-L180型自走式精旋土壤火焰消毒机。该装备为国际首创，获得了3项国家发明专利，并主导制定了行业标准。

（2）土壤火焰消毒效果　火焰消毒机喷射出的火焰温度瞬间可达1 200℃，短期内可使土壤升温到45～70℃并维持15～30分钟，从而达到杀虫、杀菌、除草的效果。该设备处理后对土壤根结线虫防效可达到95%，对杂草种子防效可达100%。火焰消毒机处理土壤一次后对病原疫霉菌的防效在50%以上，处理二次后防效在

75%以上。处理一次对病原镰刀菌的防效可达60%，处理二次防效可超过80%。

166. 利用阳光就可以控制韭蛆吗？

韭菜在种植过程中易遭受韭蛆啃食根部。韭蛆真的就无法对付了吗？不是的，它有个弱点，怕热！研究表明，韭蛆幼虫所在的土壤温度如果超过40℃，且持续3小时以上，幼虫就会死亡。针对韭蛆的这个弱点，中国农业科学院蔬菜花卉研究所张友军研究员团队发明了防治韭蛆的最新科研成果"日晒高温覆膜法"。该方法的原理是针对韭蛆不耐高温而韭菜相对耐高温的特性，在韭菜地面（可割也可不割）铺设日光温室、大棚使用的无滴膜，让阳光直射到膜上，提高大棚膜下土壤温度，杀死韭蛆。该项技术不需要任何化学农药，具有操作简单、当日见效、杀韭蛆彻底、防虫成本低（薄膜洗干净后可反复多年利用）、省工省时、绿色环保、持效期长以及无任何药剂残留等优点，是一种理想的农药减施增效技术。目前，已经在山东、天津、安徽、河北等多个韭菜种植区域进行示范推广，得到了农户的广泛认可。

"日晒高温覆膜法"的操作步骤及技术要点如下。

①割除韭菜。若韭菜生长稀松，直观很容易看到韭菜的根部和土壤，则可以不割韭菜，直接在地面支起30厘米高的棚架，再在棚架上覆膜。若韭菜生长旺盛，为了不让韭菜叶片遮阴，影响阳光照射土壤升温，建议在覆膜前1~2天割除韭菜，韭菜茬不宜过长，尽量与地面持平。

②覆膜压土。选择太阳光线强烈的天气（当天最大光照度超过55 000勒克斯）覆膜。选择透光性好、膜上不起水雾、厚度为0.10~0.12毫米的浅蓝色无滴膜。覆膜后四周用土壤压盖严实。膜的面积一定要大于田块面积，膜四周尽量超出田块边缘50厘米左右。

③去土揭膜。用地温表及时检测膜内土壤温度，5厘米深处温

度持续 40℃以上且超过 3～4 小时（即当天上午 8：30 前覆膜，下午 5 时左右揭膜）揭开塑料膜，韭蛆的卵、幼虫、蛹和成虫可全部杀死，甚至还可以杀死一些其他病菌、害虫（如蓟马）。覆膜后若遇到阴天或下雨，可延长覆膜时间，直到天晴后，5 厘米土壤温度提升至 40℃以上将韭蛆杀死后再揭膜。只要保证土壤 5 厘米处最高温度低于 50℃，后期对韭菜根系生长无影响。

④浇水灌溉。揭膜后，待土壤温度降低后及时浇水缓苗，此后 5 天保持土壤湿润，有条件的地方可以配施有益生物菌肥。覆膜处理后的韭菜地下根部不受伤害，5～8 天后长出新叶，恢复生产。

167. 什么是设施蔬菜色板诱杀技术？

设施蔬菜色板诱杀技术指的是在设施蔬菜生产过程中，利用某些害虫成虫对于颜色有强烈趋性的特性，制成具有黏性的色板或者色带，按照一定密度布置在保护地内，引诱黏杀害虫成虫的技术。

常见粘虫色板有黄色和蓝色，亦可见到绿色、黑色和白色，其他颜色较为少见，其中黄板最为常见。北方设施蔬菜常见的粉虱、蚜虫、蓟马、叶蝉、斑潜蝇、种蝇、韭菜迟眼蕈蚊、黄条跳甲等害虫皆可通过黄板诱杀；蓝板引诱多以蓟马、种蝇效果较好；黑板引诱韭菜迟眼蕈蚊效果较好；白板引诱黄条跳甲效果较好；绿板引诱小菜蛾成虫效果较好。粘虫色板材质种类以塑料板为主，从安全环保角度考虑，有条件时应选用可降解色板。

粘虫色板在蔬菜育苗棚室和生产棚室都可使用，应与防虫网技术结合使用。育苗棚一般播种后即可布置，生产棚室定植后布置，应根据拟诱杀害虫成虫活动特点确定布放方法和位置。一般黄板和蓝板诱杀对象多在植物幼嫩部位为害，故对于低矮作物，布置高度多以色板下缘距离植株顶部 10～15 厘米为宜；对于高大作物，色板多布置在作物行间，高度与作物相同或者略低。

粘虫色板主要用来防治小型害虫成虫和监测棚室虫口密度。用于防治害虫时，布放密度每亩地悬挂规格为 25 厘米×30 厘米的黄色诱虫板 30 片或 25 厘米×20 厘米的黄色诱虫板 40 片即可，也可视情况增加诱虫板数量；当板面上 80％面积粘满虫时应更换粘虫板，若虫量较少应 30～40 天更换 1 次。用于监测虫口密度时，每亩布放 25 厘米×30 厘米的粘虫色板即可，每隔 14～21 天更换 1 次。

168. 什么是蔬菜种子丸粒化技术？

蔬菜种子丸粒化技术是指通过丸粒化包衣机和包衣技术，将小粒蔬菜种子或表面不规则（如呈扁形、有芒、带刺等）的蔬菜种子表面包被一层较厚的包衣填充材料（包括化肥、农药、植物促生长因子等），在不改变原种子生物学特性的基础上形成一定大小和强度的种子颗粒，以增加种子质量和体积，便于机械播种的技术。

蔬菜种子（如甘蓝、油菜、青菜等粒径较小的种子，辣椒、茄子等外形扁平的种子）经丸粒化包衣以后，为种子精量播种降低难度，创造条件，从而达到大量节约用种的目的；同时种子能在发芽和幼苗期获得生长需要的充足养分，种子表皮外的病菌也可以被杀死，有效防范病虫害侵袭，从而实现播前植保、带肥下田，达到保苗、壮苗、增产、增收的目的。种子丸粒化包衣是实现蔬菜种子精量播种的必要条件。目前，蔬菜种子丸粒化的品种包括生菜、白菜、韭菜、芹菜、萝卜、胡萝卜、洋葱、番茄、辣椒、茄子等。据统计，蔬菜种子经丸粒化包衣加工处理后可节约用种 30％以上，可增产 8％～20％。

丸粒化种子在技术方面的优点是：①运输方便。②便于贮藏。③适于机械播种。④丸粒外壳可使气、水通过。⑤播种后丸粒外壳能适时裂开，并为种子萌发及幼苗生长创造良好的微环境。

目前，种子丸粒化的研究热点主要集中在以下几个方面：①防护剂。包括杀菌剂、杀虫剂、除草剂。②营养剂。包括促种子发芽、促幼苗生长、作物增产等营养物质。③共生有机体。常见的如用根瘤菌对豆科植物、小麦等进行接种。④土壤改良剂等。

169. 什么是设施蔬菜烟雾法防治技术？

在设施蔬菜栽培中通过释放烟雾剂进行病虫害防治是一种高效的防治技术，具有显著优势。首先，在密闭条件下使用烟雾剂，烟雾剂的有效成分气化后，以气体颗粒的形式分散于空气中，并随空气的流动而均匀扩散于整个温室或大棚内，不仅能够对植株各个部位上的病菌、害虫进行灭杀，而且还能够对空气中的病菌进行灭杀，灭杀范围均匀、彻底。尤其对植株比较高大、叶片数量多的作物如黄瓜、番茄上架后期，采用烟雾剂防治效果更加明显。其次，湿度大是多种病害发生流行的必要条件，常规的药液喷雾施药后，会显著增加设施内的湿度，提高病害发生的风险。但采用烟雾法施药，由于是用干燥的农药和燃烧剂燃烧，通过烟雾扩散使药剂均匀分布，用药后不增加空气湿度，进一步降低了病害发生流行的风险。最后，使用烟雾法进行防治可大大减轻劳动强度。一般是在傍晚封棚后直接点燃烟雾药剂即可，与喷雾、喷粉相比，大大地降低劳动强度和减少劳动时间。

采用烟雾法防治技术需要注意以下几点：①要注意棚室密封。必须将棚面（包括门窗）全部封闭严实，以避免烟雾外泄，提高烟剂的穿透力和熏杀效果。②选择合适的用药时间。施放烟雾剂最好在傍晚日落后施放。傍晚用药（烟熏）一方面不影响大棚白天工作，另一方面有利于烟雾剂粒下沉，并牢固地黏附到茎叶的表面上，使药效得到充分发挥。③掌握合理的用药方法。施放烟雾剂要根据棚室面积（药剂瓦缸或瓷盆盛装），分点、均匀摆放。燃放时在大棚内从里到外，按顺序用暗火逐一点燃，最后点燃大棚出口的烟雾剂，全部点燃后密闭大棚，次日早晨打开大棚全部通风口通风。防治病虫害时，要针对防治对象选择2～3种烟剂交替、轮换熏杀。④要注意用药安全。烟雾剂容易受潮，存放时要做好防潮管理。对受潮烟雾剂，应及时置于通风处风干，但切忌用火烤。在设施环境施放烟雾剂时，要避开作物和易燃品，点燃后要及时退出棚室，关严棚门出口，次日待通风后，人方可进入棚内，以防吸入烟尘，危害人体健康。

170. 如何防治蔬菜根结线虫病？

根结线虫病主要危害蔬菜根部，地上部症状不明显，早期易被忽视，地上部表现出明显症状时，大多已经失去防治价值。故防治蔬菜根结线虫病应做好预防和早期诊断防治。主要有以下防治方法。

（1）抗病品种和抗病砧木　选用抗病品种能够避免或者降低根结线虫的侵害，是防治根结线虫病最为便捷有效的途径。目前，番茄、辣椒、茄子抗根结线虫品种已经育成。比如在北京郊外设施蔬菜生产中应用效果理想的番茄抗根结线虫病系列品种有仙客5、仙客6、仙客8、秋展16等。除选用抗病品种外，还可选用抗病砧木嫁接，如黄瓜抗病砧木有野生黄瓜、黑籽南瓜等；番茄抗病砧木有北农茄砧、粘毛茄等。

（2）培育无病苗　种苗带病是根结线虫病的重要致病因素。自育苗时应选用商品基质或者选用没有发生根结线虫病的土壤育苗，有根结线虫病的土壤应先消毒后育苗，确保幼苗不受侵染。采购种苗时应取样拔根查看，确保无病苗定植。

（3）轮作　轮作3年以上为宜。对于轻病田，可与大葱、大蒜、韭菜等葱蒜类蔬菜或其他非敏感性蔬菜轮作；对于重病田，与禾本科作物轮作效果好，尤其是水旱轮作，可有效减少土壤中根结线虫量。

（4）土壤消毒　土壤消毒防控根结线虫病效果比较好，兼具防控其他土传病害作用，适用于夏季休棚期间。采用覆膜法，利用日晒对土壤进行太阳能高温消毒，该办法既可以单独使用，也可以与玉米、稻草秸秆或氰氨化钙、异硫氰酸烯丙酯、威百亩等土壤消毒剂结合使用，能提升对土壤中根结线虫的消杀效果。

（5）药剂防治　药剂防治最佳时期在定植之前。选择登记药剂，按照使用说明施药。常见施药方法有撒施、沟药、穴施、灌根、畦面施药等。目前，在蔬菜上登记防治根结线虫病的药剂有41.7％氟吡菌酰胺悬浮剂、5％噻唑膦水乳剂、10％噻唑膦颗粒剂、5亿活孢子/克淡紫拟青霉颗粒剂、15％阿维·吡虫啉微囊悬浮剂、15％阿维·噻唑膦颗粒剂和40％氟烯线砜乳油等。

（6）生长期管理　加强水肥管理，可增强植株抗病能力，延缓发病作物衰败。发病田农具、病株等要做好与非发病田的隔离。拉秧后及时无害化处理植株残体。

171. 蔬菜病害抗药性治理策略有哪些？

抗药性问题是当前蔬菜生产中的重要问题，抗性的发生和发展，易导致化学农药用量大幅提升，也会因为农药残留情况使农产品安全降低，对人们健康和环境安全均有严重威胁，做好抗性治理工作刻不容缓。

应对蔬菜病害抗药性发生发展，做好抗性治理，需要关注下面几点：

①做好抗性监测工作，长期监测主要病害的抗药性发生情况，为抗性治理提供依据。

②在已经出现抗药性的区域，暂停应用同一种类型药剂实施病害的防治，尤其是单剂，应该选择作用机理不一致的药剂进行替换。

③科学安排不同作用机制的药剂进行混用或轮用，在每一个生长的季节，对于风险较高的抗药性杀菌剂进行限制应用，保证应用的次数在2次以内。

④开展综合防治策略。可选抗病、耐病品种，加强田间管理，及时将病叶和病枝等摘除，降低初侵染菌量，将生防菌剂、植

物源杀菌剂交替或者混合化学杀菌剂使用。

172. 常用于蔬菜病虫害防治的生物农药有哪些？

生物农药主要指以动物、植物、微生物本身或者它们产生的物质为主要原料加工而成的农药。

常用于蔬菜病虫害防治的生物农药大致分为 7 大类：

①植物源农药，主要原料直接来源于植物体。登记防治蔬菜虫害的有苦参碱、藜芦碱、除虫菊素、印棟素、苦皮藤素、烟碱、鱼藤酮、桉油精和柠檬烯等；登记防治蔬菜病害的有大黄素甲醚、蛇床子素、丁子香酚和香芹酚等。

②微生物源农药，主要原料为活动的细菌、真菌、病毒等。登记防治蔬菜病虫害的细菌类有苏云金杆菌、枯草芽孢杆菌、蜡质芽孢杆菌、多黏类芽孢杆菌、解淀粉芽孢杆菌、海洋芽孢杆菌、地衣芽孢杆菌、短稳杆菌等；真菌类有球孢白僵菌、金龟子绿僵菌、哈茨木霉菌、木霉菌、淡紫拟青霉菌、寡雄腐霉菌和耳霉菌等；病毒类有甜菜夜蛾核型多角体病毒、苜蓿银纹夜蛾核型多角体病毒、甘蓝夜蛾核型多角体病毒、棉铃虫核型多角体病毒、斜纹夜蛾核型多角体病毒、小菜蛾颗粒体病毒和菜青虫颗粒体病毒等。

③天敌生物农药，主要是自然界本身存在、同时对病虫害有防治效果的动物。其中设施蔬菜生产中主要防治各种虫害，常见有异色瓢虫、丽蚜小蜂、甘蓝夜蛾赤眼蜂、拟长毛钝绥螨、智利小植绥螨、加州新小绥螨、昆虫病原线虫、东亚小花蝽、烟盲蝽和食蚜瘿蚊等。

④生物化学农药，主要原料在生物体中已经存在，对病虫害没有直接毒性，通过调节、干扰作物或者病虫害的生长发育起作用。此类农药主要包括植物生长调节剂和害虫引诱剂。登记在蔬菜上的有芸薹素内酯、赤霉酸、吲哚乙酸、吲哚丁酸等。

⑤蛋白或寡聚糖类农药，使用后能诱导植物对病虫害产生抗性。目前登记在蔬菜上的有香菇多糖、氨基寡糖素、葡聚烯糖、几

丁聚糖、低聚糖素、超敏蛋白和极细链格孢激活蛋白等。

⑥农用抗生素类农药，主要原料是由微生物发酵产生的。目前登记在蔬菜上杀虫的有阿维菌素、多杀霉素、乙基多杀菌素和浏阳霉素；杀菌的有井冈霉素、春雷霉素、多抗霉素、嘧啶核苷类抗菌素、宁南霉素、申嗪霉素和中生霉素等。

173. 如何用种子处理来控制蔬菜种苗期的主要病虫害？

种子处理是植物病虫害防治中经济有效的方法，通过使用生物、物理、化学因子和技术来保护种子和种苗，控制病虫为害，确保作物正常生长，达到优质高产。

种子处理方法主要包括两大类：非化学方法和化学方法。非化学方法主要是利用热力、冷冻、干燥、电磁波、超声波、核磁射、激光、生物因子等手段抑制、钝化或杀死病原物，达到防治病害的目的。其中热水浸种法（湿热）和干热处理法（干热）应用较广，热水浸种法应用较早，但干热处理法效果更好，且对植物的伤害较小。

温汤浸种是热水浸种法的典型代表，通常先用常温水浸种15分钟，之后转入55～60℃热水中浸种，不断搅拌，并保持该水温10～15分钟，然后让水温降至30℃，继续浸种。利用种子与病原物耐热性的差异选择适宜的水温和处理时间来杀死种子表面和种子内部潜伏的病原物，而不会对种子造成损伤。例如，通过温汤浸种防治黄瓜细菌性斑点病和番茄溃疡病等。

干热处理法是将干种子放在75℃以上的高温下处理，对多种种传病毒、细菌和真菌都有防治效果。目前主要用于蔬菜种子，特别适合用于较耐热的瓜类和茄果类蔬菜种子等。例如，番茄种子经过75℃处理6天或80℃处理5天可杀死种传黄萎病菌；干热灭菌70℃处理3天，可以有效防除西瓜和瓠瓜种子上的黄瓜绿斑驳花叶病毒（CGMMV）；干热灭菌73℃处理4天，可以有效防除甜椒上的烟草花叶病毒（TMV）等。

化学方法旨在使用化学药剂杀死种子携带的病原物，保护或治疗带病的种子，使其能正常萌芽，也可以用来防止土传病原物的侵害，提高种子的活力。处理方法主要有：浸种、拌种和包衣。

浸种法是将种子浸渍在一定浓度的药液中一定时间，然后取出晾干进行播种，从而消灭种子表面和内部所带病原菌或害虫的方法。种子处理后的防病效果、安全性与所选的药剂种类、浓度、处理时间、处理温度以及病害的种类和种子类型有关。例如30％霜霉·噁霉灵水剂300～400倍液浸泡辣椒种子防治猝倒病。

拌种法就是将一定数量和规格的拌种药剂与种子按照比例进行混合，使被处理种子外面都均匀覆盖一层药剂，形成药剂保护层的种子处理方法。拌种处理又可以分为干拌和湿拌。采用粉状的杀真菌剂（甲霜灵、苯菌灵、福美双等）与蔬菜干种子进行拌种，可以有效防除种子上的土传病菌（丝核菌属、腐霉属等）。

种子包衣是20世纪80年代中期研究开发的一项促进农业增产丰收的高新技术，也是当前种子处理中效果最好、应用最为广泛的实用技术。它具有综合防治、低毒高效、省种省药、保护环境、投入产出比高的特点。

所谓种子包衣是采取机械或手工方法，按一定比例将含有杀虫剂、杀菌剂、复合肥料、微量元素、植物生长调节剂、缓释剂和成膜剂等多种成分的种衣剂均匀包覆在种子表面，形成一层光滑、牢固的药膜。随着种子的萌动、发芽、出苗和生长，包衣中的有效成分逐渐被植株根系吸收并传导到幼苗植株各部位，使种子及幼苗对种子带菌、土壤带菌及地下、地上害虫起到防治作用。药膜中的微肥可在底肥借力之前充分发挥效力。因此，包衣种子苗期生长旺盛，叶色浓绿，根系发达，植株健壮，从而实现增产增收的目的。目前，在种衣剂已经登记的产品中，咯菌腈、戊唑醇和苯醚甲环唑是应用最多的有效成分，对根腐病、立枯病、猝倒病等病害的防治效果显著。

种子处理技术可以在作物萌发和生长初期精确用药，控制土传和种传病虫害，并大大减轻中后期的防治压力，降低农药使用量，提高农药利用率，是一项具有发展潜力的实用技术。

174. 蔬菜病虫害防治中如何科学地进行药剂轮用和混用？

在当前的病虫害防治中，将药剂进行轮用和混用基本已经成为常用手段，农户通过药剂轮用和混用，希望达到提高防治效果、延缓抗药性发生的目的，但结果往往不如人意。药剂轮用和混用方法不合理是重要的原因。

药剂的轮用是指在用一地块上在不同的时间段内依次施用不同的药剂；而混用则是在同一时间段内同时施用多种药剂。两种方法在应用上具有明显的差异。将药剂科学的轮用和混用一直是病虫害防治工作中的研究热点。

药剂科学轮用和混用需要注意以下几点：

①进行轮用和混用的药剂必须具有不同的作用机制，不同药剂之间不能有正交互抗性，若能找到负交互抗性的药剂配伍最为理想。相同作用机制的药剂轮用和混用达不到延缓抗性发生的目的，如防治蚜虫的功夫菊酯和其他菊酯类之间的轮换、同为氯化烟碱类的吡虫啉和啶虫脒之间的轮换是不合理的。而防治灰霉病，将二甲酰亚胺类药剂腐霉利和三唑类药剂苯醚甲环唑进行轮用和混用是较为科学的使用方式。

②如果病、虫已经对某种药剂产生了抗药性，在轮换用药时也不宜再使用该药剂，对于同类别的药剂也需要谨慎选择。选择不同作用机理的药剂轮用和混合使用是最佳手段。

③对于药剂的混用，目的除了控制病害，延缓抗药性发生外，扩大防治谱和延长药剂持效期是另外两个重要的目的。在一种作物上会有多种需要同时防治的病虫害，单剂往往达不到效果，如番茄苗期的猝倒病、根腐病、立枯病，需要2种或2种以上的药剂同时施用才能达到防治苗期病害的目的。例如防治番茄苗期猝倒病和立

枯病，往往采用精甲霜灵和咯菌腈复配，利用精甲霜灵防治引发猝倒病的腐霉菌，咯菌腈防治引起立枯病的立枯丝核菌，相辅相成。又如防治黄瓜霜霉病的高效药剂霜脲·锰锌，单独使用霜脲氰药效期短，但将其与保护性杀菌剂代森锰锌混配后，可以延长持效期，大幅度提高霜霉病的防治效果。

任何一种病虫害的发生均有其特有的规律，如潜伏期、初侵染期、循环侵染发病期等，掌握其规律后可以从中找到关键的防治时机，合理地安排轮换用药，提升防效。

对于混用的药剂，还需要特别注意其药剂混用后防效相互影响，要求混用后具有增效作用，有时综合考虑其省工省时的优点，药剂组合是相加作用也可以接受，但如果药剂混用后会有拮抗作用不应混合使用。

175. 什么是设施蔬菜高温闷棚技术？

设施蔬菜的高温闷棚技术是指利用作物和有害生物对温度的忍耐性不同，在确保作物安全生长的情况下，通过调节设施内温度来抑制或者杀灭的温度调控技术。高温闷棚技术既可以防治瓜类蔬菜的霜霉病、白粉病以及番茄灰霉病、晚疫病、叶霉病等病害，还可以防治美洲斑潜蝇、蚜虫、蓟马和粉虱等多种蔬菜上的小型害虫。

以设施黄瓜霜霉病为例介绍高温闷棚技术。在黄瓜霜霉病发生普遍而严重时，采用药剂防治效果不甚理想的情况下采用此技术。

具体操作是：选晴天中午实施闷棚，闷棚前一天把3～5支温度计分散挂在与黄瓜生长点同高的位置，摘除下部病叶，植株较高时可解下黄瓜嫩尖（菜农称"龙头"），降低生长点高度，再向棚内浇水；第二天上午9时开始闭棚升温，待棚温达到45℃时开始计时，棚温超过48℃时适当加大通风，维持棚温45～48℃，2小时后开始由小到大通风降温，使棚温慢慢恢复到正常管理温度。打掉全部黄化的叶片、瓜条；下坐瓜秧，大水大肥促使快速生长，3~5天后健康黄瓜植株形成，幼瓜开始显现，以后进行黄瓜生产正常管理。

高温闷棚对技术操作要求非常严格，操作不当达不到预期目的，必须注意如下几点：

①温度监测和控制要准确。闷棚期间勤观察，确保棚温45~48℃。实践证明：温度低于45℃时效果不好，不能彻底杀灭病菌，黄瓜生长势受到严重削弱，有可能病虫发生得更加严重；温度高于48℃时黄瓜被闷死，生长点不能恢复活性，无法实现再生长。

②闷棚前务必浇水，保证闷棚时棚内充分潮湿，水汽有利于维持高温，杀灭病菌而不至于闷坏黄瓜生长点，干燥很容易使叶片失水，把黄瓜烤死。

③闷棚后，棚内无病虫，必须大水大肥，高温高湿满足黄瓜正常生长，同时防止病虫人为传入。

高温闷棚防治病虫原理都一样，实际操作不能照搬黄瓜高温闷棚技术，应根据蔬菜种类和不同病虫对温度的敏感性来确定闷棚温度和时间。

176. 什么是地膜覆盖技术？

地膜覆盖技术指的是在保护地栽培蔬菜中，使用地膜覆盖在垄、畦、沟或者整个田块的做法，实现减少水分蒸发、调节地温、阻光、隔离等作用，可用于抑制杂草和防控病虫害。

设施蔬菜生产中常见的地膜覆盖方式有平畦覆盖、高畦覆盖、高垄覆盖、沟畦覆盖等；常见地膜有透明地膜、黑色地膜和银黑双色地膜等。

①透明地膜。透明地膜生产上最为常见，多用在秋冬和春季的低温时节，适用于各蔬菜育苗棚和生产棚，具有透光、增温、保墒的性能。在设施蔬菜生产中，覆盖透明地膜能够较好地降低棚室空气湿度，抑制高湿型病害的发生和蔓延；防止灌溉时泥点飞溅，阻

止或者减缓部分细菌病害和真菌病害传播蔓延；隔离地下害虫，减少蓟马入土化蛹等。京郊设施茄果蔬菜生产上常见的地膜覆盖后膜下暗灌，大多采用透明膜。具体做法是，在棚室内所种蔬菜一律采取起垄栽培，在定植（播种）后接着用地膜将两垄覆盖，灌水时控制在膜下进行。操作中要保证膜下细流暗灌畅通，覆膜时，一定要绷紧和保证覆膜质量，使其膜下流水畅通无阻，该项技术是早春或深冬棚室蔬菜保持地温、降低棚内湿度、控制病害发生的重要措施。

②黑色地膜与透明地膜相比，具有抑制杂草萌发生长、降低土壤温度的特点，适用于夏秋等温暖季节设施蔬菜生产。大棚叶类蔬菜栽培采用黑色地膜覆盖，能够有效抑制杂草，明显促进幼苗生长，还可以减少蔬菜与土壤、泥水的接触，使蔬菜清洁美观。在草荒严重的设施田，定植后覆盖黑色地膜，可较好地防控杂草，大大降低除草的人工投入。

③银黑双色地膜。银黑双色地膜的银色面具有驱避蚜虫的作用，能减轻病毒病传播，还能反射大量的光，降低土壤温度，使更多的光照到达底部植物，利于果实着色；黑色面防止杂草滋生侵害，故较适宜于夏秋等温暖时节茬口的设施茄果蔬菜田。

177. 番茄褪绿病毒的防治技术有哪些？

番茄褪绿病毒病是我国近年来新发生的一种由粉虱传播的病毒病。鉴于目前尚无抗番茄褪绿病毒的品种，且发病后无有效治疗药剂，防治该病重点在于源头控制。主要技术如下：

（1）田园清洁　及时将上茬作物的各种病残体清理出生产棚室，并尽快进行无害处理。目前确认该病毒可以侵染多种杂草、作物和观赏植物，苦苣菜、莴苣、马铃薯、辣椒、百日菊、牵牛花等是重要的寄主植物。故应该及时清除番茄育苗棚和生产棚内和棚外的各种杂草。

（2）隔离育苗　不在生产棚中直接育苗，在独立的育苗棚育苗或者建覆盖有 40～60 目防虫网的网室育苗,育苗室的门、窗和通风口也应覆盖 40～60 目防虫网。育苗室的门口尽量设置一道覆盖有 40～60 目防虫网的缓冲门。番茄苗上方 20～30 厘米处悬挂粘虫色板,用以监测粉虱数量;缓冲门内设置 1～2 块诱虫色板,诱杀缓冲区粉虱。

(3)生产棚室防虫网全覆盖　在番茄定植之前,生产棚室的门、窗和通风口全部覆盖 40～60 目防虫网。

(4)避免购买带毒苗　避免从发病严重的区域引入或者购买番茄种苗;必须购买时应了解育苗地上年是否发病,对幼苗做好检查,有条件应抽样做幼苗带毒检测。

(5)药剂防治　药剂防控粉虱应与粘虫色板监测结合,从苗期开始贯穿全程,重点做好苗期和定植前后的药剂防治。

①定植前棚室消毒。番茄棚准备定植前,先覆盖棚膜并用 40～50 目防虫网封闭风口,然后选用 10% 吡丙·吡虫啉悬浮剂 1 000 倍液,或 1.8% 阿维菌素乳油 2 000 倍液,或 25% 噻虫嗪水分散粒剂 3 000 倍液喷雾,也可每亩用 3% 高效氯氰菊酯烟剂 200 克熏蒸。喷雾时应覆盖整个棚室内表面,要均匀细致地喷施棚膜、棚架、墙壁、窗口、立柱、架材和地面等;熏烟时要注意密闭棚室。

②定植无虫苗。待栽苗定植前 5～7 天,选用 200 克/升吡虫啉可溶液剂 2 500 倍液,或 22.4% 螺虫乙酯悬浮剂 2 000～3 000 倍液,或 25% 噻虫嗪水分散粒剂 3 000 倍液喷雾,或者用 25% 噻虫嗪水分散粒剂 2 000～3 000 倍液灌根。

③生长期用药。生产棚前期尽量压低烟粉虱数量,结合色板监测做到早发现、早防治,一般需连续用药防治 2～3 次,用药间隔可依据所选农药标签;生长后期,化学防治要以控制成虫种群量为主,宜在单次集中采收果实后用药,防治次数需视情况来定。

(6)农业防治　番茄生产棚室避免与其他作物混栽和套种。病株零星发生时,应及早拔除病株。

每年 9 月底至 10 月初是烟粉虱迁入温室越冬的关键时期,应排查防虫网，及时补漏。有条件的地方可以组织菜农以村、基地或者园区为单位展开统一药剂防治。监测粉虱数量选择黄色粘虫板，每亩 5～10 张，其下缘距离植株顶部 5～15 厘米，经常查看色板变化，定期更换。

178. 蔬菜叶部病害防治如何实现农药的减施增效？

蔬菜叶部病害发生与棚室内长时间高湿关系密切，生产中应注意及时通风，尽量降低棚室湿度。选药时应优先考虑烟剂。有条件尽量采用常温烟雾施药或者热烟雾施药技术。一方面有利于避免增加空气湿度，另一方面有利于药剂在整个设施空间内均匀分散，使药剂作用到手动喷雾无法到达的部位，利于提升药效。有效防治设施蔬菜叶部病害，同时减少化学农药施用，需要重视预防，使用无病虫苗定植，定植前棚室内表面消毒和早期用药等前期预防工作是生产上主要的应对措施。

下面以棚室芹菜叶部病害为例进行介绍。

叶斑病和斑枯病作为保护地芹菜的主要病害，有很多相同之处。二者都主要为害叶片，也为害茎和叶柄。栽植过密、低温高湿、结露严重地块易发病。种子和田间病残体是主要初侵染源。因此，其化学防治策略相同：应从种子消毒、棚室消毒、预防用药和早期治疗几方面同时入手。

①种子处理。防治芹菜叶斑病可用 50% 福美双可湿性粉剂 600 倍液浸种 50 分钟，或用 75% 百菌清可湿性粉剂 700 倍液浸种 4～6 小时；防治斑枯病可在 30℃ 下用 0.2% 福美双溶液浸泡 24 小时。

②棚室消毒。棚室应在定植前进行消毒。药剂可选用 45% 百菌清烟剂，每亩推荐用量为 200 克，或用 250 克/升嘧菌酯悬浮剂 1 000 倍液喷雾。

③在连阴雨雪、结露严重的时节，适时预防用药。每亩可选用 45% 百菌清烟剂 200～250 克或 5% 百菌清粉剂 1 000 克。

④发病后及时进行药剂防治，注意轮换用药，避免产生抗药

性。优先采用登记药剂 25％咪鲜胺乳油、10％苯醚甲环唑水分散粒剂、30％苯醚甲环唑水分散粒剂和 37％苯醚甲环唑水分散粒剂防治。此外，防治芹菜斑枯病也可用 50％异菌脲可湿性粉剂 500 倍液，或 25％嘧菌酯悬浮剂 2 500 倍液喷雾；防治芹菜叶斑病也可用 70％甲基硫菌灵可湿性粉剂 600 倍液，或 77％氢氧化铜可湿性粉剂 500 倍液，或 70％丙森锌可湿性粉剂 500 倍液喷雾防治。

179. 蔬菜种传病害和土传病害防治如何实现农药的减施增效？

设施蔬菜的种传病害和土传病害种类较多，一旦田间发病，非常依赖化学农药，但防治效果往往不太理想，极易造成重大经济损失。因此，对于这些病害应从源头控制，做好预防和早期防治，可以节省农药，同时确保蔬菜健康。

蔬菜种传病害最佳防治办法是进行种子处理，可以采用温汤浸种、干热消毒、药剂浸种和种子包衣等。①温汤浸种。温汤浸种温度在 50～55℃之间，较适合种子表面及表皮带菌的一般真菌性病害。②干热消毒。主要以葫芦科和茄科种子的传染性病毒病为对象，同时可兼治真菌性和细菌性病害。③药剂浸种。可以消灭种子表面或内部所带病原菌或害虫，与温汤浸种结合使用效果更好。④种子包衣。一般由种子生产商实施，将种衣剂包附在种子表面形成一层牢固种衣，有节药、高效、省工和相对安全等优点。

因为土传病害具有很强的传染性，很难根治，因此事先预防极为重要。其防治方法有：①源头控制。首先应避免土传病害随种子、种苗远距离传入，其次要注意农事操作，避免农机具、浇水和农事操作将土传病害传入。②选择抗病品种。该方法简便高效，对环境友好。如果作物受到一种或少数几种土传病原菌的危害，可采取栽培抗病品种的方法进行防治。③采用嫁接的方法。使用抗性砧木嫁接，可以使易感病的蔬菜作物避免或者减轻土传病害发生。该法对防治根结线虫病和镰刀菌、轮枝菌等真菌性土传病害效果良好。目前，黄瓜、番茄、茄子、辣椒等蔬菜作物均有抗土传病害的砧木。④轮作倒茬。轮作特别是水旱轮作，可有效防治土传病害。采用 3 年以上的轮作，控制土传病害效果更明显。⑤土壤消毒处理。防治土传病害最好是进行土壤消毒处理，可选用太阳能高温消毒、辣根素生物熏蒸处理。太阳能消毒技术是指在高温季节通过较长时间覆盖塑料薄膜来提高土壤温度，借以杀死土壤中包括病原菌在内的许多有害生物。20％辣根素水乳剂熏蒸处理土壤成熟技术是通过滴灌系统，借助施肥罐施用，每亩用量 3～5 升，可以有效防治主要土传病害，也可与太阳能高温消毒结合使用。

180. 什么是无病虫育苗技术？

无病虫育苗技术是指从种子选择、种子消毒、苗棚消毒、育苗基质消毒、隔离育苗、施用"送嫁药"等措施入手，培育无病虫苗的综合技术。

（1）抗（耐）病品种选择　因地制宜，选择抗（耐）病、抗逆性强的优良品种。比如在京郊秋季番茄生产时选用抗番茄黄化曲叶病毒病且耐高温的品种；在根结线虫严重的菜区选择抗根结线虫的蔬菜品种。

（2）种子消毒　①温汤浸种。根据蔬菜种类确定浸种水温和时间，主要用来防治种子表面携带的病菌。辣椒种子用 55℃温水浸种 30 分钟，瓜类种子一般用 55℃温水浸种 20 分钟，甘蓝、花椰菜、萝卜种子用 50℃温水浸种 20 分钟。②酸处理。可使用 1％盐酸溶液或 1％柠檬酸溶液浸泡种子 40～60 分钟后用清水洗净，主要防治种子传带的细菌性病害。③碱处理。可使用 10％磷酸三钠溶液或 2％氢氧化钠溶液浸泡种子 30 分钟后用清水洗净，防治种子传带的病毒。④药剂处理。可选用生物、化学药剂对种子进行拌种、浸种、包衣、熏蒸处理。

（3）嫁接　可根据生产需求，选用抗（耐）性砧木材料嫁接，增强作物抗病抗逆能力，防治枯萎病、黄萎病、根结线虫病等土传病害。

（4）育苗基质消毒　可使用广谱的杀虫剂和杀虫剂混合后处理育苗基质，杀灭基质中传带的病虫。

（5）苗棚消毒　应在育苗期清除棚内杂草和植株残体。可采用嘧菌酯、高效氯氰菊酯和噻虫嗪等广谱杀虫剂、杀菌剂，桶混后用常温烟雾施药机在苗棚内均匀喷施，施药后密闭棚室熏蒸 12 小时，杀灭棚室内的病菌和小型害虫。

（6）防虫网覆盖　应在苗棚通风口、出入口处设置 40～50 目防虫网，阻隔害虫危害。设置的防虫网尺寸，应将风口、出入口完全覆盖。

（7）遮阳覆盖　可在高温季节采用遮阳网、遮阳涂料等措施遮阳降温，预防病毒病和生理性病害。

（8）色板监测诱杀　应在播种后悬挂黄板诱杀蚜虫、粉虱、斑潜蝇等害虫，悬挂蓝板诱杀蓟马等害虫。悬挂色板高度高出蔬菜顶部叶片 5 厘米；每亩挂设 25 厘米×30 厘米色板 30 块左右或 30 厘米×40 厘米色板 20～25 块。

（9）药剂预防　宜在移栽前优先选用嘧菌酯、阿维菌素、噻虫嗪等广谱药剂预防病虫。

181. 什么是产后蔬菜残体无害化处理？

农业生产过程中会产生大量的植株残体，如生产中摘除的带病虫叶片、枝条、果实；整枝打杈除去的枝杈和多余的花、茎、果；还有生产结束后需要拔除的植株。这些植株残体中一般带有大量病菌、害虫和虫卵。如果随意堆放，会造成病虫大量繁殖，并借刮风、下雨、浇水或施肥等途径在田间大面积传播，为下茬作物提供大量病虫来源，加重下茬作物病虫害发生程度，间接加大农药用量。通过高温堆沤、臭氧消毒、菌肥发酵等多种方式实现对各种蔬菜植株残体的无害化处理，杀灭残体中携带的各种病菌和害虫，实现减少病虫初始来源的技术，就是产后蔬菜残体无害化处理。

产后蔬菜残体无害化处理的方法有：焚烧处理、高温简易堆沤、菌肥发酵堆沤、太阳能高温堆沤处理、太阳能臭氧无害处理和臭氧无害就地处理等，以下几种方法较为简便易行。

（1）太阳能高温简易堆沤　按一定面积设置蔬菜残体堆沤发酵处理专用水泥池，放入菜株后盖透明塑料膜，注意透明膜四周压实，膜有破损需粘补以保持堆沤时密闭保温。堆沤时间根据天气状况决定，天气晴好气温较高，堆沤10~20天；阴天多雨则需延长，堆沤温度长时间可达30~75℃，可有效杀灭菜株残体传带的多种病虫。

（2）废旧棚膜高温密闭堆沤口　在田间地头选择高于地面能够直接照射阳光的平坦地块，将植株残体集中堆放后覆盖透明塑料膜，四周用土压实，塑料膜有破损的需用透明胶带补好，保证阳光直接照射，进行高温密闭堆沤，春夏秋三季均可完全杀灭蔬菜残体所带病虫。

（3）菌肥发酵堆沤　将蔬菜残体集中堆放到一起，按一定比例加入发酵菌和有机肥后翻拌均匀，覆盖废旧塑料膜，密闭堆沤一段时间后内部产生高温，将所带病虫有效杀灭。

182. 如何用理化诱控技术防治蔬菜害虫？

理化诱控技术又称害虫理化诱控技术，指利用害虫的趋光、趋化性，通过布设灯光、色板、昆虫信息素、气味剂等诱集并消灭害虫或者隔绝驱避害虫的控害技术。目前，理化诱控技术已经成为保护地生产绿色蔬菜和有机蔬菜的必配技术。主要有以下几大类。

（1）物理诱控技术　物理诱控技术以杀虫灯诱杀、色板诱虫和防虫网控虫应用最为广泛。杀虫灯诱杀技术主要适用于露地作物。色板诱杀技术主要针对害虫具有飞翔能力的虫态，更适用于设施生产，其中黄色粘虫板和蓝色粘虫板在设施蔬菜中应用广泛。防虫网阻隔控虫技术也适用于设施蔬菜生产，该项技术主要通过在棚室的门、窗和通风口等开放部位覆盖防虫网实现，旨在阻隔昆虫的主动飞入和被动随气流迁入棚室，切断外来害虫直接传入生产棚室的途径。

（2）昆虫信息素诱控技术　昆虫信息素诱控技术应用广泛的是性信息素、报警信息素、空间分布信息素、产卵信息素、取食信息素（食诱剂）等，主要通过以上具有引诱、驱避或者干扰的各种昆虫信息素，实现对害虫的诱杀、驱避或者干扰其种群发展。该项技术在设施蔬菜生产中应用较少，比如可用大蒜素添加杀虫剂诱杀韭菜迟眼蕈蚊。

（3）其他诱控技术　利用害虫对糖醋液的趋性，制成糖醋液添加杀虫剂诱杀害虫，该项技术对甜菜夜蛾、斜纹夜蛾、小地老虎、棉铃虫、烟青虫等蔬菜害虫有效。利用银灰色对蚜虫的驱避作用，在棚室风口悬挂银灰塑料条带或用银灰地膜覆盖，可减轻蚜虫的迁入或对蔬菜的为害。

理化诱控技术中的诱杀技术兼具监测害虫发生的效果，可为化学防治做提示指导作用。设施蔬菜生产中的各项诱杀技术应该与防虫网阻隔控虫技术结合使用。

183. 如何用生态调控技术防治设施蔬菜病害？

生态调控技术也称生态调控管理，是指在设施栽培条件下，人为地进行田间温度、湿度和光照等气候条件调节控制管理，从而影响作物生长发育和病虫发生发展的技术。主要目的是通过科学浇水、施肥、光照控制等操作，结合棚室合理通风，使温度、光照和湿度等生态条件处于一个恰当范围，利于作物正常生长发育，同时病虫害的发生和发展受到显著限制或者抑制。许多经验丰富的菜农，田间病虫害发生很轻，往往是不自觉地有效应用了生态调控技术。

相对来说，生态调控对控制病害的效果更为明显。这是因为每种病害发生都需要特定的温度、湿度条件，有的还需要特定光线刺激，它们都有最适宜的温度、湿度和光照条件范围。当田间的温湿度适宜时，病害的侵入和蔓延在很短时间内就可以完成；当条件不太适宜时，病害的发生和蔓延速度会显著下降；当环境完全不适宜时，病害的发生和蔓延甚至会停止。因此，生态调控防治病害的一般做法是，在确保作物正常生长的条件下，避免形成或者尽量缩短温度和湿度都适宜病害发生的情况。常见做法有尽量做到温度、湿度都不适合病害发生，或者温度适合病害而湿度不适合病害，或者湿度适合病害而温度不适合病害，或者打断、缩短温度和湿度都比较适合病害发生的时间。

生态调控常见例子如下。一是冬春季设施蔬菜上常见的猝倒病、灰霉病、菌核病、番茄晚疫病等低温高湿型病害，在田间发病后若能尽快实行高温管理，同时控制浇水，让田间管理温度持续在30℃以上一定时间，病害发展速度会显著减慢。在此基础上结合适当的药剂防治，病害防控效果会得到显著提升。二是冬季温室黄瓜生产，只要保证夜间不发生冻害应尽可能延后闭棚，既能降低湿度减少夜间结露，又能最大限度缩短夜间温度与湿度，能够同时满足病菌萌发、侵染的组合时间，对于霜霉病等高湿型病害的抑制作用效果明显。

十、 茶叶农药减施增效技术

184. 我国茶园中常发的病虫害有哪些？其分布有哪些特点？

茶园常发生的虫害主要有黑刺粉虱、茶网蝽、茶小绿叶蝉、茶小卷叶蛾、茶尺蠖、茶黄蓟马、茶橙瘿螨、茶黑毒蛾、茶毛虫、象甲类等；常见病害主要有炭疽病、茶白星病、茶圆赤星病、茶饼病、茶云纹叶枯病等（彩图 25）。根据我国茶叶产区的分布特点，其病虫害分布有如下特点：

华南茶区：位于中国南部地区，属茶树生态最适宜区，包括福建、广东的中南部、广西壮族自治区南部、云南南部及海南、台湾等地。栽培品种主要为乔木类大叶种，小叶种也有分布，产量高，品质优异，有乔木、小乔木、灌木等各种类型的茶树品种，茶资源极为丰富，生产红茶、乌龙茶、花茶、白茶和六堡茶等名茶。华南茶区以茶小绿叶蝉、茶尺蠖、茶丽纹象甲、茶黑毒蛾、茶卷叶蛾类、茶黄蓟马、茶橙瘿螨、咖啡小爪螨、黑刺粉虱、茶饼病和茶炭疽病等病虫为主。

西南茶区：位于中国西南部，包括云南、贵州、四川三省以及西藏东南部，是中国最古老的茶区。茶树品种资源丰富，既有小乔木灌木类品种，也有乔木类品种。生产红茶、绿茶、沱茶、紧压茶和普洱茶等，是中国发展大叶种红碎茶的主要基地之一。西南茶区以茶小绿叶蝉、茶黄蓟马、茶黑毒蛾、黑刺粉虱、茶跗线螨、茶棍蓟马、茶饼病、茶炭疽病、茶白星病等病虫为主。

江南茶区：位于中国长江中下游南部，包括浙江、湖南、江西等省和皖南、苏南、鄂南等地，为中国茶叶主要产区，年产量大约占全国总产量的 2/3，是全国重点绿茶产区。生产的主要茶类有绿茶、红茶、黑茶、花茶以及品质各异的特种名茶，诸如西湖龙井、黄山毛峰、洞庭碧螺春、君山银针、庐山云雾等。江南茶区有茶小绿叶蝉、茶尺蠖、黑刺粉虱、茶蚜、茶丽纹象甲、茶小卷叶蛾、茶炭疽病和茶饼病等。

江北茶区：位于长江中下游北部，是我国最北茶区，属茶叶生态次适宜区，包括甘南、陕南、鄂北、皖北、苏北、鲁东。茶树品种多为灌木类中小叶种。如紫阳种、信阳种等，抗寒性较强，全区生产绿茶。代表茶品种有六安瓜片、信阳毛尖等。江北茶区以茶小绿叶蝉、茶尺蠖、黑刺粉虱、茶蚜、茶细蛾和茶炭疽病等病虫为主。

185. 茶园农药减施措施有哪些？

茶园病虫害防治中可以通过以下措施实现农药减施增效：①通过使用高效施药器械（如静电喷雾等）提高农药利用率，实现减施增效。传统手动喷雾器经常出现跑、冒、漏严重，农药利用率不高等问题。从药效、利用率和安全性三个方面考虑，静电喷雾等高效施药技术具有省水、省药、省工等特点，与手动喷雾相比，在相同防效的情况下可以做到农药的减施。②通过生物药剂替代化学药剂或者化学药剂与生物农药混配，达到茶园农药减施增效。通过使用生物药剂，如球孢白僵菌、印楝素、藜芦碱、鱼藤酮、柠檬烯和茶皂素等替代化学药剂，达到化学药剂减施增效目的。③通过构建茶园生态工程，减少化学农药的使用。通过间作、套作等种植模式，在茶树周边种植具有驱避、诱集活性或利于天敌昆虫繁殖、越冬的花、草和树等植物，构建"茶树—草—花—树"的复合生态系统，改善茶园的生态环境，创造有利于天敌生存和繁衍生息的适宜生态条件，减少茶园害虫的大面积暴发，减少化学农药的大量使用。通过化学药剂与生物药剂的混合使用，减少化学农药的使用。④利用植物化感作用（异株克生特性），种植三叶草，以草治草，减少化学农药的使用。通过种植固氮植物如白三叶草等，与杂草争夺有限的生产空间，从而抑制杂草的生长，固氮植物还能为茶树生长提供养分，减少化学除草剂的使用。⑤通过添加助剂，提高农药利用率，减少化学农药的使用。通过添加助剂，如表面活性剂等，可以增加化学药剂的分散性、延展润湿能力，提高利用率。⑥通过茶园冬季封园管理，如加大石硫合剂封园力度，降低病虫害发病指数，减少化学农药的使用。冬季清园和封园，可能最大限度地杀灭虫卵和病菌，减少次年虫卵和病菌的发生发展，减少化学农药的使用。⑦通过茶园用肥和使用茶树免疫激活剂如氨基寡糖素等提高茶树抗病抗虫抗逆能力，减少化学农药的使用。茶树免疫激活剂如氨基寡糖素和芸薹素内酯等，能够激活茶树自身抗病信号通路，增强茶树抗病抗虫抗冻抗旱等逆境生存能力，从而减少化学农药的使用。

186. 茶园可以使用的生物农药有哪些？

目前我国登记的用于茶园使用的生物农药主要有苦皮藤素、藜芦碱、赤霉酸、芸薹素内酯、苏云金杆菌、印楝素、金龟子绿僵菌、球孢白僵菌等。以贵州省为例，进入使用名录的生物农药有：

①球孢白僵菌。400亿个孢子/克可湿性粉剂，微生物源，茶叶登记证号PD20102134，主要防治茶小绿叶蝉，兼治茶刺蛾、小卷叶蛾、天牛、象甲等。

②印楝素。0.5%可溶液剂，植物源，茶叶登记证号PD20150973，主要防治茶小绿叶蝉，兼治茶蓟马、蚜虫、螨类、茶毛虫、茶尺蠖、茶刺蛾、小卷叶蛾等。

③藜芦碱。0.5%可溶液剂，植物源，茶叶登记证号PD20102081，主要防治茶小绿叶蝉、茶橙瘿螨，兼治其他螨类、小绿叶蝉等。

④矿物油。99%乳油，矿物源，茶叶登记证号PD20095615，主要防治茶橙瘿螨，兼治其他螨类、介壳虫、黑翅粉虱、蚜虫及部分病害。

⑤石硫合剂。45%结晶粉，矿物源，茶叶登记证号PD90105，主要防治叶螨，兼防其他螨类、介壳虫及部分病害。

⑥苏云金杆菌。16 000国际单位/毫克可湿性粉剂，微生物源，茶叶登记证号PD20096222，主要防治茶毛虫，兼治茶尺蠖、茶刺

蛾、小卷叶蛾等。

⑦苦参碱。0.5%水剂，植物源，茶叶登记证号 PD20101283，主要防治茶毛虫，兼治茶小绿叶蝉、蚜虫及茶尺蠖。

⑧茶核·苏云菌。1 000 万 PIB/毫升、2 000 国际单位/微升悬浮剂，微生物源，茶叶登记证号 PD20086035，主要防治茶尺蠖，兼治茶毛虫、茶刺蛾、小卷叶蛾等。

187. 如何实现茶小绿叶蝉的绿色防控？

茶小绿叶蝉是半翅目叶蝉科的一种昆虫，俗称浮尘子、叶跳虫等，发生普遍，全国各产茶省份均有发生，是主要茶叶害虫之一。其绿色防控措施如下：

（1）生态调控　构建或重塑茶园生态系统，在茶园及周边种植对茶小绿叶蝉具有驱避或杀虫活性的植物，如苦楝树、除虫菊等；利用茶园生态系统中食物链的原理，通过蜘蛛、草蛉等天敌实施"以虫治虫"。

（2）农艺措施　5 月后，视茶小绿叶蝉虫量及茶树长势，通过轻修剪和强化采摘技术带走芽叶上的小绿叶蝉虫卵。

（3）理化诱控　在茶园安置自控式害虫诱杀器诱控茶小绿叶蝉，每亩 2～4 套，防控面积大于 50 亩每亩 2 套，小于 50 亩每亩 4 套；于茶小绿叶蝉发生初期使用效果最佳，可以达到减少虫口基数，减轻后期防控压力。将自控式害虫诱杀器悬挂在茶树平齐或不高于 10 厘米的位置或者在茶园安置黄色粘虫板，每亩 10～15 张。

（4）化学农药辅助防控　针对无公害茶园和普通茶园，于小绿叶蝉卵孵盛期或若虫盛发期，采用 240 克/升虫螨腈悬浮剂进行叶面喷雾，用药量 20～30 克/亩（制剂），安全间隔期 14～20 天，建议每季最多使用 2 次。

188. 如何实现茶蓟马的绿色防控？

茶蓟马是缨翅目蓟马科的一种昆虫，以成虫、若虫锉吸为害茶树新梢嫩叶，受害叶片背面主脉两侧有 2 条至多条纵向内凹的红褐色条纹，严重时叶背呈现一片褐纹，条纹相应的叶正面稍凸起，失去光泽，后期芽梢出现萎缩，叶片向内纵卷，叶质僵硬变脆。其绿色防控措施如下：

（1）生态调控　通过间作、套作等种植模式，在茶园内及周边种植具有驱避、诱集活性或利于天敌昆虫繁殖、越冬的树、花、草等，如：茶园周边种植苦楝树及除虫菊，茶园内种植桂花树，茶树间种植三叶草、百脉根等绿肥，构建"茶—林—草—花"的茶园立体、复合生态系统，创造有利于蜘蛛、小花蝽、瓢虫和草蛉等天敌生存和繁衍的条件；同时，利用茶园生物种群多样性增强茶园生态体系对害虫种群控制的能力。

（2）农艺措施　加强茶园管理及合理施肥，促使茶树健康生长，提高树势。根据茶树长势和茶蓟马种群动态规律，及时分批采摘、合理修剪（建议：晴天在早上 10 时以前，下午 5 时以后修剪，阴天可以全天修剪；推荐使用采茶机进行轻修剪，方便将修剪枝叶带离茶园）并清理茶园，带走虫卵梢叶，减少茶蓟马种群数量。冬季休园时及时清除茶树枯枝落叶及茶园杂草，消灭或减少越冬成虫、若虫或卵。

（3）理化诱控　在茶园安置多功能房屋型诱捕器，每亩 4～6 套，防控面积大于 50 亩每亩 4 套，小于 50 亩每亩 6 套，于害虫发生初期使用效果最佳，可以减少虫口基数，减轻后期防控压力，安装于顶部与茶树平齐的位置。

（4）生物防治　目前登记用于防治茶蓟马的微生物制剂有球孢白僵菌，植物源农药品种有印楝素和苦参碱，但其防治效果均不稳定，且上述产品可能掺杂化学农药，选择上述产品时需谨慎。在"以虫治虫"方面，可在蓟马卵孵化高峰期，人工投放小花蝽、草蛉或瓢虫的虫卵或幼虫，投放数量与天敌和害虫捕食比、天敌与茶园生物种群的相容性等相关；同时，还应考虑防控措施的成本等因素。目前，可采用草蛉或瓢虫夹片法防治茶蓟马，每亩安置草蛉或瓢虫卵卡 10～15 张。

（5）化学辅助防治　针对普通茶园，结合茶小绿叶蝉的防治方法，于低龄若虫高峰期，选用30%唑虫酰胺悬浮剂15～25毫升/亩（制剂），安全间隔期14天，保叶效果好；24%虫螨腈悬浮剂20～30毫升/亩（制剂），安全间隔期7天，每轮新梢最多只能施用1次。上述农药交替使用。

189. 如何实现茶毛虫的绿色防控？

茶毛虫是鳞翅目毒蛾科的一种昆虫，是我国茶区的一种重要害虫，发生严重时茶树叶片被取食殆尽。茶毛虫幼虫常群集为害，咬食茶树老叶使其呈半透膜，以后咬食嫩梢呈缺刻，严重时连芽叶、树皮、花和幼果都吃光。除为害茶树外，还为害油茶、山茶等。茶毛虫幼虫、成虫体上均具毒毛、鳞片，触及人体皮肤后红肿痛痒，影响农事操作。其绿色防控措施主要有：

（1）农业防治　结合冬季茶园管理，剪除茶树下部的拖地枝，减少越冬虫卵基数。在茶毛虫发生严重的茶园，可在11月至翌年3月人工摘除越冬卵块；盛蛹期在根际培土，稍稍压紧，阻止成虫羽化出土。同时，利用茶毛虫的群集性，结合茶园田间操作随时摘除卵块和虫群。

（2）生态防治　茶毛虫天敌种类丰富，寄生性天敌分为卵寄生和幼虫寄生。卵寄生性天敌有茶毛虫黑卵蜂、赤眼蜂，幼虫寄生性天敌有茶毛虫绒茧蜂、毛虫绒瘦姬蜂、毒蛾瘦姬蜂等。捕食性天敌有步甲、蜘蛛、瓢虫等。注意减少茶园用药次数，促进天敌自然繁殖，发挥茶园天敌的调控作用。

（3）理化诱控　在茶园安置茶毛虫信息素诱捕器诱控成虫。安置时间在成虫羽化初期，成虫飞扬前；安置数量3～5套/亩，原则上外围密，中间稀；悬挂高度高于茶叶顶部10～20厘米；诱芯更换时间一般30天左右，诱捕器可以重复使用。也可在茶园安置太阳能杀虫灯，根据茶园地势，30～50亩安装一盏。

（4）生物防治　人工释放茶毛虫黑卵蜂、赤眼蜂防治卵块，释放茶毛虫绒茧蜂防治幼虫。选用生物农药：①苏云金杆菌可湿性粉剂 16 000 国际单位/毫克或苏云金杆菌悬浮剂 6 000 国际单位/微升 800～1 600 倍液。害虫卵孵化盛期或盛发期前，均匀喷雾施药。②0.3％印楝素乳油 120～150 毫升/亩。害虫卵孵盛期至低龄幼虫期施药。视虫害发生情况，每 7～10 天左右施药 1 次，可连续用药 3 次。配药时，首先摇匀药剂，顺风均匀喷施。大风天或预计 3 小时内降雨时，不能施药。

（5）化学农药应急防治　针对普通茶园，防治适期为 3 龄前幼虫期，防治指标为投产茶园每 100 米茶蓬有茶毛虫卵块 5 个。可选用以下化学农药：①2.5％联苯菊酯乳油，每亩用量 20～40 毫升，对水喷雾。初孵幼虫至低龄幼虫期施用。安全间隔期为 7 天，每季最多施药 1 次。②100 克/升氯氰菊酯乳油，每亩用量 15～30 毫升，对水喷雾。安全间隔期为 7 天，每季最多施药 1 次。菊酯类农药属茶园农药常规老品种，施用时注意用药剂量和用药次数、严格控制安全间隔期、避开蜜源植物花期、注意保护天敌、避免农药抗性产生。

190. 茶园害虫的物理防治技术有哪些？

在茶园害虫防治中，可以采取如下物理防治技术：

一是杀虫灯诱虫，应用太阳能频振式杀虫灯诱杀茶毛虫、茶尺蠖、茶毒蛾、茶细蛾和茶小卷叶蛾等鳞翅目害虫。根据茶园土地平整度及茶园害虫数量，每 2～3.3 公顷安装一盏杀虫灯。

二是色板诱杀，利用茶树害虫对颜色的偏嗜性特点，采用诱虫黄板诱杀假眼小绿叶蝉、黑刺粉虱等害虫，采用诱虫蓝板诱杀茶蓟马。一般每亩安装诱虫色板 20～25 张。在春茶和夏秋茶采茶期前，安放和更换色板。黄板对春茶害虫控制效果较好。

三是应用多功能房屋型害虫诱捕器诱杀，可诱杀茶园茶毛虫、茶尺蠖、茶毒蛾、茶细蛾、茶小卷叶蛾、假眼小绿叶蝉、黑刺粉虱和茶蓟马等鳞翅目、同翅目和鞘翅目害虫。每亩安装诱捕器

4～6个，安装高度为诱捕器下缘高出茶蓬平面20厘米。诱虫色板视表面粘虫的数量及黏性程度，可将色板内侧面置换到外侧面。害虫饵料可15天左右更换1次；性诱剂诱芯悬挂距离药液2厘米左右，30天左右更换1次。

191. 如何防治茶树炭疽病？

炭疽病是茶树重要的叶部病害，叶片受害常表现为水渍状病斑，发病后期造成叶片枯死脱落，影响茶树正常生长发育，降低茶叶品质；当病害集中暴发时，甚至出现茶树整株死亡，严重威胁着茶树生长、茶叶产量和茶苗繁育。高湿度条件最利于发病，且在多雨的年份和季节发生严重。全年以初夏梅雨季和秋雨季发生最盛。扦插苗圃、幼龄茶园由于叶片生长柔嫩，水分含量高，发病也多。单施氮肥的比施用氮钾混合肥的发病重。品种间有明显的抗病性差异，一般叶片结构薄软、茶多酚含量低的品种容易感病。其防治方法有如下几种：

（1）农业防治　加强茶园管理，提升茶树自身的抗逆性，可抵御病原菌的入侵或为害；增施磷钾肥，提高茶树抗病力，避免单施氮肥。发病严重的茶园清除病叶集中销毁，发病较轻的茶园可人工摘除病叶，以此减少茶园病原物基数；开辟新茶园，适当选用抗病茶树品种，尽量避免茶树品种过于单一。

（2）化学防治　雨季到来前后是防治该病适期，可选用百菌清、多菌灵、甲基硫菌灵等药剂。防治时间一般选在每年5—6月或9—10月病害盛发之前，在晴天早晚阳光不太强时或阴天喷施，喷施后遇雨水必须补喷。非采茶期也可喷洒石灰半量式波尔多液等封园，减少病原基数。

（3）生物防治　植物内生拮抗菌已成为病害生物防治中很有潜力的物种，目前用于防治茶树炭疽病的生物药剂有枯草芽孢杆菌、地衣芽孢杆菌等。

192. 如何防治茶树茶饼病？

茶饼病又名叶肿病、茶孢状叶枯病，是一种危害茶树嫩梢嫩叶的重要真菌病害，在我国四大茶区均有分布，以西南茶区发生严重，茶饼病发生的茶园每年可造成减产20%～30%，茶叶质量明显下降，影响茶叶产量、品质和经济效益。茶饼病的发生与温度、湿度、降水量有密切关系，其中湿度影响最大；茶饼病的发生与海拔、茶树品种都有关系。海拔较高的茶园，常年处于低温多雾、湿度大、日照少的环境，茶饼病也容易发生。

在西南茶区，茶饼病一般发病始期为7月，9—10月为发病盛期，春茶期间偶尔发生且发病程度较轻。茶饼病的防治方法有如下几种：①加强茶苗木检疫，防止病害传入新植茶园。②选育抗病品种，茶饼病在不同茶树品种上的危害程度存在一定差异，通过选育、种植抗茶饼病的茶树品种可以一定程度上预防茶饼病发生。③改善农业管理措施，提高茶园管理效能，增强植株抗病力。发现病虫枝叶，及时摘除并带出园外集中销毁，及时拔除杂草，增强茶园通风透光性能，降低茶园湿度，破坏病原菌繁殖场所。在秋茶采摘结束后及时修剪，在茶树生长季节不宜进行修剪，避免茶树代谢旺期长出大量的幼嫩芽叶给病原菌提供适宜的侵染源；和不同植物间作，物种多样性在一定程度上可以提高天敌的自然控制力度，可以降低茶饼病的发生及危害；实行配方施肥，避免偏施氮肥，适当增施磷钾肥，适当添施有机肥（如农家肥和沼液），从而增强树势，提高茶叶抗病性，降低发病率，同时还可以提高茶叶的产量和品质。④采用化学农药与生物农药防治，可以使用石硫合剂封园，或者使用波尔多液、甲基硫菌灵、多抗霉素等药剂，对茶饼病有良好的防治效果。

193. 如何防治茶树白星病？

茶白星病是高海拔茶区发生的常见茶树病害，是由真菌引起的低温高湿性病害，一般发生始期为 3 月下旬，流行期为 4 月上旬至 6 月上旬，连续阴雨多雾、湿度大是病害流行的重要条件，主要危害茶树的嫩叶和芽。该病分布广泛，传播性比较强，是绿茶种植中常见的病害，对茶园的危害较大。

该病主要发生期正值春茶采摘季节，单一化学防治往往效果不佳，需要坚持预防为主的防控措施：①做好监测预警。②采取农业防治。利用品种间抗病性的差异，尽量选用抗病性较强的优良品种；加强茶园管理，即实行生态控制，做好病情监测，结合间种套作，合理灌溉和施肥，及时清理菌源，合理采摘，为茶树创造良好的生态环境。③科学使用农药。在发病初期，可选用武夷菌素、多抗霉素、枯草芽孢杆菌等生物农药，或者采用铜制剂、百菌清、多菌灵、吡唑醚菌酯、苯醚甲环唑等化学农药进行防控，采用背负喷雾机具或者植保无人飞机将药液喷施至感染茶白星病的嫩梢上，以防治病害。

194. 茶树冻害预防与修复技术有哪些？

茶树冻害主要发生在冬季或早春，尤其是突然降温对茶叶生产的影响比较大。当温度降至 0℃ 以下时，茶树组织细胞结冰失水，细胞变形损伤死亡。由于细胞液外渗，冻害叶片呈现黄褐色，严重者枯焦呈火烧状。茶树冻害根据茶树生长季节可分为越冬期冻害和萌芽期冻害，后者对当年春茶的产量和品质影响最大。茶树萌芽期冻害主要是晚霜冻。此时大地回春，茶芽开始萌发，有的早发芽品种已长至 1 芽 1 叶，若遇晚霜危害，轻则造成芽叶焦灼，产生"麻点"现象，重则造成成片已萌发芽叶焦枯，严重影响茶叶产量和质量。

（1）茶树冻害的症状

①根系冻害。茶园积水易发生根系冻害。主要表现为枝条抽干、春季萌芽晚，萌芽不齐，或萌芽之后又干缩。根部外皮变褐色，皮层与木质分离或脱落。

②枝条冻害。生长发育不成熟的嫩枝，易遭受冻害而干枯死亡；有的冻枝看起来正常，但发芽迟，叶片瘦小畸形，剖开后可见

木质色泽变褐色。

③干风冻害。休眠期茶树对冬季低温具有一定抵御能力，但茶树惧怕干冷风直接吹袭，树冠枝叶受冻失水，叶色经青白色变黄褐色并脱落，严重时生产枝干枯，骨干枝开裂枯死。

④茶芽冻害。又称"倒春寒"。立春以后气温回升，茶芽萌发，遇气温骤降结霜，茶芽受冻，变成红焦状，基部变褐，干枯死亡。

（2）冻害的预防措施

①加强茶园冬季管理。茶园冬季管理是预防冻害的重要措施。茶树越冬能力与茶园管理水平直接相关，休眠期修树整形做得好、开沟施肥做得到位、整体长势整齐的茶园，树体储备养分充足，抵御冻害的能力就强。同时要清理排水沟，避免行间积水造成根部受害。

②根部覆盖。苗圃和幼龄茶园，采用稻草、锯末、稻壳、作物秸秆、无籽杂草等进行根部覆盖，增加地表积温保护根系。

③喷施诱导剂增加树体抗逆性。冬季封园时，联合封园药剂一起喷施氨基寡糖素水剂、芸薹素内酯水剂等诱抗剂，增加树体抗逆性，预防冻害，减少损失。

（3）冻害发生后的修复补救措施

①整修。冻害发生后，对受冻部分进行轻修剪，受害重的茶园进行深修剪，控制营养生长，恢复能力。修剪宜在天气回暖后进行，避免倒春寒。

②追肥。松土浅耕，提高地温，促使茶芽萌发；追施有机肥或茶叶专用复合肥，保障茶芽再次萌发，重建树冠。

③修复。冻害发生后，及时喷施氨基寡糖素水剂、芸薹素内酯水剂等，提高茶树免疫力，加快伤口修复，促进光合作用，提高细胞液浓度，促使茶树迅速恢复生机，预防次生病害。

④防病。加强田间调查，跟踪炭疽病、茶圆赤星病等次生病害发生情况，春茶采摘结束后，要及时进行病虫害防治，避免蔓延，减少损失。

十一、 果园农药减施增效技术

195. 哪些农业措施可以预防苹果园病虫害发生？

苹果园病虫害农业防治措施如下。

(1) 清洁果园　苹果树进入休眠期可以刮除枝干上的病斑、病瘤、粗皮、翘皮，结合冬剪剪除病虫枝、枯死枝、病僵果，并清扫地面枯枝、落叶、杂草及病残体，集中销毁，能有效降低越冬病虫。

(2) 夏季修剪　在苹果生长季节，及时剪除并销毁病虫枝、旺长枝、内膛过密枝，保持树体通风透光，使枝枝见光，从而减轻病虫危害或发生。

(3) 果园种草　果园行间种牧草能有效增加土壤肥力，改善果园小气候，增加天敌种群。种草时间一般春季为 3 月中旬至 5 月中旬，秋季为 8 月底至 10 月上旬。草种一般选耐阴、株型低矮、耐践踏、再生力强的品种，适合果园种植的牧草有百喜草、紫花苜蓿、黑麦草、冬牧-70 黑麦、白三叶、小冠花、毛苕子等。

(4) 疏花疏果　疏花疏果可以保持结果期苹果树势健壮，增强抗逆性及抗病力。疏花一般从花序伸长至分离期开始，在整个花期均可进行，首先疏除弱花序、开花晚的花序、位置不当的花序及腋花芽，对串花枝采取隔一去一或隔一去二的方法。疏果于花后 1~2 周进行，首先疏除小果、病虫果、畸形果和生长位置不当的果，然后疏除过密果等。

(5) 果实套袋　套袋可有效防治椿象、桃小食心虫、斑点落叶病、轮纹病和煤污病等病虫的危害，还可降低农药残留，提升苹果品质。提倡果实"双套袋"，即膜袋加纸袋，在落花后 25~40 天内先给幼果套上膜袋，再套纸袋，套膜袋一般在 5 月上中旬，纸袋在 5 月下旬至 6 月上旬。

196. 如何利用色板防治苹果园害虫？

不同害虫成虫对颜色有不同喜好，色板就是利用某些颜色对昆虫的吸引特性，在不同颜色的塑料板上涂上特殊胶质，制成可胶黏昆虫的诱捕器，对昆虫进行物理诱杀。

（1）色板选择　常见的色板颜色有黄、绿、蓝、黑等，很多害虫（如有翅蚜虫、叶蝉、粉虱、斑潜蝇等）喜好黄色，所以很多地方使用黄色粘虫板来诱杀害虫。而果蝇类喜好黑色粘虫板，绿盲蝽喜欢蓝色和绿色粘虫板，因此防治不同害虫要选择合适颜色的粘虫板。

（2）使用方法　悬挂时间：防治果园害虫，一般在害虫发生初期使用，但应避开蜜蜂传粉的盛花期。使用方法：垂直悬挂在树冠中层外缘的南面。可以每亩先悬挂 3～5 块监测虫口密度，当色板上虫量增加时，每亩均匀悬挂 20～30 块，具体悬挂数量依据色板面积进行适当调整。注意事项：建议先进行害虫监测，每隔 1～2 天检查粘虫板上诱集到的害虫种类和数量，查看是否有增加，依害虫发生趋势增加色板的数量。当害虫粘满色板时，要及时摘除色板，以防诱杀到天敌昆虫。在天敌释放的时段不应悬挂粘虫板，以免色板误伤天敌。

197. 如何布放杀虫灯防治苹果园害虫？

杀虫灯利用害虫的趋光特性，采用光、波、色等引诱害虫扑灯，并通过高压电网杀死害虫。杀虫灯发出 330～400 纳米的紫外光波，人类对该光不敏感，在果园中一些鳞翅目、鞘翅目害虫对该光比较敏感，在夜间这些害虫就趋向杀虫灯飞，所以人们就利用杀虫灯对许多害虫进行测报和诱杀。现在，根据需要人们对杀虫灯做了诸多改进，有频振杀虫灯、太阳能诱虫灯等。

（1）使用方法　在果园使用杀虫灯，应把灯悬挂在空闲地或水池上，以免灯周围的果树遭受诱来而没被杀死的害虫伤害。杀虫灯于 4 月上旬安装，每 50 亩安装 1 盏，灯间距 200 米，开灯日期为 4 月中旬至 10 月中旬（不同地区根据天气变化合理调整时间），可采用光湿控智能开关装置，白天、雨天关灯，晚上开灯，装灯高度根据树高确定，以灯底座低于树梢 30～50 厘米为宜。

（2）注意事项　杀虫灯诱虫谱很广，有时一些有益昆虫也会被诱杀，如草蛉、寄生蜂等。所以，在使用杀虫灯时要慎重。杀虫灯防治病虫害是最理想的病虫害防治措施，省钱、省力、绿色、环保。一盏杀虫灯可以防治 50 亩的鳞翅目、半翅目、鞘翅目等害虫。但是，必须连片投放，对于一户十几亩的果园，且较为分散的果园不建议使用，效果不佳反而会增加病虫害的密度。

198. 如何利用诱虫带防治果园害虫？

诱虫带由单层瓦楞纸制成，同时添加了对越冬害虫具有诱引和催眠作用的醇类化学物质，对害虫有极强的诱惑作用，害虫一旦进入即很少外逃，并能很快进入休眠状态，有利于集中捕杀。诱捕对象以诱捕越冬幼虫为主，也可大量诱捕体形小、隐蔽在树干翘皮裂缝中越冬的较难防治的害虫，如螨类、康氏粉蚧、苹小卷叶蛾、梨网蝽、苹果绵蚜等。根据靶标害虫越冬虫态体型大小不同选用不同棱波幅的诱虫带。棱波幅 4 毫米×5 毫米的诱虫带主要用来诱集叶螨类害虫；棱波幅 5 毫米×6 毫米的诱虫带主要用来诱集康氏粉蚧、卷叶蛾等体型较大的害虫。

（1）使用方法　①绑扎方法，在我国北方产区，叶螨等小型害虫害螨一般 8 月上中旬即陆续进入越冬场所，其他害虫可延续到果实采收前后进入越冬状态。因此，应在每年的 8 月初，即害虫越冬之前开始绑扎。绑扎时将诱虫带绕主干 1 周，对接后用胶布或胶带固定在果树第一分枝下 5～10 厘米处，也可将诱虫带分别固定在其他主枝基部 5～10 厘米处，诱集效果更好。②解除方法，诱虫带一般在害虫完全休眠后至出蛰前（12 月中下旬至来年 2 月中旬）解除，解除后要集中销毁或深埋，切忌随意抛弃，以防其中的害虫逃逸。太早解除，一些越冬害虫还没有完全休眠，解除诱虫带后它们会重新选择在老翘皮和树皮裂缝中越冬；太晚解除，会使大量诱捕到的害虫出蛰后逃逸。

（2）使用效果 据近几年研究报道，每亩果园诱虫带投资成本仅二三十元，每条诱虫带最多可诱获越冬山楂叶螨 2 000 余头，这样就减少了来年亿万头山楂叶螨在苹果园的危害。另外，对二斑叶螨、康氏粉蚧、梨网蝽、苹小卷叶蛾等害虫的诱捕率也在 80% 以上。使用诱虫带来年可减少使用杀虫杀螨剂 2～3 次，具有明显的节本增效作用。

（3）注意事项 诱虫带使用过程中可诱集天敌，在诱虫带解除后，先把天敌挑拣出来，而后再集中销毁。

199. 如何利用防虫网防治果园害虫？

防虫网是人工构建的屏障，将一些个体较大的害虫拒之网外，以达到防虫护果的目的，可以和设施果树栽培结合在一起。此外，防虫网反射、折射的光对害虫还有一定的驱避作用。应用这项技术，可以大幅度减少果树对化学农药的依赖性。

在果实成熟期，常会遭到多种鸟的啄食，影响水果产量和品质。随着对鸟类的合理保护，由于国家规定不能使用药剂和枪械伤害鸟类，在果树周围悬挂防鸟网是最有效的方法。

200. 如何利用性诱剂诱杀害虫？

性诱剂是人工合成的一种性外激素物质，也叫性信息素，自然界绝大多数雌性昆虫为寻找配偶，会向体外释放一种具特异性气味的微量化学物质，以引诱同种异性来进行交配，这种化学物质叫性诱剂或性信息素，性诱剂诱杀害虫主要是用人工合成的昆虫性诱剂引诱雄虫，从而减少田间雌雄成虫交配概率，降低下一代的发生量。

目前，全世界有几百种昆虫性诱剂，国内用于防治果园害虫的性诱剂有桃小食心虫、梨小食心虫、金纹细蛾、苹果蠹蛾、苹小卷叶蛾、桃蛀螟等性诱剂。

（1）诱芯安置方法　取口径20厘米的水盆，用略长于水盆口径的细铁丝横穿一枚诱芯置于盆口上方中央并固定好，使诱芯下沿与水盆口面齐平，以防止因降雨水盆水满而浸泡诱芯，做好以后，即将诱盆悬挂于果实中间。悬挂方法：一是悬挂的高度以诱芯离地面1.5米左右为宜，此法悬挂简单，但是风大时水盆摇晃，易将水晃出盆外，不易保持盆内水面高度而影响诱杀效果；二是搭一个三角形支架，将盆放于支架上，此法能保持水分稳定，不受大风的影响，安置好水盆以后，向盆内加入清水，水内加0.2%的洗衣粉，加水量为水面离诱芯下沿距离1～2厘米。

（2）诱芯放置密度　一般间隔20～25米放置1盆，地势高低不平的丘陵山地或果树密度大、枝叶茂盛的果园宜密放，而地势平坦的洼地或果树密度较小的果园放置间隔可适当大一些，每亩地可放置3～5个诱捕器。

（3）诱芯放置时间　可根据诱杀不同害虫的世代和危害程度来确定放置时间，如金纹细蛾田间危害主要为第3、第4代幼虫，7月中旬至9月中旬是金纹细蛾第2、第3代成虫盛发期，蛾量占全年发生量的80%，此时是利用性诱剂防治的主要时期。

（4）诱盆管理和调查　诱盆应每天检查1次，捞出盆内虫体，并向盆内补充所耗水分，诱芯在使用一段时间后要更换，1个月左右更换1次。

性诱剂防治害虫可以减少化学农药的使用，但是不能完全依赖性诱剂，应与化学防治相结合；使用性诱剂要防止对有益昆虫的伤害。

201. 迷向丝是什么？它能除虫吗？

迷向丝又称性诱剂迷向散发器，内含高浓度的性诱剂，来掩盖雌性成虫的位置，使雄性成虫难以找到雌性成虫，使其交配推迟或不能交配，从而减少虫口密度，达到防治目的。果园迷向丝可以有效防治梨小食心虫、苹小卷叶蛾和苹果蠹蛾。

（1）迷向丝使用要点

园区选择：使用迷向丝时果园面积至少在 50 亩以上，而且面积越大效果越佳。迷向防治区适宜设置在种植相对独立、品种相同、连片种植且园区形状规则（以正方形为佳）的果园种植基地。

悬挂时间：越冬代成虫羽化前，根据果树品种不同，早、中熟品种只需要悬挂 1 次，特晚品种需悬挂 2 次，也可根据虫情而定。

悬挂方法：将迷向丝拧系在果树树冠 1/2 处的树杈上。

每亩用量：每亩平均 40～50 根，在坡度较高或风口方向边缘处需加大密度。

（2）迷向丝注意事项　①虫口密度处于中、低水平时，可直接使用迷向丝，虫口密度较高时，需要结合高效低毒农药配合防治。②悬挂时，操作者务必戴乳胶或 PVC 手套，以免污染。③迷向丝使用前需要在 0℃以下冰箱中保存，保质期 24 个月，一旦打开包装袋，须尽快用完。

202. 果园害虫的天敌有哪些？

果园害虫天敌主要分为捕食性和寄生性两大类，捕食性天敌主要有捕食性瓢虫、草蛉、小花蝽、蓟马、食蚜蝇、捕食螨、蜘蛛和鸟类，寄生性天敌主要有各种寄生蜂、寄生蝇、寄生菌等。

（1）瓢虫　大多数瓢虫都是肉食性的，主要捕食各种蚜虫、叶螨和介壳虫等。有色瓢虫和龟纹瓢虫主要捕食苹果瘤蚜、苹果黄蚜等；黑缘红瓢虫主要捕食桃球蚧、东方盔蚧、白蜡虫等。红点唇瓢虫捕食桑白蚧、梨圆蚧、龟蜡蚧、桃球蚧、朝鲜球蚧、东方盔蚧等。

（2）草蛉　草蛉可捕食苹果红蜘蛛及其卵，还可捕食鳞翅目害虫、介壳虫的卵和小幼虫等。

（3）食蚜蝇　果园常见有黑带食蚜蝇、狭带食蚜蝇、月斑鼓额食蚜蝇、六斑食蚜蝇、细腹食蚜蝇等，其幼虫可捕食多种果树蚜虫，还可捕食介壳虫、粉虱、叶蝉等。

（4）蓟马　在蓟马家族中多数是害虫，可是也有些种类能在果园捕食多种害虫，常见的有益蓟马主要有六点蓟马和带纹蓟马，以成虫和若虫捕食苹果叶螨、山楂叶螨、二斑叶螨、红蜘蛛、蚜虫和粉虱等多种害虫。

（5）捕食螨　果园常见的捕食螨有植绥螨、西方盲走螨、钝绥螨等，可捕食山楂叶螨、苹果全爪螨和二斑叶螨等的卵、若螨和成螨。

（6）蚜茧蜂　蚜茧蜂个体很小，以卵和幼虫寄生苹果黄蚜、苹果绵蚜、瘤蚜、桃蚜和梨蚜等多种蚜虫。

（7）其他寄生蜂　果园内除蚜茧蜂外，常见的还有赤眼蜂类、绒茧蜂类、姬蜂类、跳小蜂等，多寄生卷叶蛾、刺蛾、食心虫、潜叶蛾、毒蛾、毛虫、尺蠖、天牛、介壳虫等。

203. 如何用捕食螨防治果园害虫？

捕食螨是以红蜘蛛、锈壁虱、粉虱卵等为主要食物的一种肉食性益螨，主要以植绥螨科胡瓜钝绥螨、智利小植绥螨、瑞氏钝绥螨、长毛钝绥螨、巴氏钝绥螨、加州钝绥螨、尼氏钝绥螨、纽氏钝绥螨、德氏钝绥螨和拟长毛钝绥螨等为主。果园释放人工培殖的捕食螨可以有效控制害螨（红蜘蛛、锈壁虱）、粉虱等的为害。释放捕食螨应该注意以下事项：

①释放捕食螨前 20～40 天，要对全园进行 1～2 次全面彻底的病虫害化学（生物）防治，将害螨基数和其他病虫害控制在一定指标内。释放捕食螨前 7～8 天检查果园中的害螨基数，若平均每叶超过 2 头，应喷 1～2 次杀螨剂。最后一次"清园"施药，应根据所用农药药效期的长短与释放捕食螨的时间而定。

②释放捕食螨的果园应当留草，尽量维持果园生态环境相对稳定，以利于捕食螨生存繁殖。释放前，果园的草要进行一次割除。果园不得使用除草剂，如需通过化学方法防治其他病虫，尽量使用对捕食螨危害小、毒性低的药剂。

③放捕食螨的当天，应距最后施药 10 天以上（应视果园农药的残留期而定），并以每叶害螨虫（卵）2 头（粒）以下为最高防治指标。

④晴天或多云的天气应在下午 3：00 后释放为宜，阴天可全天进行，雨天不宜进行。不宜将装有捕食螨的纸袋放在阳光下暴晒。

⑤装有捕食螨的纸袋，剪除纸袋侧面上方一尖角（1～2 厘米）后，用图钉或铁丝固定在不被阳光直射、树冠中下部枝杈处，并与枝干充分接触，捕食螨不能分装释放，也不能隔株释放。

⑥释放捕食螨后 30 天内不能喷任何农药。30 天后可根据具体情况，喷施对捕食螨杀伤性小的杀虫（菌）剂，并尽量轻微喷洒。

⑦释放捕食螨后一般在 1～2 个月达到最高防治效果。此时，捕食螨虫口增多，体呈红色，不要误认为红蜘蛛而喷施农药。

⑧捕食螨出厂后应尽早释放，一般不超过 7 天。如遇到不宜释放的情况，应在 10～20℃下贮存。

204. 怎样利用糖醋液诱捕害虫？

在果树生长季节，可以使用糖醋液来吸引对其气味敏感的害虫，进行捕杀。使用糖醋液捕虫法，成本低廉，操作方式简单快捷，省时省工，而且绿色环保，对环境没有任何不良影响。生产中常用的糖醋液成分包括红糖、醋、水，也可加少许白酒。

生产中，常见的糖醋液配方是按照红糖：白酒：醋：水＝1：1：4：16 进行熬煮，将配好的糖醋液放置在敞口容器内，以占容器体积 1/3～1/2 为宜。每年成虫羽化初期开始悬挂糖醋液，悬挂在树冠的外围中、上部约 2.5 米处，且遮挡枝条不多，靠近上风口的地方。容器悬挂数量视树体大小及虫口密度而定，每亩果园放 10 份左右的糖醋液。要注意及时清理诱杀的虫体，并补充糖醋液。

还可以根据防治对象的特点稍加一点药物。如引诱白星花金龟时，可以在糖醋液中添加 1％的敌百虫溶剂；而防治对象是梨小食心虫时，可以添加 5％的洗衣粉稀释液。因为糖醋液是靠其酸酸甜甜的味道去吸引害虫，所以在果园放置糖醋液的容器口一定要大，使其最大限度散发出味道。有些害虫是可以分清颜色的，比如金龟子，它对花叶的喜爱远远超过果实。所以可以将容器的颜色染成苹果花叶的颜色，或者制作成它所喜爱的黄色、橙色、紫色等亮色，来吸引金龟子，提高捕虫能力。用完后，糖醋液不能直接倒入土壤，会招引周围的蚂蚁，要深埋入地下。

205. 果园如何防鸟？

（1）果实套袋　果实套袋是最简便的防鸟害方法，同时也防病、虫、农药、尘埃等对果实的影响。套袋时一定要选用质量好、坚韧性强的纸袋。在鸟类较多的地区可用尼龙丝网袋进行套袋，这样不仅可以防止鸟害，而且不影响果实上色，但是成本相对较高。

（2）架设防鸟网　防鸟网既适用于大面积的果园，也适用于面积较小的果园，在山区的果园最好采用黄色的防鸟网，平原地区的果园采用红色的防鸟网。在冰雹频发的地区，应调整网格大小，将防雹网与防鸟网结合设置。但防鸟网成本较高，而且使用寿命短，每年果实采收后必须收起来，比较费工，而且受烈日暴晒和风雨侵蚀容易老化破裂。

（3）驱鸟器驱鸟　近两年，有些地区开始使用智能语音驱鸟器。据报道，智能语音驱鸟系统可持续、有效地实现果园驱鸟，最大有效面积可达 50 亩，目前已成功应用在樱桃、葡萄、梨、苹果、杨梅等果树上，驱鸟效果较好。

（4）驱鸟剂驱鸟　驱鸟剂主要成分为天然香料，稀释后对树冠喷雾，雾滴黏附于树冠上，可缓慢持久地释放出一种影响鸟类中枢神经系统的清香气体，鸟雀闻后即会飞走，有效驱赶，不伤害鸟类。

（5）樟脑丸驱鸟　主要是借助樟脑丸的特殊气味驱鸟，一般樟脑丸散发气味维持时间可达 15 天左右，可在这段时间内使鸟类不敢接近果实。要选用质量好、气味浓的樟脑丸，并且要悬挂到果树较高的地方，按果园面积大小确定数量，将樟脑丸用纱布包成小包，每包放置 3～4 粒，于果实快成熟时，或者是套袋果去除果袋后，挂在树梢顶端，一般每棵果树挂 1～2 包，即可达到防止鸟害的目的。

206. 苹果为何要套袋？套袋应注意什么？

套袋可使苹果表皮光洁细嫩，色泽鲜艳，改善外观品质，同时套袋可以有效预防苹果轮纹病和食心虫，也能防治鸟类。由于套袋后农药与果实表面不接触，因此可以降低苹果中农药残留，保证食品安全。苹果套袋时需要注意如下事项：

（1）套袋忌过迟　苹果套袋越早，果实褪绿越好，解袋后着色越快。因此，苹果套袋的最佳时间为 6 月上旬至 6 月下旬，过晚不但褪绿不好，解袋后着色也不好，影响套袋效果。苹果套袋之前应先喷洒 1 遍杀虫、杀菌剂清洁果实上的病虫，待药液干后进行，当天喷药的果实最好当天套完。

（2）解袋忌过晚　套袋苹果适宜着色的温度在 13～15℃，温差大于 10℃时，解袋后不但着色快，而且色泽鲜艳。如日平均温度低于 13℃，温差小于 10℃时，着色缓慢，即使着色，色调也不正常，影响果实的外观质量，解袋后 15～20 天采收为宜。一般除袋时间为 9 月中下旬至 10 月上旬，除袋时先去外袋，外袋去除后间隔 3～5 天去除内袋。除袋时间宜选择在晴天的 9—17 时进行，除袋要尽量避开中午强烈日光，以防发生日烧。

（3）忌一次性解袋　套袋苹果切忌一次性和正午高温时间解袋。一定要先解除外袋后隔 3～5 天，避开中午高温时间解除内袋，否则，遇上强日照天气，造成果面晒伤严重，反而着色不良、果面难看，商品率降低。

虽然套袋可以改善苹果外观品质和减少农药残留，但是套袋后由于太阳光射入受阻，糖分积累减少，风味降低，硬度下降，除袋后容易出现返青现象。此外，苹果套袋费工费力，成本高，而且还会导致苹果易发生黑点病、裂纹、霉心、康氏粉蚧等。因此，一些专家提出苹果省力化栽培，随着新的安全防治技术发展，果实套袋将逐渐减少。

 苹果园可以使用的生物农药有哪些？

生物农药一般毒性低，选择性强，残留低，高效而不易产生抗性，因此用生物农药替代部分化学农药，可以减少化学农药给生态环境、农产品安全带来的影响。我国已登记在苹果园上使用的生物农药有：

（1）苏云金杆菌　是目前世界上产量最大的微生物杀虫剂。可防治苹果园刺蛾、尺蠖、卷叶蛾、桃小食心虫等害虫，在低龄幼虫期施药效果好。

（2）阿维菌素　对苹果各种害螨以及同翅目、鳞翅目害虫均具有很高的生物活性，尤其对害螨的活性极强，防治苹果园山楂叶螨和二斑叶螨。

（3）苦参碱　能有效防治苹果山楂叶螨、苹果黄蚜等。

（4）金龟子绿僵菌　可以用于苹果园桃小食心虫的防治。

（5）嘧啶核苷类抗菌素　能防治苹果白粉病。

（6）多抗霉素　对苹果斑点落叶病的防治效果很好。

（7）中生菌素　可有效防治苹果轮纹病。

（8）寡雄腐霉菌　主要用于苹果腐烂病的防治。

（9）井冈霉素　主要用于苹果轮纹病的防治。

（10）宁南霉素　主要用于苹果斑点落叶病的防治。

208. 如何利用树干微注射法防治害虫？

树干微注射法是一种将药剂通过树干基部打小孔直接注入树木体内的新方法，以防治病虫危害，矫治缺素症等生理病害和调节树木生长发育等，是一种高效的精准施药技术。注射之后，药剂在几个小时之内会随着树液的流动很快遍及树木的枝、叶和根内，同时，注射孔会很快自动愈合。

（1）树干微注射法的优点　常规化学农药喷洒防治林果病虫

害有许多弊端，包括造成对树木附近的植物、动物、有益昆虫以及人类的伤害；大约有93％的农药由于蒸发、下滴而损失掉，而微注射法可使100％的农药进入树体内，仅仅作用于取食树木或在树木内部的有害生物；农药喷洒雨天不能进行，微注射法不受天气影响，甚至大风天气效果更好，因为风加速了蒸腾，从而加速树体吸收农药；树体注射适合的农药持效期可达2年，而喷洒法最长药效仅能维持4周；现有喷洒设备受设计和使用成本的限制，扬程有限，对于高大树干的病虫防治难以将药液有效喷施到所有叶面，而使用微注射法进行防治，无论再高大的树木也不存在这个问题。

（2）注射方法　在树干离地面30厘米以下处，用铁钻钻3～5个孔（具体钻孔数目可根据树体的大小而定），孔径约0.5～0.8厘米，深度达木质部3～5厘米。若防治根部害虫则深度至韧皮部。注射剂量根据树木大小、药剂毒力来确定。注射孔打好后，用注射器将农药缓缓注入注射孔，一般树高2.5米、冠径为2米左右的树，每株注射原药1.5～2毫升，成年大树可适当增加注射量，每株2～4毫升。或者按照10厘米干径注射1～2毫升。注射时间选择因防治对象不同而异，可根据病虫害的发生规律及防治的最佳时间来确定。

（3）注意事项　微注射法所用内吸性杀虫剂农药一般毒性较强，操作时要小心谨慎，防止发生中毒事故和产生药害。夏秋高温季节气温超过30℃时，注射原药应稀释3～5倍后再注入，以免烧伤树体。采果前40天应停止对果树打针注射，以免影响果品品质。同时注意注射伤口的保护，以免引起其他病害。

209. 如何减少果园化学农药使用次数？

在苹果病虫害防治中，一些果农由于没能掌握正确的防治技术，喷药次数太多，不仅造成浪费，还易出现药害。针对苹果病虫害防治过程中存在的问题，减少果园使用化学农药次数的方法给予几点建议。

（1）加强栽培管理　结合栽培管理，通过轮作、清洁果园、施肥、翻土、修剪、疏花疏果等来消灭病虫害，或根据病虫害发生特点，通过人工捕杀、摘除、刮除来消灭病虫。

（2）掌握关键防治时期　以预测预报为基础，依据害虫的发生规律掌握防治的关键时期。在害虫抵抗力最弱、虫体群居和虫态暴露的时期进行防治效果最好。病害则主要根据病害发生的条件及天气变化及时进行预防。如桃小食心虫的防治关键期为老熟幼虫出土前、羽化后成虫的诱杀、产卵后初孵幼虫孵化期。苹果全爪螨在苹果萌芽期喷施石硫合剂，杀灭树上的越冬螨卵；在苹果落花后及害螨快速增长期喷药均可有效防治。

（3）科学使用农药，提高喷药质量　交替使用农药，尽量用没有施过或交互使用不同作用机制的药剂，以提高防治效果。混合使用理化性质相近的农药，可提高防治效果，并可起到兼防几种病虫的效果。农药中添加助剂如增效剂和黏附剂可提高防效。喷药时确保叶片正反两面，树冠内外上下，包括树干都要喷洒细致周到，防止漏喷。此外，集中连片的果园，果农间应进行联防联治，在一定时间内统一喷药。

210. 苹果园主要有哪些病害？如何采用化学防治？

苹果园病害主要有腐烂病、轮纹病、斑点落叶病、褐斑病、炭疽菌叶枯病等。

（1）腐烂病　苹果树腐烂病俗称臭皮病、烂皮病、串皮病，是我国苹果产区危害较严重的病害之一。以树龄较长的结果树为主，对主干、大枝的侵害较重，引起树皮腐烂与枝枯，严重时整树死亡。苹果树腐烂病防治药剂主要有病疤涂剂和铲除剂两种，病疤涂剂有甲硫萘乙酸、菌清、腐殖酸铜、生防菌剂；铲除剂有代森铵水剂、戊唑醇等。

（2）轮纹病　轮纹病是苹果枝干和果实的重要病害之一。枝干被害后，初期以皮孔为中心产生红褐色近圆形或不规则形病斑，随着枝干生长，病斑中心逐渐隆起呈瘤状，颜色变深、质地坚硬，次年病斑继续扩大，失水干缩甚至树干死亡。果实受害后，以皮孔为中心产生水渍状圆形的褐色斑点，并形成同心轮纹，严重时，几天内全果腐烂。针对苹果轮纹病可以用石硫合剂、代森锰锌、苯醚甲环唑、戊唑醇、生防菌剂、甲基硫菌灵、氟硅唑、多菌灵等进行防治。

（3）斑点落叶病　苹果斑点落叶病又称褐纹病，主要危害叶片，也可危害果实和枝条。叶片受害初期，出现极小的褐色小点，后逐渐扩大为直径 3～6 毫米的红褐色病斑，病斑的中心往往有 1 个深色小点或呈同心轮纹状。发病中后期病斑变成灰色。苹果斑点落叶病主要用戊唑醇、苯醚甲环唑、异菌脲、多抗霉素、代森锰锌、苯醚甲环唑·氟酰胺、醚菌酯、己唑醇、戊唑醇、吡唑醚菌酯、丙森锌、多抗霉素等农药进行防治。

（4）褐斑病　苹果褐斑病主要危害叶片，导致早期落叶。病斑褐色，边缘绿色，不整齐。苹果褐斑病主要用肟菌酯·戊唑醇、戊唑醇、苯醚甲环唑、二氰蒽醌·戊唑醇、异菌脲、氟环唑等农药进行防治。

（5）炭疽菌叶枯病　苹果炭疽菌叶枯病主要危害嘎啦、金冠、乔纳金等品种。苹果炭疽菌叶枯病主要危害叶片，并导致大量落叶。可用波尔多液（前期预防）、咪鲜胺、吡唑醚菌酯（发病前期或早期）进行防治。

211. 苹果园主要有哪些害虫？如何采用化学防治？

苹果园虫害主要有红蜘蛛、黄蚜/瘤蚜、食心虫类、卷叶蛾类、苹果绵蚜等。

（1）苹果叶螨　苹果叶螨又名榆爪叶螨，属蛛形纲，蜱螨目，叶螨科，近年来发生面积逐渐扩大，北方果区受害较重。有的地区苹果叶螨往往和山楂叶螨一同发生，防治困难。红蜘蛛吸食叶片及初萌发芽的汁液，导致芽严重受害后不能继续萌发而死亡，而受害的叶片最初出现很多的失绿小斑点，后扩大成片，导致全叶焦黄而脱落。防治苹果红蜘蛛推荐用哒螨灵、螺螨酯、噻螨酮、四螨嗪、阿维菌素等。

（2）黄蚜/瘤蚜　苹果黄蚜/瘤蚜是危害苹果的两种主要的蚜虫，每年都会发生10余代，均以卵在小枝条的芽侧或裂缝内越冬，也在枝梢、芽腋或剪锯口等部位越冬。第二年树芽萌发时，越冬卵孵化，初孵幼蚜群集在芽或叶上为害，并不断繁殖扩展为害，6—7月繁殖最快，为害最重，主要为害新梢、嫩叶和叶片。苹果黄蚜/瘤蚜可用吡虫啉、啶虫脒进行防治。

（3）食心虫类　食心虫类是指专门蛀害果实的一些鳞翅目害虫，果实受害以后，大多提早脱落和腐烂，严重影响果实和品质，危害较严重的食心虫类主要有桃小食心虫、梨小食心虫和梨大食心虫3种，食心虫类可以用高效氯氰菊酯、溴氰菊酯、氯氟氰菊酯进行防治。

（4）卷叶蛾类　卷叶蛾类属鳞翅目，卷叶蛾科，主要危害叶片。包括苹大卷叶蛾、苹小卷叶蛾、顶梢卷叶蛾，一般一年均发生2～3代，苹大卷叶蛾、苹小卷叶蛾以初龄幼虫在树皮缝隙中、剪锯口等处越冬。顶梢卷叶蛾以2～3龄幼虫在枝梢顶端卷叶内越冬。卷叶蛾类可以用虫酰肼、甲维盐来防治。

（5）苹果绵蚜　苹果绵蚜属瘿绵蚜科，通常寄生在苹果枝干的粗皮裂缝、切伤口、剪锯口、新梢叶腋以及裸露地表根际等处，吸取树液，消耗树体营养。果树受害后，树势衰弱，寿命缩短。苹果绵蚜可以用毒死蜱、螺虫乙酯来防治。

212. 苹果不同的生长期怎样使用农药防治病虫害?

苹果的生长期主要包括休眠期、萌芽至开花期、开花后、套袋前、套袋后幼果期、果实膨大期、果实采收后这几个时期，每一时期应该根据果园的综合管理和病虫害的发病特点，优先选用物理防治和生物防治，其次才是化学防治。

（1）休眠期　这一时期病害主要是藏于苹果枝干、病僵果、落叶或土中越冬的腐烂病、轮纹病、炭疽病、褐斑病、早期落叶病等，虫害主要有螨类、蚜虫类、蚧类等。针对苹果园这一时期的病虫害药剂防控技术主要有：一是喷铲除剂，树上及全园地面喷施 1 遍石硫合剂，杀灭部分越冬病虫源。二是病斑刮除涂药，刮除病斑后用 1.8％辛菌胺醋酸盐水剂 50 倍液，或 2.2％腐殖酸铜原液，或轮纹终结者 1 号 2 倍液等进行涂抹杀菌，能有效预防这一时期的病虫害。

（2）萌芽至开花期　这一时期的病害主要是腐烂病、轮纹病、白粉病等，螨类、蚜虫类、蚧类等害虫也开始出蛰。针对这一时期的病虫害可以采用 750 克/升十三吗啉乳油、43％戊唑醇悬浮剂、12.5％烯唑醇超微可湿性粉剂、48％毒死蜱乳油、1.8％阿维菌素乳油等进行喷雾防治。

（3）开花后　苹果树开花期轮纹病菌、斑点落叶病菌、褐斑病菌等开始侵染新梢叶片，螨类、蚜类、蛾类、金龟子开始活动。结合病虫害发生情况，可选用 80％代森锰锌可湿性粉剂、1.5％多抗霉素可溶性粉剂、3％中生菌素可湿性粉剂、10％吡虫啉可湿性粉剂、1.8％阿维菌素乳油、48％毒死蜱乳油、0.3％苦参碱水剂、5％噻螨酮乳油、20％哒螨灵可湿性粉剂等进行喷雾。

（4）套袋前　套袋前斑点落叶病、轮纹病、炭疽病、褐斑病、叶枯病等开始对叶片或幼果进行侵染，蚜类、螨类等因环境气候条件适宜，繁殖速度加快，金龟子、蛾类等开始进入为害盛期。此期为幼果对药剂敏感期，应尽量使用粉剂或水剂农药，减少乳油类农药的使用，可选用 75％代森锰锌水分散粒剂、10％苯醚甲环唑水分散粒剂、70％甲基硫菌灵水分散粒剂、10％吡虫啉可湿性粉剂、5％甲维盐水分散粒剂、5％唑螨酯悬浮剂、10％四螨嗪可湿性粉剂等进行喷雾。

（5）套袋后幼果期　叶部病害主要有斑点落叶病、褐斑病、叶枯病，虫害主要有蛾类、螨类、蚜类等，枝干病害有腐烂病、轮纹病等，此时期应重视防治枝干病害。可用 10％多抗霉素可湿性粉剂、1%中生菌素水剂、68.75%噁唑菌酮·锰锌水分散粒剂、52.25%氯氰·毒死蜱乳油、1.8%阿维菌素水乳剂、1.5%除虫菊素水乳剂、20%阿维·螺螨酯悬浮剂、10%阿维·哒螨灵水分散粒剂等进行喷雾防治。

(6)果实膨大期 由于果实进行了套袋,此期药剂防治以叶部病虫害为主,如褐斑病、斑点落叶病、轮纹病、炭疽叶枯病等病害及螨类、蛾类。可选用10%多抗霉素可湿性粉剂、80%戊唑醇水分散粒剂、22%高氯氟·噻虫嗪微囊悬浮剂、5%甲维盐水分散粒剂等进行喷雾防治,效果较好。

(7)果实采收后 这一时期褐斑病、斑点落叶病、潜叶蛾类、叶螨、卷叶蛾等病虫害逐渐进入越冬休眠期。果实采收后及时用3.5%高氯·甲维盐微乳剂＋70%代森联干悬浮剂全园喷雾,能有效去除越冬的病虫。

213. 什么是苹果"164"模式?

"164"模式是指山东套袋苹果"以1套生态防控措施为基础,以6次关键期防控为核心,以4个病虫监测期防控为保障"的农药减施模式。

1套生态防控措施指清除果园内病源和虫源、改善果园内的生态环境,在树体落叶后到来年萌发前实施,主要措施为人工清园、保护剪锯口、保护枝干和病树治疗。

6个关键防控期指开花期、谢花期、套袋期、6月雨季来临前、7月多雨期来临前和8月叶部病害流行前期。该时期的防控原则是每年用6次"保险药",平均每个月1次,一般年份不能省,目的是防止病虫害在后期暴发成灾,每次针对3~5种主要病虫害选择2~3种农药喷施,兼治其他病虫害(彩图26)。

4个监控期指休眠期、幼果期、雨季和采收前期。监控期主要的监测内容有果园内常发病虫害、降雨次数、降水量、每次降雨时长。监控期的防控原则是依据病虫发生规律,每个时期设数个重点监测时间点，每个时间点设多个重点监测对象，为每个对象设一个防治指标。

做好"164"农药减施模式，农药用量与常规防控措施相比，能减少75%以上。

214. 怎样在"4个监控期"防控苹果病虫害？

苹果生产的4个监控期指休眠期、幼果期、雨季和采收前期，做好监控期的病虫害防治，能有效地减少农药的使用，降低生产成本和提高产品质量。

（1）休眠期

①落叶期。当果园内苹果树腐烂病或枝干轮纹病发生严重，且生长季节雨水较多，树体潜伏病菌量大时，应喷施高浓度的波尔多液或其他具有铲除效果的杀菌剂。②芽露绿期。当果园内苹果绵蚜或蚧类虫口密度较大，或上一年度危害较重时，可用3～5波美度石硫合剂或其他铲除性杀虫剂。

（2）幼果期

①防控指标。绿盲蝽的虫梢率超过2%，棉铃虫和苹小卷叶蛾的虫果率超过2%，蚜虫的蚜梢率超过5%时，应选择相应的杀虫剂，单独或结合其他病虫害的防治及时喷施。②锈病。遇降水量超过10毫米，使叶面结露超过12小时的阴雨过程，雨前若7天内没有喷施杀菌剂，往年锈病发生较重的果园，雨后7天内喷施对锈病具有内吸治疗作用的杀菌剂。③褐斑病和轮纹病。遇2次以上降水量超过10毫米，或叶面结露超过24小时的阴雨过程，套袋前所喷施的杀菌剂应对褐斑病和轮纹病有较好的内吸治疗作用。④白粉病。当天气干旱，感病品种的白粉病病梢率超过2%，且有严重危害趋势时结合其他病虫害的防治及时喷药防治。

（3）雨季

①7月病害。6月喷波尔多液后，若遇7个以上降雨日，或累积降水量超过30毫米时，或果园内发现炭疽叶枯病、褐斑病时，

需单独或结合其他病虫害的防控，及时喷施内吸治疗性杀菌剂。②8月病害。8月中旬喷施后，再遇3个以上的降雨日，或褐斑病的病叶率超过3％，炭疽叶枯病的病叶率超过1％时，需在气象预报降雨前的2～3天，再喷施1次内吸治疗性杀菌剂。③金纹细蛾。当虫斑数每百叶超过2个时，应在6月底或7月初金纹细蛾的第三代卵孵化高峰期，单独或结合其他病虫害的防治及时用药。④螨类。山楂叶螨或二斑叶螨，单叶活动态螨超过5头的有螨叶率超过1％，未来2周无有效降雨，需结合其他病虫害防治喷施杀螨剂。⑤蛀干害虫。天牛和木蠹蛾虫口密度较大的果园，可于天牛或木蠹蛾卵孵化高峰期喷药，农业农村部登记的药剂为噻虫啉或氯氰菊酯微胶囊剂。

（4）采收前期

①椿象。叮果椿象的虫口密度较大时，应结合其他病虫害的防控，消灭园内及周边林木上椿象的若虫和成虫。②梨小食心虫。8月中下旬，当梨小食心虫产卵量大，预测能钻袋危害时，应结合其他病虫害防控，于卵孵化盛末期喷药防治。③苹果绵蚜。9月上中旬，当苹果绵蚜的虫口密度较大，有严重危害趋势时，需单独或结合其他病虫害的防控喷药防治。④食叶害虫。当食叶毛虫危害严重时，需结合其他病虫害的防控及时喷药防治。⑤果实解袋前，能够危害果实的害虫，如苹小卷叶蛾虫口密度大，需喷施持效期短、残留量低的广谱性杀虫剂。

215. 什么是苹果生产的"6个关键"防治时期？

苹果生长中6个关键防控期是指开花期、谢花期、套袋期、6月雨季来临前、7月多雨期来临前和8月叶部病害流行前期，做好关键期的病虫害防治，能有效减少病虫害的发生，减低农药的使用量，降低生产成本。

（1）开花期　主要防治绿盲蝽、苹果瘤蚜、白粉病、苹果绵蚜、绣线菊蚜、苹果叶螨，防治时间为距开花期至少7天，一般年份在花露红期到花序分离期。理想药剂为 1～2 波美度的石硫合剂，或针对白粉病选择具有内吸治疗性的杀菌剂，针对蚜虫和绿盲蝽选择杀虫剂，兼治其他越冬病虫。

（2）谢花期　主要防治苹果霉心病和山楂叶螨，同时兼治白粉病和锈病。防治时间为花期遇雨或花受冻时，用药时间提前至授粉结束，或者推迟到谢花后 7～10 天。药剂的选择：针对霉心病和白粉病选择广谱性杀菌剂，花期遇雨时，选用内吸治疗剂，针对山楂叶螨选用杀螨剂，防治绿盲蝽或蚜虫时混加新烟碱类杀虫剂。

（3）套袋前　主要防治苹果粉红单端孢黑点病、山楂叶螨和苹果叶螨，兼治苹果轮纹病、褐斑病等。防治时间为苹果套袋前1～2天内喷药，药液完全干燥后再套袋。选用的药剂：针对套袋苹果粉红单端孢选择杀菌剂，套袋前雨水多应选内吸治疗杀菌剂，针对山楂叶螨选长效杀螨剂，康氏粉蚧、苹果绵蚜和绣线菊蚜需要防治时，混加烟碱类杀虫剂。

（4）6 月雨季来临前　主要防治苹果褐斑病、炭疽菌叶枯病和果园内的各种害虫。防治时间为 6 月 10 日至 6 月 30 日，预报降雨前的 2～3 天喷药。药剂为倍量式波尔多液，可与波尔多液混用的广谱杀虫剂。

（5）7 月多雨期来临前　主要防治苹果褐斑病、炭疽菌叶枯病和果园内的各种害虫，防治时间为 7 月 15 日至 8 月 5 日，预报降雨前的 2～3 天喷药。药剂为倍量式波尔多液，可与波尔多液混用的广谱杀虫剂。

（6）8 月叶部病害流行前期　主要防治苹果褐斑病、炭疽菌叶枯病和果园内的各种害虫，防治时间为 8 月 5 日至 8 月 25 日，预报降雨前的 2～3 天喷药。针对炭疽菌叶枯病和褐斑病选择内吸性杀菌剂，如吡唑醚菌酯或戊唑醇，针对鳞翅目害虫选用广谱高效杀虫剂，可混加增加叶片生理活性的物质。

十二、其他作物农药减施增效技术

216. 如何实现大豆药种同播？效果如何？

大豆播种时亩用种子较多，需要用连续播种的方式进行药种同播。大豆种子比较大，要求农药颗粒与种子形状相似，比重相近，避免在播种过程中因播种机颠簸震动产生分层，种子在土壤中不能均匀分布在药粒周围，导致用药不均匀，防治效果不均。

使用籽粒较小的大豆，煮熟（防止发芽）后当成药粒的"核心"，达到该药粒与大豆种子形状、重量相近，与大豆种子掺混均匀后放入同一播种斗里药种同播。使播入土壤的每1粒药周边分布有8~10粒种子；药剂中的有效成分释放到种子周围土壤中，杀灭了土壤中的病虫害，随着大豆蒸腾拉力作用，有效成分通过根系传导至大豆地上茎叶各部位，达到预防地上病虫害的目的，做药粒"核心"的大豆，后期也能给作物提供营养。

采用药种同播的大豆苗期出苗整齐、苗壮、根系发达，无病虫害；花芽分化期下部分枝多且粗壮，花芽分化多，植株健壮不矮小；后期籽粒饱满，无病虫害。

217. 如何实现花生药种同播？效果如何？

花生播种时为协调植株生长发育与环境条件、营养生长与生殖生长、群体与个体的关系，建立合理的群体结构，需要精量点播进行药种同播。药种同播时将药粒和花生种子同时分别放入两个播种斗里，两个播种斗底部播轮同轴确保转速相同，两个播种斗下方的两条下料（种）腿，在入土前合并成同一条下料（种）腿，以达到土壤中每粒种子附近有一粒药的目的。

药种同播技术使花生出苗整齐、根深、叶浓、茎粗，无病虫害发生。生长中期分枝多，均匀，叶片均衡发展，根群发达，主根粗壮，入土深，根瘤旺盛。后期青叶多，寿命长。收获期花生果多饱满无烂果，无蛴螬等地下害虫危害痕迹。

218. 种衣剂应用中如何应对低温胁迫？

玉米、花生等早春季节播种后有时会出现缺苗、死苗现象，究竟是什么原因，如何预防？不少基层植保工作者都发现，土壤温度低是一个主要原因，也称为低温胁迫。这一现象究竟是如何造成的？如何通过种衣剂的研发与应用来解除低温胁迫呢？研究结果表明，种子处理播下后低温胁迫主要表现在3个方面。

（1）低温冷害　种子播种后遇到持续低温天气，种子酶的活性降低，呼吸减弱，种子发芽缓慢，留土时间长，导致粉粒烂种而缺苗断垄，甚至出苗后遇冷害而死苗，这是种子生理学自然属性决定的。实验数据表明，在东北地区，低于15℃的情况下，气温每下降1℃，玉米种子出苗推迟2～3天。

（2）低温病害　土壤中存在多种腐霉菌，而播种时的土壤温度决定了病原菌对玉米、花生等作物种子的侵染程度，实验研究发现，腐霉菌在低温时（13℃）比高温（18℃）时更容易侵染种子导致病害更加严重，而与此同时低温也会降低病原菌对杀菌剂的敏感性，使杀菌剂的活力降低。低温模拟实验数据显示，低温会导致玉米出苗率降低，但是对同样的土壤进行消毒灭菌处理以后，同样低温条件下玉米种子出苗基本能达到正常的状态。因此，低温条件下如何克服病原菌导致的种子病害是研究人员在种衣剂研发与应用过程中应该关注的，也是很多种衣剂推广中遇到的问题之一。

（3）低温药害　低温胁迫下，种子本身生命活力减弱，导致种子处理药剂在玉米、花生萌发后的胚芽部分积累浓度更高，抑制种苗的生长。实验数据表明，适宜温度下，使用三唑类杀菌剂戊唑醇、苯醚甲环唑处理种子具有调节玉米生长、防治玉米黑穗病作用；而在低温胁迫条件下，戊唑醇、苯醚甲环唑两个药剂均显著抑制了玉米种子出苗，加剧了低温对玉米生长的伤害。

总体来看，种衣剂低温药害现象是在前两类低温冷害、低温病害两种伤害基础上造成的累加效果，不应把责任全推给种衣剂本身，而是应该通过加强种衣剂的研发推广解决这一问题。首先，低温情况下，玉米、花生种子更容易被腐霉菌侵染。所以研究人员在种衣剂研发过程中，针对土传、种传病害要综合考虑，可以综合运用几种种子处理剂，这是因为种子播种后可能遇到很多病原菌、害虫等。尤其是在杀菌剂活性成分的筛选与应用时，可以将有效控制低温条件下的腐霉菌作为一个重要标准，以有效预防低温胁迫。目前，许多杀菌剂采用了福美双、戊唑醇等，但是这些杀菌剂对一些高等真菌有效，对腐霉菌活性较低。与之相比，咯菌腈、精甲霜灵等是对腐霉菌有比较高活性的杀菌剂，田间表现也相对安全一些；而嘧菌酯对于真菌活性表现中等尚可，也可以作为参考。所以在种衣剂研发与应用中，要综合考虑杀菌剂的选择应用。其次，从加工技术角度来看，低温胁迫条件下，农药在玉米萌发的胚轴里积累浓度高，可以把种衣剂做成缓释性的微囊，减缓释放速度，降低药剂与种子的接触剂量效应，避免药剂对种子的伤害。实验研究发现，种衣剂采用微囊化技术后，微囊化本身改变了玉米种子内源激素代谢酶调控基因表达活性，提高了包衣种子对低温胁迫的抵抗能力，微囊对低温条件下出苗率的保障起到了一定作用。

219. 为什么说西瓜、甜瓜生产可以"一次浸种，少背药桶"？

瓜类细菌性果斑病是葫芦科作物上的一种毁灭性细菌病害，在世界范围内广泛发生，属世界性检疫病害。其病原为西瓜噬酸菌。近年来，该病害在我国新疆、海南、河南、福建、内蒙古、山东、吉林、黑龙江等省份相继发生。该病是典型的种传病害，病原菌可在种子上存活 19 年之久。病菌除了侵染西瓜和甜瓜外，还能侵染南瓜、黄瓜等葫芦科作物，被污染的种子使植株在幼苗期、成株期和果实期发病。田间发病果实中的种子有较高的带菌率。因此，获得安全高效的种子杀菌剂来防治该病害显得尤为重要。

中国农业科学院植物保护研究所细菌病害防控研究团队研发的西瓜、甜瓜种子浸种剂杀菌剂 1 号，是对细菌性病害具有很好效果的专利产品。试验证实了杀菌剂 1 号能够安全有效地对西瓜、甜瓜种子表面和内部的西瓜噬酸菌进行消毒处理，防效高于其他常用药剂；同时对处理后种子的发芽率、出苗率及根长的测定表明，药剂对种子是安全的。采用杀菌剂 1 号处理种子防治果斑病的处理程序如下：杀菌剂 1 号稀释 200～300 倍（现配现用），浸泡西瓜/甜瓜/蔬菜种子 1 小时（没过种子为宜），然后用大量清水冲洗 4～5 次，每次用水量约为药剂用量的 10 倍为好，每次用水浸泡时间为 10 分钟左右（搅拌种子），或流水冲洗 30 分钟，冲洗过程中不断搅拌种子。清洗好的种子可以催芽播种。

220. 什么是棉花全程减量增效技术方案？

以棉田杂草、棉蚜、棉盲蝽和棉叶螨为棉田主要防治对象，通过集成精准快速选药技术、农药增效制剂及农药协同增效使用技术，组建全程减量用药协同增效技术体系，通过防效、产量、产品安全性等多项指标比较，调试优化药剂品种，形成适宜不同地区的全程减量用药协同增效技术体系。依托国家重点研发计划项目"经济作物化学农药协同增效技术及产品研发（2016YFD0200504）"构建了黄河流域棉区全程减量用药协同增效技术体系。该协同增效方案在棉花的全生育期仅施药 4 次即可实现对棉田主要虫害和草害的有效控制，减少了用药量和用药次数，降低了防治成本。

具体的用药方案为：①棉花种子用氟啶虫酰胺悬浮种衣剂包衣，每亩地种子用有效成分 8 克。②精异丙甲草胺微囊悬浮剂土壤封闭处理（有效成分 54 克/亩）。③6 月中上旬 21%阿维·虫螨腈悬浮剂防治螨类（有效成分2.49克/亩）。④7月中上旬毒死蜱·氟啶虫胺腈（有效成分3克/亩）防治棉盲蝽。黄河流域棉田杂草群落主要为马唐、稗草，有少量的反枝苋、铁苋菜，其中马唐为主要优势杂草，田间发生量明显高于其他杂草种类。45%精异丙甲草胺微囊悬浮剂土壤处理对棉田杂草具有良好的防治效果，表现出优异的土壤封闭效果。氟啶虫酰胺种衣剂（有效成分8克/亩）棉花种子包衣，可高效防治棉花苗蚜和伏蚜。一次施药，棉花全生育期可实现全程控蚜。而且氟啶虫酰胺包衣对棉盲蝽具有兼防效果，能控制盲蝽对棉花的危害，减少盲蝽危害造成的叶片穿孔现象，具有一定的保叶效果。因烟粉虱和棉铃虫等害虫发生较轻所以未施药防治。该全程减量增效用药方案对棉花主要有害生物的防效高于常规防治方案或与之相当，但农药使用减量显著。2019年常规防治区使用农药7次，每亩地用药280克，用药成本为73元。试验区共使用农药4次，每亩地用药67.5克，用药成本约为56.7元。协同增效方案省工节药，用药量减少75%，用药成本减少22.3%，达到减量增效的目的。而农户更倾向于购买价廉的农药品种用于害虫防治，混用不合理，使用重复率较高，导致用药量偏大。

221. 棉蚜抗药性严重吗？如何快速开展棉蚜抗药性监测？

棉蚜属同翅目蚜科，是一种世界性分布的重要农业害虫。由于其生殖周期短、繁殖量大，一旦条件适宜，在短期内便能暴发。因此，对于棉蚜的防治，生产上主要依赖于化学农药。这种对农药的依赖性，导致棉蚜成为抗药性最严重的农业害虫之一。国内外大部分棉区的棉蚜对传统杀虫剂，如有机磷类、氨基甲酸酯类和拟除虫菊酯类杀虫剂均产生了较高的抗药性。近年来，随着吡虫啉等新烟碱杀虫剂的过量频繁使用，棉蚜对新烟碱杀虫剂的抗性也日趋严重。研究发现山东德州、聊城、菏泽和滨州棉蚜对吡虫啉的抗性已发展到77～97倍；河北廊坊，新疆阿克苏、精河、吐鲁番和奎屯等地的棉蚜也对吡虫啉产生了中等水平的抗药性。

玻璃管药膜法是检测害虫对杀虫剂抗药性的一种简便、快速、准确、有效的检测方法。药膜法快速检测的基本原理是将一定量的溶解于丙酮的杀虫药剂均匀地涂在滤纸或瓶壁上，待丙酮挥发后杀虫剂形成一个稳定的药膜，放入一定量的供试昆虫，短时间（一般3～5小时）观察试虫的中毒死亡情况。通过害虫的死亡率明确害虫对杀虫剂的抗药性。

222. 如何通过"三个强化"实现草莓生产农药减量?

中国农业科学院植物保护研究所和安徽辉隆瑞美福农化集团有限公司等单位在"农药减量综合技术研究"课题工作中，经过实地研究，提出实行"三个强化"助力草莓农药减量的方案，具体内容如下：

（1）强化保健栽培，增强植株抗性　示范区大力实施农业、物理、生物等非化学防治措施，提高作物抗逆性，降低病虫害发生程度，为农药减量使用奠定基础。示范研究基地采取了以下措施：①进行土壤改良。整地时，每亩用土壤改良剂1 500毫升，拌土后撒施，对土壤进行改良。②实行"有机肥为主、化肥为辅、均衡营养"的施肥策略。示范区每亩基施腐熟饼肥50千克、商品有机肥240千克；追肥根据需要，补缺补微，均衡营养。草莓生长前、中期，适量施用功能型营养液。采用滴施、冲施和叶面喷施等水肥一体化高效施肥方法，提高肥料利用率。③合理密植，调温调湿，通风透光，以营造有利于草莓生长而不利于病虫害发生的棚内生境。

（2）强化预防措施，降低病虫发生程度　①选用适销对路抗病品种。基地全面推广种植较抗白粉病、耐低温的红颜草莓品种。②清洁田园。及时摘除病虫叶片和老叶深埋；当季生产结束后，彻底清除枯枝落叶，集中无害化处理。③当季生产结束后，实行高温闷棚，杀灭残留病虫，减少发生基数。④移栽时，草莓苗用咯菌腈、噻虫·咯·霜灵、功能营养液等药剂配成的药液蘸根，预防病害。⑤关键生长阶段，施用植物健康药剂如吡唑醚菌酯及其复配剂。

（3）强化精准用药，提高农药使用效率　在摸清病虫情的基础
上，精准用药，有的放矢，争取做到弹无虚发。精准主要体现在防
控目标准、防治时间准、用药种类准、使用剂量准、着药部位准。
为此，需要严格按照以下程序开展药剂防治：①安排专人负责病虫
监测，及时掌握病虫发生动态。②每次用药前，实行专家会商，确
定用药方案。③用药全过程，安排专业人员跟踪、把关。④药后适
时进行药效调查与评估。

田间实地研究结果表明，采用"三个强化"方案，项目示范区
用药次数比农户自行用药对照区平均减少 4.6 次；农药商品用量减
少 17.4%，农药折百纯量减少 15.3%；项目示范区比农户平均每
亩纯收益增加 2 196 元，增收 17.2%。示范区草莓符合国家标准，
含糖量较对照平均提高 0.83%。

223. 马铃薯晚疫病采取植保飞防真的可以实现亩增吨薯吗？

马铃薯已经成为我国继玉米、水稻和小麦之后的第四大主粮，
发展马铃薯产业，对实现农业增效，农民增收有重要作用。

我国马铃薯单产低于世界平均水平，晚疫病是马铃薯生产过程
中最具威胁性的卵菌病害，是导致我国马铃薯产量较低的重要原因
之一。马铃薯晚疫病由霉菌引起，发病马铃薯田大面积枯死，损
失严重，一般可造成减产 20%～30%，严重地块减产 50% 以上。
马铃薯晚疫病的防治可以采取抗病品种、生态调控、农业措施、生
物防治和化学防治等措施，目前最有效的措施还是化学杀菌剂喷雾
防治。

本书作者团队以及国内其他研究部门近年来在植保无人飞机
低容量喷雾防治马铃薯晚疫病方面做了大量田间试验和示范试验，
结果显示：采用植保无人飞机低容量喷雾喷洒嘧菌酯、霜霉威、肟
菌·戊唑醇、氟菌·霜霉威、苯甲·嘧菌酯等杀菌剂，对马铃薯晚
疫病的防治效果明显好于背负式喷雾作业方式。在云南寻甸大面积

应用中，实现马铃薯每亩增产超过 1 吨，增产增收效益显著。云南当地驻村扶贫干部通过推广这种植保无人飞机低容量喷雾防治马铃薯晚疫病技术，带动了当地农民脱贫，深受当地农民欢迎。

本书以此为最后一个问题，可以看出，农药减施增效技术不仅在农药减量、提高农药利用率方面发挥了重要作用，更为我国脱贫攻坚、乡村振兴提供了科学高效的植保技术保障。笔者特以《亩增吨薯》一诗结束本书内容。

增产增收马铃薯，脱贫洋芋美味足。

薯片薯粉全薯宴，寻甸寻伊乡愁驻。

晚疫病起危害重，叶凋秆萎百株枯。

植保飞防舞高原，亩增吨薯助致富。

参考文献
REFERENCES

陈孝银，郑孝梅，付维新，2019. 引领化学农业向绿色生态农业转型——石首鸭蛙稻集成技术初探 [J]. 农村经济与科技，34（4）：18，25.

顾晓军，田素芬，2005. 农药与癌症 [J]. 世界科技研究与发展（2）：47-52.

顾中言，徐德进，徐广春，2020. 论农药雾滴的剂量及分布对害虫防治效果的影响及其农药损失的关系 [J]. 农药学学报，22（2）：193-204.

郭怡卿，陆永良，2015. 水稻化感作用与杂草的生物防治 [J]. 中国生物防治学报，2：157-165.

胡成志，赵进春，郝红梅，2008. 杀虫灯在我国害虫防治中的应用进展 [J]. 中国植保导刊，8：11-13.

刘杰，彭雄英，2018. 我们如何来对抗稻田杂草抗药性 [J]. 农药市场信息，19：6-10.

吴金龙，冯宏祖，马小艳，等，2020. 棉田棉蚜飞防药剂筛选及农药减量增效药效分析 [J]. 新疆农业科学，57（1）：167-172.

徐长春，2018. "十三五"国家重点研发计划农药减施增效类项目述评 [J]. 植物保护，44（5）：91-94.

徐汉虹，2007. 植物化学保护学 [M]. 北京：中国农业出版社.

闫晓静，杨代斌，薛新宇，等，2019. 中国农药应用工艺学 20 年的理论研究与技术概述 [J]. 农药学学报，21（5-6）：908-920.

袁会珠，王国宾，2015. 雾滴大小和覆盖密度与农药防治效果的关系 [J]. 植物保护，41（6）：9-16.

袁会珠，薛新宇，闫晓静，等，2018. 植保无人飞机低空低容量喷雾技术应用与展望 [J]. 植物保护，44（5）：152-158.

袁会珠，杨代斌，闫晓静，等，2011. 农药有效利用率与喷雾技术优化 [J]. 植物保护，37（5）：14-20.

张建萍，唐伟，于晓玥，等，2018. 机直播水稻"播喷同步"机械化除草新技

术 [J]. 杂草学报，36（1）：37-41.

张凯，冯推紫，熊超，等，2019. 我国化学肥料和农药减施增效综合技术研发的顶层布局与实施进展 [J]. 植物保护学报，46（5）：943-953.

张耀，王文强，张香香，2019. 浅谈农用植保无人机喷洒技术的应用 [J]. 南方农业，1：177-178.

赵清，邵振润，2014. 我国农作物病虫害专业化统防统治发展现状与思考 [J]. 中国植保导刊（2）.

赵清，邵振润，2015. 农作物病虫害专业化统防统治指南 [M]. 北京：中国农业出版社.

赵清，赵中华，2019. 农作物病虫害统防统治 [M]. 北京：中国农业出版社.

郑许松，鲁艳辉，钟列权，等，2017. 诱虫植物香根草控制水稻二化螟的最佳田间布局 [J]. 植物保护，43（6）：103-108.

朱平阳，吕仲贤，Geoff Gurr，等，2012. 显花植物在提高节肢动物天敌控制害虫中的生态功能 [J]. 中国生物防治学报，28（4）：583-588.

Daibin Yang，Na Wang，Xiaojing Yan，et al.，2014. Microencapsulation of seed-coating tebuconazole and its effects onphysiology and biochemistry of maize seedings [J]. Colloids and Surfaces B：Biointerfaces，114，241-246.

彩图 1　麦田施用茎叶除草剂

彩图 2　玉米田施用封闭除草剂

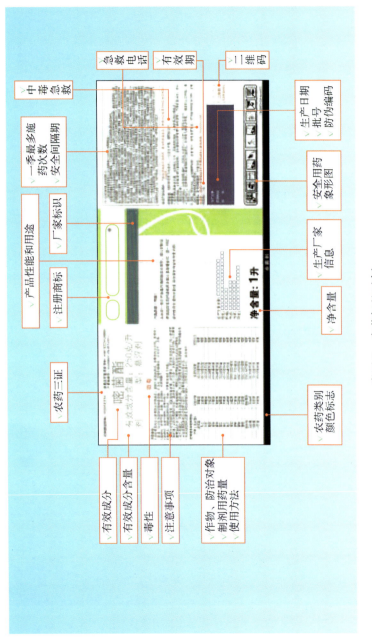

彩图 3 农药标签示例

通用名称

商品名称

彩图4 农药包装上的名称示例

小麦遇低温出现冻药害

嘧菌酯苹果叶片药害

氟唑菌酰胺甜瓜叶片药害

氟唑菌酰胺黄瓜叶片药害

彩图5 常见药害

彩图 6　整装待发的病虫害专业化防治服务组织

彩图 7　田间丢弃的农药包装废弃物

彩图 8　正规农药售卖门店示例

彩图 9　统防统治防治服务组织

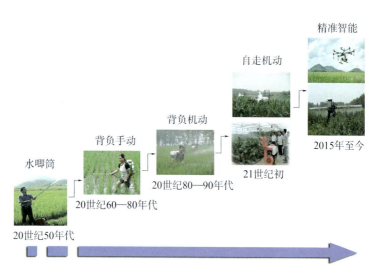

彩图 10　我国农药喷雾方法的历史演变

彩图 11　种子包衣处理步骤
1. 取药倒种子　2. 旋转摇匀　3. 晾干种子　4. 完成包衣

彩图 12　输液滴干技术在龙眼园中的应用

1. 水塔　2. 主要管道　3. 分支输液管　4. 滴头

彩图 13　用抗药性监测试剂盒对灰霉病菌进行抗药性检测（陈淑宁　提供）

彩图 14 3wx-2000G 自走式高秆作物喷雾机

彩图 15 三轮自走式喷杆喷雾机

彩图 16　果园风送式喷雾机

彩图 17　植保无人飞机

二化螟

稻纵卷叶螟

稻飞虱

稻曲病

彩图 18　水稻常见病虫害

彩图 19　植保无人飞机在水稻田的应用

小麦赤霉病

小麦条锈病

小麦白粉病

小麦蚜虫危害状

彩图 20　小麦常见病虫害

彩图 21　小麦条锈病早春药剂防治

彩图 22　植保无人飞机在小麦田的应用

玉米螟（姚明辉 摄）

棉铃虫幼虫（姚明辉 摄）　　　　棉铃虫成虫（杨静 摄）

双斑长跗萤叶甲（姚明辉　摄）　　　　　玉米蚜虫（姚成辉　摄）

二点委夜蛾幼虫（苏翠芬　摄）　　　　二点委夜蛾成虫（彭俊英　摄）

彩图 23　玉米害虫

彩图 24　植保无人飞机在玉米田的应用

茶小绿叶蝉

茶毛虫危害状

黑刺粉虱

茶黄蓟马危害状

彩图 25　茶园常见虫害

彩图 26　植保无人飞机果园的应用